高职高专计算机专业教材

HTML5+CSS3
网页设计基础

王云晓　李永前　主　编
郝　璇　刘丽丽　副主编

清华大学出版社
北　京

内 容 简 介

本书全面介绍HTML5和CSS3的基本知识以及应用HTML5+CSS3制作网页的技术。全书共分为12章，详细介绍网页的基本结构、网页基本元素、CSS基本知识、如何定义页面元素的样式、属性选择器、盒子模型、元素背景、CSS布局技术、链接和导航的设计、网页交互元素表单、CSS3动画制作、多媒体嵌入技术、网站开发流程、网站前台页面制作技术等内容。

本书内容丰富、结构合理、语言简洁流畅、示例翔实，主要面向网页制作初学者，既可作为高等职业院校计算机、网络、软件等专业及相关专业的网站开发和网页制作教材，也可作为网页制作爱好者、网站开发人员及维护人员的学习参考书。

本书对应的电子课件和实例源代码可以到http://www.tupwk.com.cn/downpage网站下载，也可以通过扫描前言中的二维码下载。

图书在版编目(CIP)数据

HTML5+CSS3网页设计基础 / 王云晓，李永前 主编. —北京：清华大学出版社，2019 (2023.7重印)
(高职高专计算机专业教材)
ISBN 978-7-302-52199-0

Ⅰ. ①H… Ⅱ. ①王… ②李… Ⅲ. ①超文本标记语言—程序设计—高等职业教育—教材 ②网页制作工具—高等职业教育—教材 Ⅳ. ①TP312.8 ②TP393.092.2

中国版本图书馆CIP数据核字(2019)第013077号

责任编辑：胡辰浩
装帧设计：孔祥峰
责任校对：牛艳敏
责任印制：杨 艳

出版发行：清华大学出版社
网 址：http://www.tup.com.cn，http://www.wqbook.com
地 址：北京清华大学学研大厦A座 **邮 编**：100084
社 总 机：010-83470000 **邮 购**：010-62786544
投稿与读者服务：010-62776969，c-service@tup.tsinghua.edu.cn
质 量 反 馈：010-62772015，zhiliang@tup.tsinghua.edu.cn
印 装 者：三河市科茂嘉荣印务有限公司
经 销：全国新华书店
开 本：185mm×260mm **印 张**：20 **字 数**：512千字
版 次：2019年6月第1版 **印 次**：2023年7月第5次印刷
印 数：6501～7500
定 价：68.00元

产品编号：080723-02

前　言

随着信息技术的发展，网站已成为用户浏览信息的平台和展示企业形象及文化的重要窗口，开发 Web 网站和手机 APP 也随之成了热门技术。而作为网页制作基础的 HTML5 和 CSS3，也在 2014 年发布后迅速流行，受到各大浏览器的支持。HTML5 的目标就是将 Web 带入一个成熟的应用平台，在这个平台上，视频、音频、图像、动画及用户与电脑的交互都被标准化。HTML5 开创了互联网的新时代。

本书根据培养高技能人才的需求，结合高职高专学生的学习特点，依据职业教育培养目标的要求，以爱德照明网站的开发为主线，以案例为引导，将介绍知识与案例设计、制作、分析融于一体。在案例的设计与制作过程中，把各章节的知识点融于其中，使读者能快速掌握相关的知识和技术。设计的案例由小到大、由简到繁，这样能够引导学生循序渐进地学习制作网页的知识和技术。最后，本书通过爱德照明网站前台页面的设计介绍网站项目开发、网页设计制作的整个流程。

本书从网页的基本结构出发，由浅入深地讲述 HTML5 文档的基本结构和创建方法、网页基本元素、CSS 样式的定义规则及优先级、应用 CSS 修饰页面元素、属性选择器的知识及应用、CSS3 盒子模型的大小和边框设置、盒子的内外边距设置、网页两列布局技术、典型的三列布局技术、网页上横向导航菜单和纵向导航菜单的设计、页面交互元素表单、HTML5+CSS3 简单动画技术、页面音频和视频嵌入技术、网站开发流程等知识。在讲述网页制作的各种技术时，以爱德照明网站的网页制作为案例进行教学，并运用丰富的实例来讲解知识点，注重培养读者解决实际问题的能力。

本书内容丰富、结构合理、语言简洁流畅、示例翔实。每一章的引言部分都概述了该章的学习目标。在每一章的正文中，结合案例讲解基础知识和关键技术，并穿插大量示例，最后通过实训对本章及前面章节所学的知识进行综合训练。每一章末尾都安排了有针对性的练习题，有助于读者巩固所学的知识、掌握实际应用技术、培养解决实际问题的能力。

本书既可作为高等职业院校计算机、网络、软件等专业及相关专业的网站开发和网页制作教材，也可作为网页制作爱好者、网站开发人员及维护人员的学习参考书。

除封面署名的作者外，参与本书编写的人员还有陈露露、崔维群、董昌艳、黄萌、焦广霞、刘春燕、刘玉霞、钱玉霞、宋雅静、王海明、王海涛、许崇武、肖凤霞、辛全仓、杨辉、张入文等人。由于作者水平有限，本书难免有不足之处，欢迎广大读者批评指正。我们的信箱为huchenhao@263.net，电话为010-62796045。

本书对应的电子课件和实例源代码可以到http://www.tupwk.com.cn/downpage网站下载，也可通过扫描如下二维码下载。

作　者

2018年9月

目 录

第 1 章 HTML5网页基础

随着信息技术的发展，网站已成为各单位开展工作的基础设施和信息平台，以及在 Internet 上宣传和反映企业形象和文化的重要窗口。在网站的建设过程中，网页设计被分为策划、前台和后台三个部分。网页设计工作主要包括网页内容的显示、总体颜色的选择、页面的排版布局和用户群的体验度等。网页设计作为一门综合性较强的课程，涉及商业策划、平面设计、程序语言和数据库等。本章将介绍网页的基本组成元素、页面结构和创建方法。

本章的学习目标：

- 了解网页上常见的基本元素及其特点。
- 了解网页的布局结构(即网页内容的排版知识)。
- 掌握 HTML5 网页常用的编辑软件。
- 了解 HTML5 的发展、优势以及浏览器支持情况。
- 掌握 HTML5 文档的基本格式和语法规范。
- 掌握创建和浏览网页的方法。

1.1 网页的基本元素

要学习网页设计，首先应该认识一下构成网页的基本元素及其特点，只有这样，才能在设计中根据需要合理地组织和安排网页内容。

图 1-1 所示是爱德照明网站的首页，其中包含一些常见的网页元素，如文本、图片动画、声音和视频、超链接、导航栏、网站 LOGO 等。

1. 文本

文本是最重要的信息载体与交流工具，网页中的信息也以文本为主。文本虽然不如图片色彩鲜艳，容易吸引浏览者，但却能准确地表达信息的内容和含义。

为了使页面内容丰富多彩，人们对网页中的文本定义了许多属性，如字体、字号、颜色、底纹和边框等。通过设置不同的属性，可以突出显示重要的内容。此外，用户还可以在网页中设计各种各样的文本列表，用来清晰地表达一系列内容。

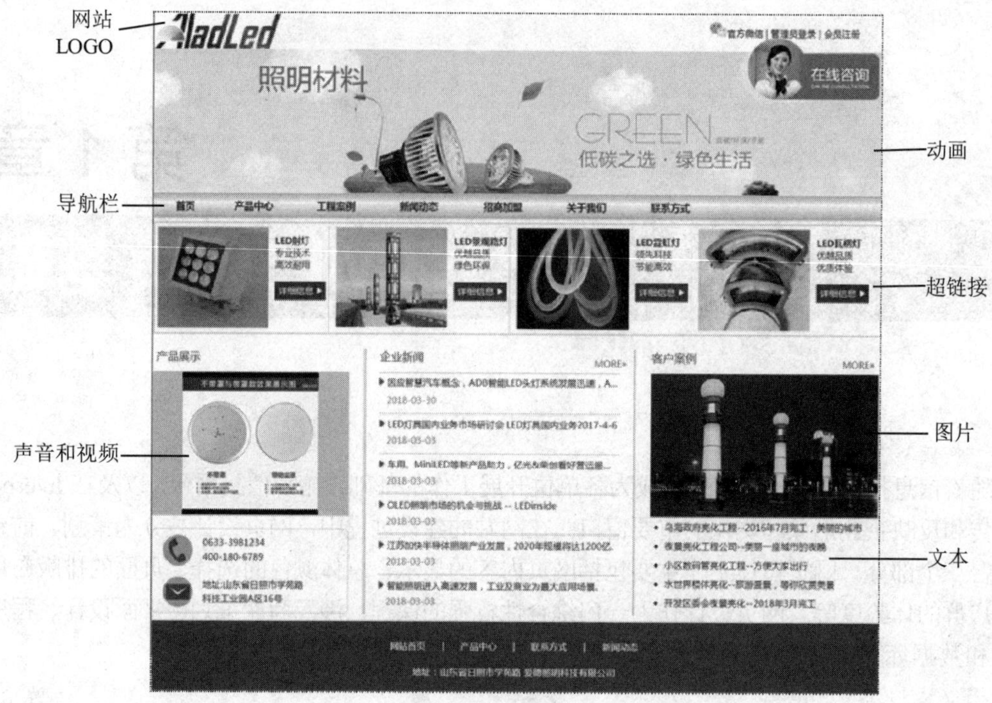

图 1-1　网页的基本元素

2. 图片和动画

图片在网页中具有提供信息、展示作品、装饰网页、表现个人情调和风格的作用。用户在网页中使用的图片格式主要包括 GIF、JPEG 和 PNG 等，其中使用最广泛的是 GIF 和 JPEG 两种格式。

在网页中，为了更有效地吸引浏览者的注意，有些网站将广告做成了动画或视频。

3. 声音和视频

声音和视频是多媒体网页的重要组成部分，特别是视频文件会让网页变得精彩而有动感。用于网络的声音文件的格式非常多，常用的有 MIDI、WAV、MP3、MP4 和 OGG 等。

一般情况下，尽量不要使用声音文件作为背景音乐，因为这样会影响网页的下载速度，可以在网页中添加打开声音文件的链接，让音乐播放变得随时可控。

4. 超链接

超链接是指从一个网页指向一个目标的链接，这个目标可以是另一个网页，也可以是相同网页上的不同位置，还可以是一张图片、一个电子邮件地址、一个文件，甚至是一个应用程序。当浏览者单击已经设置链接的文本或图片后，链接目标将显示在浏览器中，各个网页链接在一起，就构成了一个网站。超链接技术是 WWW 流行起来的最主要原因。

5. 导航栏

导航栏是指位于页面顶部或侧边区域，在横幅图片上边或下边的一排水平导航按钮，起到链接站点或站点内各个页面的作用。网站使用导航栏是为了让访问者更清晰地定位到所需要的资源区域，从而能够更快捷地找到资源。

一般情况下，导航栏应放在网页中较引人注目的位置，通常是在网页的顶部或一侧。导航栏既可以是文本链接，也可以是一些图形按钮。

6. 表单

表单在网页中主要负责数据采集。表单一般用来收集信息，接收用户请求，获得反馈意见等。例如，用户注册和管理员登录都是通过表单实现的。

7. 其他常见元素

网页中除了以上几种常见的基本元素外，还有一些其他的常见元素，包括按钮、JavaScript 特效、ActiveX 控件等。它们不仅能美化网页，使网页更活泼有趣，而且在网上娱乐、电子商务等方面也有着不容忽视的作用。

1.2 网页的布局结构

网页的布局结构即网页内容的排版，排版是否合理直接影响页面的内容展示和用户体验，并在一定程度上影响网页的整体结构。

从页面布局的角度看，页面的布局就类似一篇文章的排版，需要分为多个区块，较大的区块又可再细分为小区块。块内有文本、图片、超链接等内容，这些区块一般称为块级元素，而区块内的文本、图片或超链接等一般称为行级元素，如图 1-2 所示。

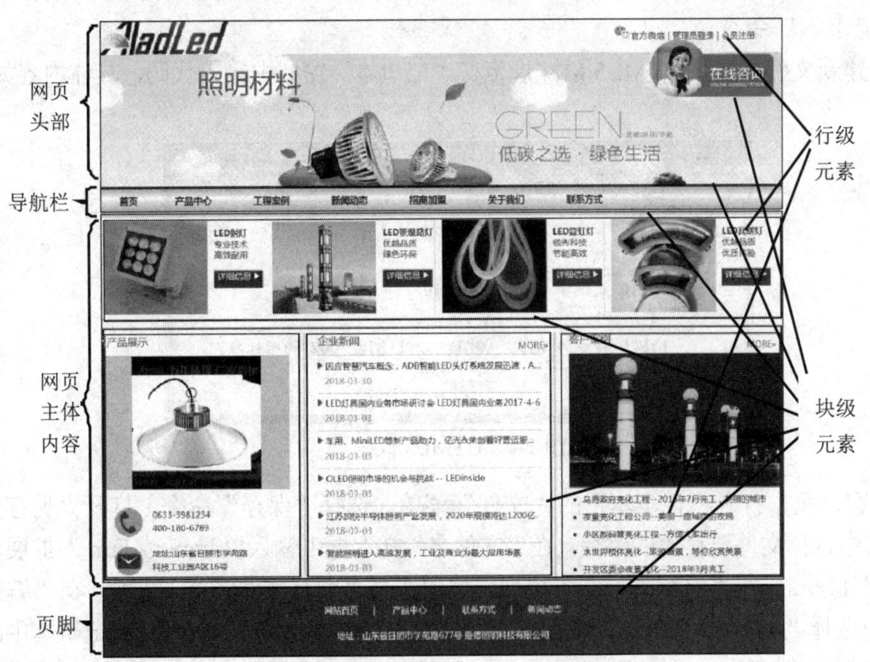

图 1-2　网页的布局结构

1.3 创建 HTML5 页面

在网页的制作过程中，为了开发方便，通常我们会选择一些较便捷的工具，如记事本、Dreamweaver 和 HBuilder 等。在实际工作中，可以根据需要使用合适的软件。

1.3.1 案例分析

【案例展示】本案例设计一个简单的页面，其中包含网页标题文字和一行文本信息，案例文件 1-1.html 在 IE 浏览器中的浏览效果如图 1-3 所示。

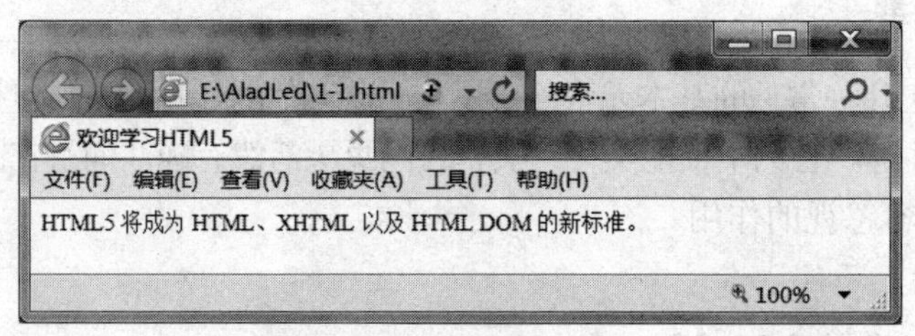

图 1-3 页面浏览效果

【知识要点】HTML 文档的结构，网页的创建、保存与浏览。

【学习目标】掌握使用记事本和 HBuilder 创建、保存和浏览网页的方法。

1.3.2 用记事本创建网页

用记事本创建网页的过程如下。

(1) 打开记事本。单击 Windows 的“开始”按钮，在“所有程序”菜单的“附件”子菜单中单击“记事本”命令。

(2) 创建新文件。按照 HTML5 语法规范在“记事本”窗口中输入代码，具体内容如图 1-4 所示。

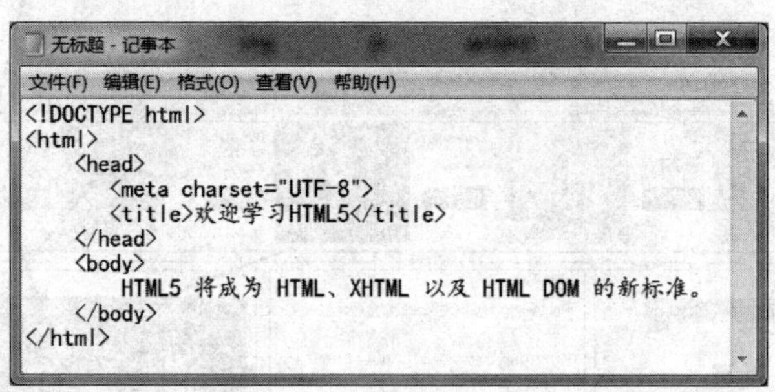

图 1-4 HTML5 代码

(3) 保存网页。打开“记事本”的“文件”菜单，选择“保存”命令，打开“另存为”对话框，在其中选择文件要存放的路径，在“文件名”文本框中输入以.html 或.htm 为扩展名的文件名，如 1-1.html，在“保存类型”下拉列表框中选择“所有文件(*.*)”选项，在“编码”下拉列表框中选择“UTF-8”选项，如图 1-5 所示。最后单击“保存”按钮，将记事本中的内容保存到相应的文件夹中。

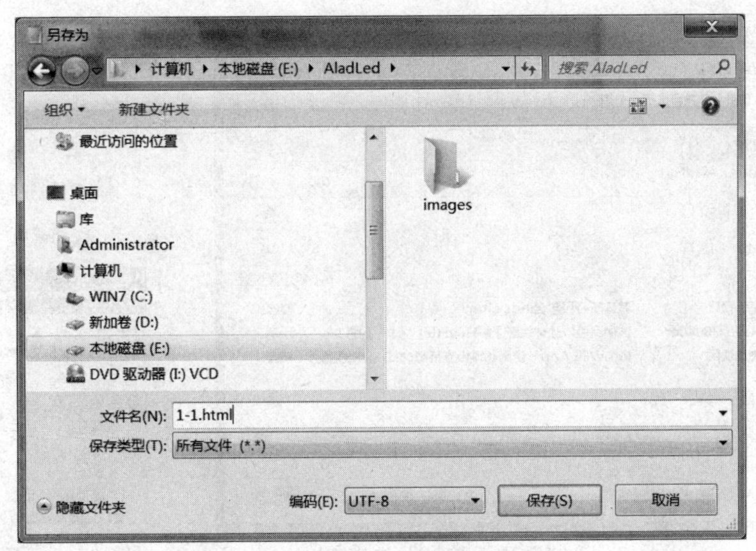

图 1-5　记事本的“另存为”对话框

(4) 浏览网页。在“计算机”中相应的文件夹中双击 1-1.html 文件，启动浏览器，即可看到网页的显示结果，图 1-3 所示为网页在 IE 浏览器中的浏览效果。

(5) 查看网页源代码。在浏览器窗口中单击鼠标右键，在弹出的快捷菜单中单击“查看源代码”命令，即可打开当前显示页面的源代码窗口，如图 1-6 所示。

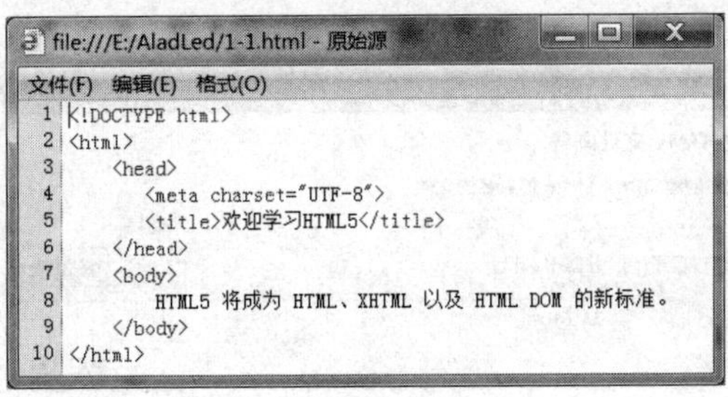


```
1  <!DOCTYPE html>
2  <html>
3      <head>
4          <meta charset="UTF-8">
5          <title>欢迎学习HTML5</title>
6      </head>
7      <body>
8          HTML5 将成为 HTML、XHTML 以及 HTML DOM 的新标准。
9      </body>
10 </html>
```

图 1-6　网页源代码窗口

【案例说明】如果希望将该网页作为网站的首页(主页)，可以把这个文件设为默认文档，文件名为 index .htm 或 index .html。

1.3.3　用 Hbuilder 创建网页

用 HBuilder 创建网页的过程如下。

(1) 启动 HBuilder，创建 Web 项目。依次单击“文件”→“新建”→“Web 项目”命令，弹出“创建 Web 项目”对话框，在“项目名称”后的文本框中输入 Web 项目的名称，单击“浏览”按钮，选择文件要存放的路径，如图 1-7 所示。最后单击“完成”按钮，在 HBuilder 项目管理器中将显示所创建的项目，如图 1-8 所示。

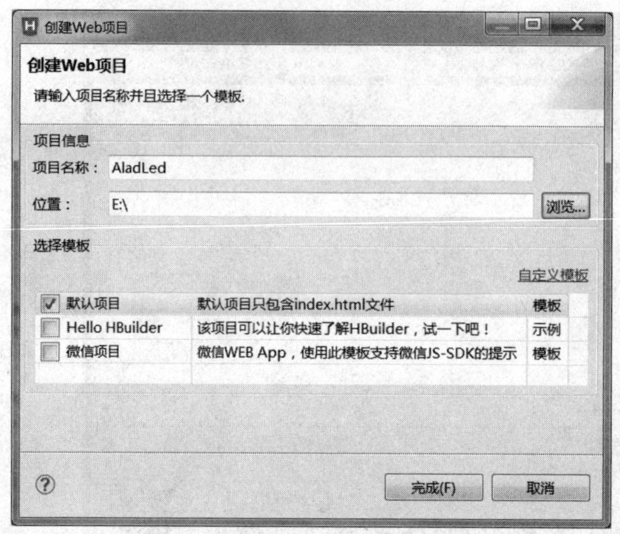

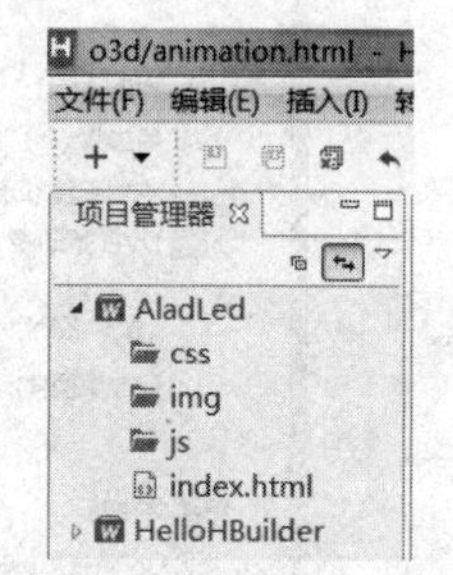

图 1-7　“创建 Web 项目”对话框　　　　图 1-8　项目管理器

(2) 创建 HTML 文件。在 HBuilder 项目管理器中单击项目名称，在项目名称上单击鼠标右键，在弹出的快捷菜单中选择“新建”命令，单击“HTML 文件”，弹出“创建文件向导”对话框。在该对话框的“文件名(F)”后的文本框中输入网页的主文件名，保留.html 扩展名，并选择 html5 模板，如图 1-9 所示。最后单击“完成”按钮，在 HBuilder 编辑区创建默认的 HTML5 文档。

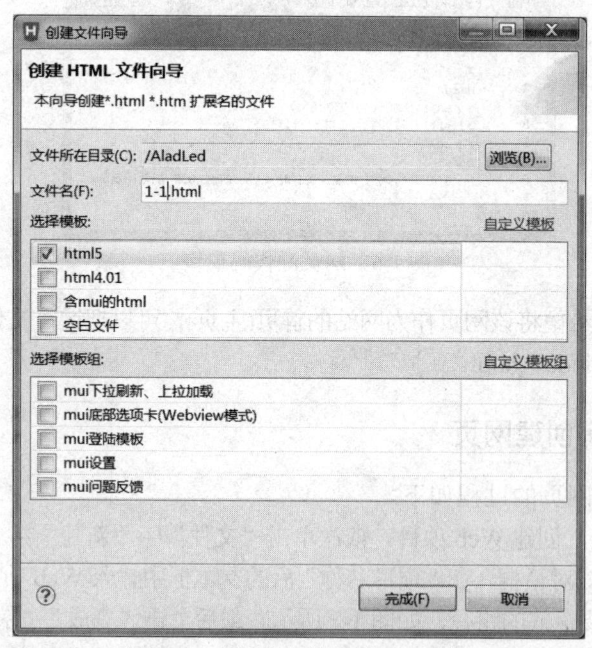

图 1-9　“创建文件向导”对话框

(3) 编辑文件。在 HBuilder 编辑区输入文本和代码，在“模式”下拉列表框中选择“边改边看模式”，进入边改边看模式。在此模式下，如果当前打开的是 HTML 文件，每次保存均会自动刷新以显示当前页面效果，具体内容如图 1-10 所示。

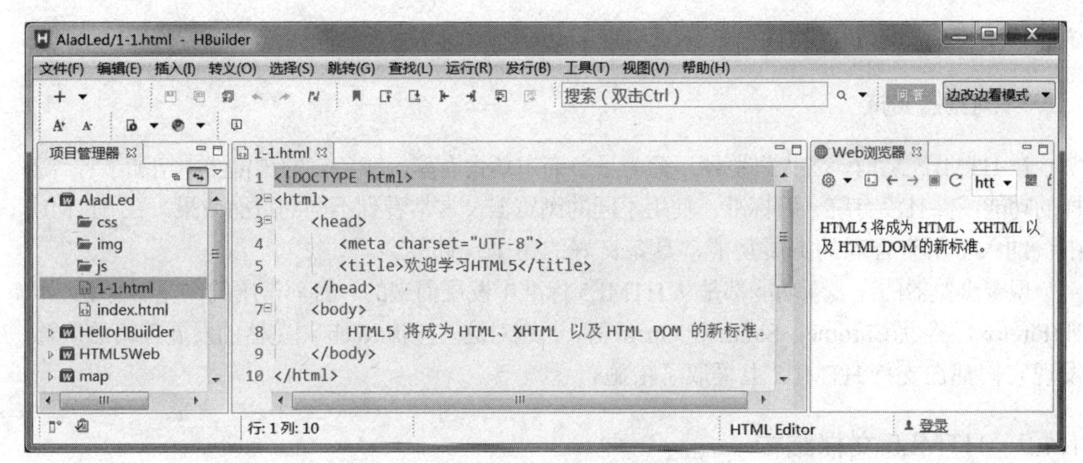

图 1-10　使用 HBuilder 编辑网页文件

(4) 浏览网页。单击快捷工具栏中的浏览器按钮或按 Ctrl+R 组合键，启动浏览器，即可看到网页的显示结果。

1.4 HTML5 基础

HTML5 是超文本标记语言(HyperText Markup Language)的第 5 代版本，它的目标就是将 Web 带入一个成熟的应用平台。在这个平台上，视频、音频、图像、动画以及用户与电脑的交互都被标准化。HTML5 开创了互联网的新时代。

1.4.1　HTML5 概述

1. HTML5 的发展

2014 年 10 月 29 日，万维网联盟宣布，经过 8 年的艰辛努力，HTML5 标准规范终于制定完毕，并公开发布。HTML5 已逐渐取代 HTML 4.01、XHTML 1.0 标准，能在互联网应用迅速发展的同时，使网络标准符合当前的网络需求，为桌面和移动平台带来无缝衔接的丰富内容。HTML5 还有望成为梦想中的“开放 Web 平台”(Open Web Platform)的基石，如能实现，就可进一步推动更深入的跨平台 Web 应用。

2. HTML5 的优势

作为当下流行的通用标记语言，HTML5 严格遵循“简单至上”的原则，主要体现在以下几个方面。

- 新的简化的字符集声明。
- 新的简化的 DOCTYPE。
- 简单而强大的 HTML5 API。
- 以浏览器原生能力替代复杂的 JavaScript 代码。

为了实现这些简化操作，HTML5 规范比以前更加细致、精确，对每一个细节都有非常明确的规范说明，不允许有任何的歧义出现。

3. 浏览器支持

在 HTML5 之前，各大浏览器厂商为了争夺市场占有率，在各自的浏览器中增加了各种各样的功能，并且没有统一的标准。使用不同的浏览器，常常看到不同的页面效果。在 HTML5 中，纳入了所有合理的扩展功能，具备良好的跨平台性能。

现今浏览器的许多新功能都是从 HTML5 标准中发展而来的。目前常用的浏览器有 IE、火狐(Firefox)、谷歌(Chrome)、Safari 和 Opera 等，通过对这些主流 Web 浏览器的发展策略的调查，发现它们都在支持 HTML5 上采取了措施。

1.4.2 HTML5 文档结构

每个网页都有基本的结构，包括 HTML 文档的结构、标签的格式等。HTML 文档是一种纯文本格式的文件，文档的基本结构为：

```
<!DOCTYPE html>
<html>
  <head>
    <meta charset="utf-8">
    <title>网页标题</title>
  </head>
  <body>
          网页内容
  </body>
</html>
```

HTML5 文档的基本格式中，主要包括<!DOCTYPE>文档类型声明、<html>根标签、<head>头标签、<meta>标签、<title>标题标签、<body>主体标签，具体介绍如下。

1. <!DOCTYPE>文档类型声明

<!DOCTYPE>文档类型声明必须是 HTML 文档的第一行，位于<html>根标签之前，指示 Web 浏览器关于当前页面应使用哪种 HTML 标准规范。

HTML5 文档使用<!DOCTYPE html>声明，会触发浏览器以标准兼容模式来显示页面。

2. <html>根标签

<html>标签位于<!DOCTYPE>标记之后，也称为根标签，表示 HTML 文档的开始，即浏览器从<html>开始解释，直到</html>为止。每个 HTML 文档均以<html>开始，以</html>结束。

3. <head>头标签

<head>头标签用于定义 HTML 文档的头部信息，紧跟在<html>根标签之后，主要用来封装其他位于文档头部的标签，例如< title>、<meta>、<link>及<style>等，以描述文档的标题、编码语言、文件地址、创作信息等网页说明信息。

4. 文档编码

为了能够被浏览器正确解释和通过 W3C 代码校验，所有的 HTML 文档都必须声明它们所使用的编码语言。HTML5 文档使用 meta 元素的 charset 属性来指定文档编码，格式如下：

```
<meta charset="UTF-8">
```

5. <title>标题标签

<title>标签用来定义文档的标题。浏览器通常把标题放置在浏览器窗口的标题栏或状态栏中。当把文档加入用户的链接列表、收藏夹或书签列表时，标题将成为文档链接的默认名称。

6. <body>主体标签

<body>标签用于定义 HTML 文档所要显示的内容。主体位于头部之后，以<body>为开始标签，以</body>为结束标签。浏览器中显示的所有文本、图像、音频和视频等信息都必须位于<body>主体标签内。它定义网页上显示的主要内容与显示格式，是整个网页的核心。

一个 HTML 文档只能含有一对<body>标签，且<body>标签必须在<html>标签内，位于<head>头标签之后，与<head>头标签是并列关系。

1.4.3 HTML5 语句结构

HTML5 语句主要由标签、属性和元素构成，语法结构如下：

```
<标签 属性 1="属性值 1" 属性 2="属性值 2" ...>元素的内容</标签>
```

1. 标签

标签分为单标签和双标签，单标签如
、<hr/>等，双标签由开始标签和结束标签两个标签组成且必须成对出现，如<p>...</p>等。

2. 属性

属性在开始标签中指定，用来表示标签的性质和特性。通常都以“属性名="值"”的形式来表示，有多个属性时用空格隔开，并且在指定多个属性时不用区分顺序。

例如，段落标签<p>有属性 align，align 表示文字的对齐方式，表示为：

```
< p align="center">欢迎访问本网站</p>
```

3. 元素

元素指的是包含标签在内的整体，元素的内容是指开始标签与结束标签之间的内容。例如：

```
< h1>欢迎访问本网站</h1>
```

上面的代码表示定义 h1 元素，而元素的内容是“欢迎访问本网站”。

1.4.4 HTML5 语法规范

页面的 HTML5 代码书写必须符合 HTML 规范，这样文档才可以被所有的浏览器支持，并且可以向后兼容。

1. 标签和属性的规范

- 标签名和属性建议都用小写字母。
- HTML 标签可以嵌套，但不允许交叉。
- HTML 标签中的一个单词不能分两行写。
- 属性值都要用双引号括起来。
- HTML 源文件中的换行符、回车符和空格在显示效果中是无效的。

2. 代码的缩进

HTML 代码并不要求在书写时缩进，但为了文档的结构性和层次性，建议使用标签时首尾对齐，内部的内容向右缩进几格。

1.5 实训

【实训任务】 练习创建网页文档，展示企业简介信息，案例文件 1-2.html 在 Chrome 浏览器中的显示效果如图 1-11 所示。

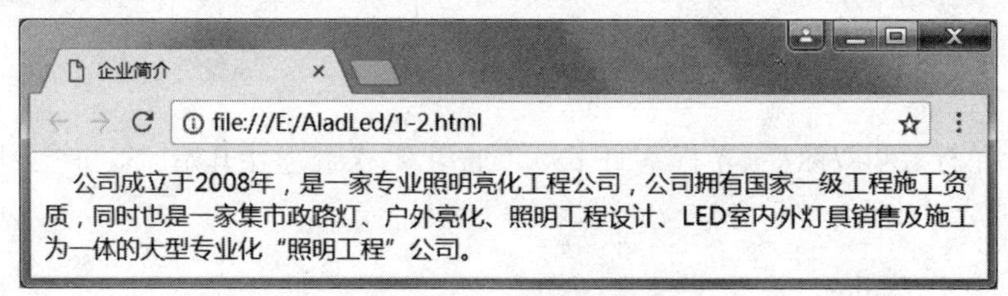

图 1-11 企业简介页面

【知识要点】 HIML5 文档的语法结构，使用 HBuilder 创建、保存和浏览网页。

【实训目标】 掌握创建、保存和浏览网页的方法。

(1) 启动 HBuilder，并新建一个 HTML5 文档，文件名为 1-2.html。

(2) 在 HBuilder 编辑区编辑 HTML5 文档，网页文档代码如下。

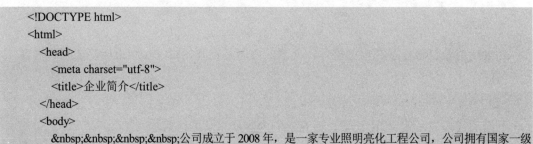

```
<!DOCTYPE html>
<html>
  <head>
    <meta charset="utf-8">
    <title>企业简介</title>
  </head>
  <body>
        公司成立于 2008 年，是一家专业照明亮化工程公司，公司拥有国家一级
工程施工资质，同时也是一家集市政路灯、户外亮化、照明工程设计、LED 室内外灯具销售及施工为一体的大
```

```
型专业化“照明工程”公司。
      </body>
  </html>
```

(3) 保存文档。

(4) 浏览网页。在浏览器中浏览制作完成的页面，页面显示效果如图 1-11 所示。

【实训说明】本例中段落首行缩进的效果是通过插入特殊符号“ ”来实现的。HTML 语言忽略多余的空格，只空一个空格。在需要空格的位置，可以用“ ”插入一个半角空格，也可以输入全角中文空格。

1.6 本章小结

本章讲述了网页的基本元素、布局结构和网页编辑技术。首先介绍了网页上常见的基本元素和网页的布局结构知识。然后结合案例介绍了常用的网页编辑工具——记事本和 HBuilder。最后介绍了 HTML5 文档的结构和语法规范等内容。

1.7 练习题

1. 打开搜狐网(http://www.sohu.com)主页，分析说明网页上有哪些基本元素。
2. 打开搜狐网(http://www.sohu.com)主页，分析说明页面上的哪些元素是块级元素，哪些是行级元素。
3. 简述 HTML5 文档的基本结构和语法规范。
4. 运用 HTML5 文档的基本格式制作并浏览简单的页面。

第2章

网页基本元素

随着网络技术的发展，网页内容也更加丰富多样。展示网页内容的元素包括文本、图像、列表、表格、链接等，本章将具体介绍页面上常用的各种元素的标签及其属性。

本章的学习目标：

- 掌握文本控制标签的功能和使用方法。
- 掌握图像标签及其属性的功能和使用方法。
- 掌握网页上常用超链接的设置方法。
- 掌握列表标签及其属性的功能和使用方法。
- 掌握表格标签及其属性的功能和使用方法。
- 掌握页面交互元素的功能和用法。
- 掌握综合应用各种页面元素的标签及其属性制作页面的方法。

2.1 文本控制标签

2.1.1 案例分析

【案例展示】招商加盟-加盟中心局部页面的设计。

使用标题标签、段落标签、换行标签、水平线标签、文本格式控制标签等设计招商加盟-加盟中心局部页面，本例文件 2-1.html 在浏览器中的显示效果如图 2-1 所示。

【知识要点】标题标签、段落标签、换行标签、水平线标签、文本格式控制标签等。

【学习目标】掌握标题标签、段落标签、换行标签、水平线标签、文本格式控制标签的作用并灵活应用。

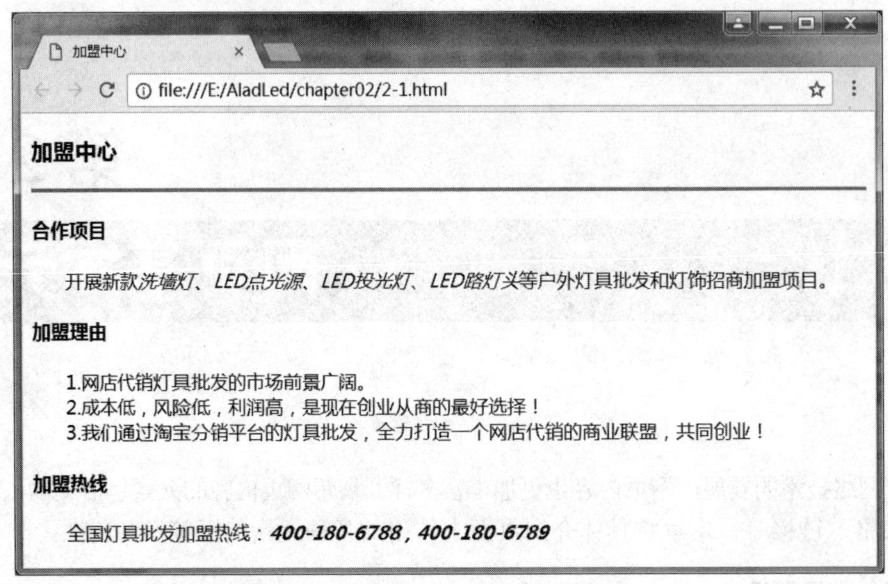

图 2-1　招商加盟-加盟中心局部页面

2.1.2　<hn>(标题标签)

在页面上，标题是一段文字内容的引领，起着着重强调的作用。HTML 提供了 6 个等级的标题，即<h1>、<h2>、<h3>、<h4>、<h5>和<h6>，<h1>定义最大的标题，<h6>定义最小的标题。其基本语法格式如下。

```
<hn align= "left|center|right">标题文字</hn>
```

说明：n 的取值为 1~6。align 为可选属性，用来设置标题在页面上的对齐方式，它的取值为 left(左对齐)、center(居中对齐)和 right(右对齐)，默认取值为 left。

属性 align 不推荐使用，最好用 CSS 样式定义标题在页面上的排列位置。

【例 2-1-1】标题示例，本例的浏览效果如图 2-2 所示，页面文件 2-1-1.html 的代码如下。

```
<!DOCTYPE html>
<html>
  <head>
    <meta charset="utf-8">
    <title>标题示例</title>
  </head>
  <body>
    <h1 align="left">这是一级标题</h1>
    <h2 align="center">这是二级标题</h2>
    <h3 align="right">这是三级标题</h3>
    <h4>这是四级标题</h4>
    <h5>这是五级标题</h5>
    <h6>这是六级标题</h6>
  </body>
</html>
```

使用 align="left"、align="center"和 align="right"分别设置标题的显示方式为左对齐、居中对齐和右对齐。

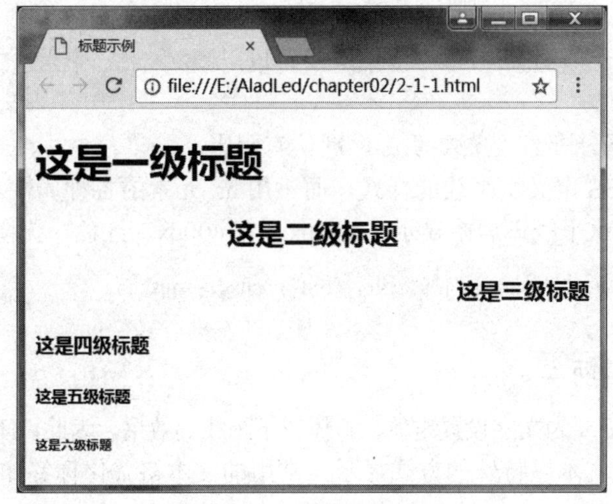

图 2-2　标题示例

2.1.3　<p>(段落标签)

在网页中要把段落整齐划一地显示出来，就需要使用段落标签，段落标签是<p>…</p>。段落标签会在段落前后增加空行。<p>是 HTML 文档中最常见的标签，其基本语法格式如下。

```
<p align= "left|center|right">段落文字</p>
```

属性 align 的取值和功能请参考标题标签中的说明。

2.1.4　
(换行标签)

默认情况下网页中的文字会从左到右依次排列，直到浏览器窗口的右端再自动换行。如果在编辑网页内容时，只想换行而不需要开始新的段落，可以使用换行标签
。

标签的作用是强制文本换行，即
以后的内容(文字、图像、表格等)显示在下一行，不会在行和行之间留下空行，其基本语法格式如下。

```
文字 <br /> 或 <br />文字
```

使用换行标签，可以使页面内容整齐、美观。

2.1.5　<hr/>(水平线标签)

水平分隔线可以将文档分隔，使页面看起来结构清晰、层次分明。

可以使用<hr/>标签在页面上显示一条水平线，其基本语法格式如下。

```
<hr align="left|center|right" size="n" width="n|%" color="color" noshade="noshade"/>
```

属性介绍如下。

- align：参考标题标签中有关 align 的说明。

- size：设置水平线的粗细，n 取正整数，默认为 2 像素。
- width：设置水平线的长度，n 取正整数表示确定的像素值，也可以取浏览器窗口的百分比值，默认为 100%。
- color：设置水平线的颜色，默认为黑色。可以用颜色名称、十六进制#RGB 或 rgb(r,g,b)来表示。
- noshade：设置水平线是否要阴影，默认有阴影。

说明：最好用 CSS 定义水平线的样式，而不用 hr 元素的各种属性。

例如：定义一条水平线，居中显示、粗 5px、宽 400px、红色、无阴影，代码如下。

```
<hr align="center" size="5" width="400" color="red" noshade="noshade"/>
```

2.1.6 文本格式化标签

在网页中，有时需要为文字设置粗体、斜体或下画线等效果。为此，HTML 准备了专门的文本格式化标签，使文本以特殊的方式显示，常用的文本格式化标签如表 2-1 所示。

表 2-1 常用的文本格式化标签

标　签	显示效果
<b></b>和<strong></strong>	文本以粗体方式显示，b 定义文本为粗体，strong 定义强调文本
<i></i>和<em></em>	文本以斜体方式显示，i 定义文本斜体，em 定义强调文本
<s></s>和<del></del>	文本以加删除线方式显示(HTML5 不赞成使用<s></s>)
<u></u>和<ins></ins>	文本以加下画线方式显示(HTML5 不赞成使用<u></u>)
<mark></mark>	文本高亮显示
<cite></cite>	创建一个引用标记，被标记的文本以斜体显示

【例 2-1-2】文本格式化标签的使用。本例在浏览器中的显示效果如图 2-3 所示，页面文件 2-1-2.html 的代码如下。

```
<!DOCTYPE html>
<html>
  <head>
    <meta charset="utf-8">
    <title>文本格式化标签的使用</title>
  </head>
  <body>
    <p>正常显示的文本</p>
    <p><b>使用 b 标签定义的加粗文本</b></p>
    <p><strong>使用 strong 标签定义的强调文本</strong></p>
    <p><i>使用 i 标签定义的斜体文本</i></p>
    <p><em>使用 em 标签定义的强调文本</em></p>
    <p><del>使用 del 标签定义的删除线文本</del></p>
    <p><ins>使用 ins 标签定义的下画线文本</ins></p>
    <p>HTML5 的设计目的是<mark>在移动设备上支持多媒体。</mark></p>
    <p>时间是一切财富中最宝贵的财富。<cite>—— 德奥弗拉斯多</cite></p>
```

```
    </body>
</html>
```

图 2-3　文本格式化标签显示效果

2.1.7　<span>(范围标签)

在设计网页时，有时需要对一个段落内的某些元素进行单独设计，这时就可以用<span>标签来组合这些内容元素，形成行内的一个区域，从而实现某种特定效果。

<span>与</span>之间只能包含文本和各种行内标签，用来定义网页中某些特殊显示的文本，配合 class 属性使用。它本身没有固定的格式表现，只有应用样式时，才会产生视觉上的变化。

例如：对一段内的个别文字定义“红色、加粗”效果。

```
<p>HTML5 的设计目的是在<span style="color:red; font-weight:800;">移动设备上</span>支持多媒体。</p>
```

2.1.8　<!--...-->(注释标签)

为了增强代码的可读性，可以在 HTML 中添加一种特殊的标签——注释标签，这样便于阅读和理解。注释标签不会显示在页面中，只有在编辑器或打开源代码时才可见。其基本语法格式如下。

```
<!-- 注释内容 -->
```

注释内容可以为一行，也可以为多行，并且开始标签和结束标签可以不在一行上。

2.1.9　特殊符号

要在网页中显示一些包含特殊字符的文本，如“>”和“<”等，必须使用相应的 HTML 代码来表示，这些特殊符号对应的代码被称为字符实体。字符实体以“&”开头，以“;”结尾。常用的特殊符号对应的代码如表 2-2 所示。

表 2-2　常用特殊字符的表示

特 殊 符 号	描　　述	字符的代码
	空格符	
<	小于号	<
>	大于号	>
&	和号	&
￥	人民币	¥
©	版权	©
®	注册商标	®
°	摄氏度	°
±	正负号	±
×	乘号	×
÷	除号	÷

2.1.10　案例制作

在 HBuilder 的项目文件下，新建 HTML 文件 2-1.html，关键代码如下。

```
<head>
<meta charset="utf-8">
<title>加盟中心</title>
</head>
<body>
  <h3>加盟中心</h3>
  <hr size="3" noshade="noshade"/>
  <h4>合作项目</h4>
    <p>      开展新款<i>洗墙灯、LED 点光源、LED 投光灯、LED
        路灯头</i>等户外灯具批发和灯饰招商加盟项目。</p>
<h4>加盟理由</h4>
<p>      1.网店代销灯具批发的市场前景广阔。<br/>
        2.成本低，风险低，利润高，是现在创业从商的最好选择！<br>
        3.我们通过淘宝分销平台的灯具批发，全力打造一个网店代
      销的商业联盟，共同创业！
  </p>
  <h4>加盟热线</h4>
  <p>      全国灯具批发加盟热线：<strong><i>400-180-6788，
      400-180-6789</i></strong></p>
</body>
```

【说明】为了实现缩格效果，使用了空格符号。

在浏览器中浏览网页，显示效果如图 2-1 所示。

2.2 图像标签

图像是网页中不可缺少的内容，可以作为文档内容、超链接和背景等加入页面，使页面更加丰富多彩。

2.2.1 案例分析

【案例展示】新闻动态-资讯详情局部页面的设计。

使用图像标签、标题标签和段落标签等，完成资讯详情局部页面的设计，本例文件 2-2.html 在浏览器中的显示效果如图 2-4 所示。

图 2-4　新闻动态资讯详情局部页面

【知识要点】图像标签的定义、图像属性的设置、图文混排。

【学习目标】掌握图像格式的设置和图文混排技术。

2.2.2 常用图像格式

网页图像有三种常用的格式：GIF、PNG 和 JPG，具体区别如下。

(1) GIF 格式

GIF 格式最突出的特点就是它支持动画，另外，它也是一种无损的图像格式。GIF 格式支持透明(全透明或全不透明)，因此很适合在互联网上使用。

GIF 格式文件最多使用 256 种颜色，适合显示色调不连续或具有大面积单一颜色的图像，如 LOGO、小图标及其他色彩相对单一的图像。

(2) PNG 格式

PNG 格式是一种替代 GIF 格式的无专利权限制的格式。相对于 GIF 格式，PNG 格式最大的优势是体积更小，支持 alpha 透明(全透明、半透明、全不透明)，并且颜色过渡更平滑，但

PNG 格式不支持动画。它包括对索引色、灰度、真彩色图像以及 alpha 通道透明的支持。

(3) JPG 格式

JPG 格式所能显示的颜色比 GIF 格式和 PNG 格式要多得多，可以用来保存超过 256 种颜色的图像，但 JPG 格式是一种有损压缩的图像格式。JPG 格式主要用于摄影或者连续色调图像，随着文件品质的提高，文件的容量也随之提高，下载速度也会受影响。

2.2.3 图像标签及其属性

在 HTML 网页中显示图像就需要使用图像标签，接下来将详细介绍图像标签<img/>及其相关属性。其基本语法格式如下。

```
<img src= "图像 URL"  width= "图像宽度"  height= "图像高度"  alt= "替代文字"  border= "边框宽度"
align= "对齐方式"  title="文字"  hspace="空白宽度"  vspace="空白高度" />
```

属性介绍如下。

- src：用于指定图像文件的路径和文件名，是标签的必需属性。
- width：设置图像的显示宽度，单位是像素或百分比。
- height：设置图像的显示高度，单位是像素或百分比。
- alt：图像不能显示时，代替图像的说明文字。
- border：设置图像边框的宽度，单位是像素。
- align：设置图像的对齐方式，取值为 left、center 和 right。
- title：鼠标指向图片时，显示的提示文字。
- hspace：定义图像左侧和右侧的空白。
- vspace：定义图像顶部和底部的空白。

下面详细介绍各个属性的具体功能和用法。

1. 指定图像的大小

如果不给图像设置宽度和高度，图像就会按照它的原始尺寸来显示。可以用 width 和 height 属性来定义图像的宽度和高度，指定图像的大小。

在设置图像的大小时，通常我们只设置其中的一个，另一个会按原图等比例显示。如果同时设置两个属性，且其比例和原图大小的比例不一致，显示的图像就会变形或失真。

width 和 height 可以是像素值，也可以是百分比值。如果用百分比值表示，则意味着显示的图像大小为浏览器窗口大小的百分比。

【例 2-2-1】设置图像大小。本例在浏览器中的显示效果如图 2-5 所示，页面文件 2-2-1.html 的关键代码如下。

```
<html>
  <head>
    <meta charset="utf-8">
    <title>图像大小</title>
  </head>
  <body>
    <img src="img/led_jgd1.jpg" alt="景观路灯图片"/>
```

```
        <img src="img/led_jgd1.jpg" alt="景观路灯图片"width="300"/>
        <p>景观灯是现代景观中不可缺少的部分，它不仅自身具有较高的观赏性，还强调艺术灯的景观与景
            区历史文化、周围环境的协调统一。</p>
    </body>
</html>
```

在图 2-5 中，左侧的图没有指定大小，按原始大小显示；右侧的图指定宽度为 200px，高度也按等比例显示。

图 2-5　设置图像大小

2. 指定图像的替换文本

由于某些原因图像可能无法正常显示，比如图片丢失、浏览器版本过低、网络过忙等，这时用户就不能在浏览器中看到图像。在图像无法显示时，可以在图像位置显示由 alt 属性指定的替换文本，告诉用户有关该图像的信息。

【例 2-2-2】 设置图像替换文本。修改例 2-2-1 的代码，把第一个<img>标签的内容改成如下代码，本例文件 2-2-2.html 在浏览器中的显示效果如图 2-6 所示。

```
<img src="img/led_jgd1.gif" alt="景观路灯图片"/>
```

因为图像文件 img/led_jgd1.gif 不存在，所以在图像位置显示 alt 属性指定的替换文本。

3. 指定图像的边框

默认情况下，图像是没有边框的，这显得有些单调。通过border属性可以为图像添加边框，设置边框的宽度，添加边框后的图像显得更醒目、美观。边框的颜色默认为黑色，不可调整。

【例2-2-3】给图像设置边框。修改例2-2-2的代码，为图像设置宽度为2px的边框。本例文件2-2-3.html在浏览器中的显示效果如图2-7所示，修改后的代码如下。

```
<body>
  <img src="img/led_jgd1.jpg" alt="景观路灯图片" width="200" border="2"/>
  <p>景观灯是现代景观中不可缺少的部分，它不仅自身具有较高的观赏性，还强调艺术灯的景观与景区
      历史文化、周围环境的协调统一。</p>
</body>
```

图2-6　设置图像替换文本

图2-7　设置图像边框

4. 指定图像的对齐方式

图文混排在网页中很常见，指的是图像与同一行中的图像、文本、插件或其他元素的对齐方式。默认情况下，图像的底部会相对于文本的第一行文字对齐。但是在制作网页的过程中，有时需要实现图像和文字的环绕效果，这就需要使用图像的对齐属性align。

【例2-2-4】设置图像靠左、文字居右的图文混排效果。修改例2-2-3的代码，为img标签应用align="left"属性。本例文件2-2-4.html在显示器中的浏览效果如图2-8所示，修改后的代码如下。

```
<img src="img/led_jgd1.jpg" width="200" border="2" align="left" hspace="10"/>
```

为了使页面美观，设置hspace="10"，使图片左右各留出10像素的空白。

图 2-8　设置图像的对齐方式

2.2.4　绝对路径与相对路径

在计算机中查找文件时，需要知道文件的位置，文件的位置就是路径。网页中的路径通常分为两种：绝对路径和相对路径。

1. 绝对路径

绝对路径是包括通信协议名、服务器名、路径及文件名的完整路径，是网页上的文件或目录在硬盘上的真正路径，如网络地址“http:// www.sina.com/images/logo.gif”就是绝对路径，D盘 html5/images 目录下文件 logo.gif 的绝对路径是“file:///D:/html5/images/logo.gif”。

网页中不推荐使用绝对路径，因为网页制作完成后需要将所有的文件上传到服务器。这时图像文件可能被存放在服务器的C盘，也有可能是在D盘或E盘，可能是在a文件夹中，也有可能是在b文件夹中。也就是说，很有可能不存在“D:\html5\images\logo.gif”这样一条路径。

2. 相对路径

相对路径就是相对于当前文件的路径，相对路径不带盘符，通常以HTML网页文件为起点，通过层级关系来描述目标文件的位置。

相对路径的设置分为以下3种。

(1) 图像文件和 HTML 文件位于同一文件夹：只需要输入图像文件的名称即可，如<img src="logo. gif" />。

(2) 图像文件位于 HTML 文件的下一级文件夹：输入文件夹名和文件名，之间用“/”隔开，如<img src="images/logo.gif" />。

(3) 图像文件位于HTML文件的上一级文件夹：在文件名之前加入“../”，如果是上两级，则需要使用“../../”，以此类推，如<img src="../logo.gif" />。

2.2.5　案例制作

【案例：资讯详情局部页面】2-2.html 文档的关键代码如下。

```
<head>
    <meta charset="utf-8">
    <title>新闻动态-资讯详情</title>
</head>
<body>
    <h4 align="center">以 LED 照明代替日光，科学家在南极成功种植蔬菜</h4>
    <h5 align="center">2018-04-10 09:17</h5>
        <p>科学家们基于水栽培法，使用可重复使用的水循环与营养系统，…… </p>
    <img src="img/pro_info.jpg" width="400" alt="科学家在南极成功种植蔬菜" align="left" hspace="10"/>
    <p>德国位于南极的诺伊迈尔三号站(Neumayer Station III)的科学家，…… </P>
    <p>据了解，科学家们基于水栽培法，使用可重复使用的水循环与…… </p>
    <p>但值得注意的是，该项目聚焦于未来到火星或月球等种植更加丰…… </p>
</body>
```

【说明】因为版面控制，案例中应该显示的文本在此没有全部显示出来。完整代码请参考教材配套的源代码。

浏览网页，可以看到显示效果如图 2-4 所示。

2.3 超链接标签

各个网页链接在一起，才能真正构成一个网站，进一步实现互联网上各种资源的共享，而各个网页链接就是通过超链接实现的。

2.3.1 案例分析

【案例展示】链接案例——网站信息页面。

使用页面间链接、网站间链接、可下载文件链接等知识，制作网站信息页面。当单击“加盟中心”时，打开如图 2-1 所示的加盟中心页面；当单击“资讯详情”时，打开如图 2-4 所示的资讯详情页面；当单击“百度搜索”时，打开百度网站首页；当单击“合作协议”时，下载合作协议文件。本例文件 2-3.html 在浏览器中的显示效果如图 2-9 所示。

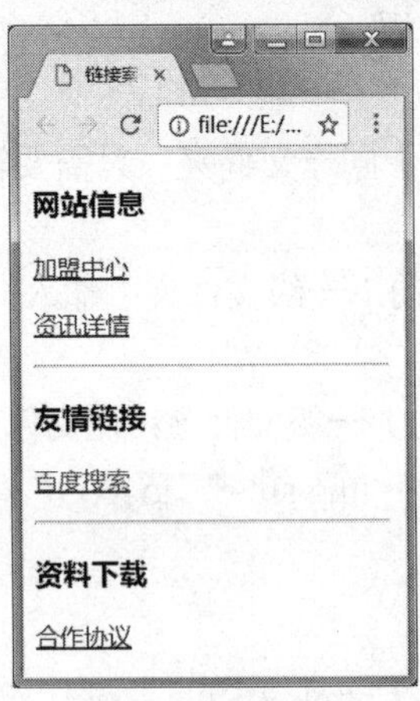

图 2-9　链接案例

【知识要点】超链接的定义，页面间链接、网站间链接、下载文件链接等。
【学习目标】掌握各种超链接的应用场合和实现技术。

2.3.2　超链接简介

一个完整的超链接包括两部分：链接的载体和链接的目标地址。链接的载体指的是显示链接的部分，可以是文字或图像。链接的目标是指单击超链接后显示的内容，可以是其他网页、图像、多媒体、电子邮件地址、可下载文件和应用程序等。

在 HTML 中创建超链接非常简单，只需要用<a>和</a>标签环绕需要被链接的对象即可，其基本语法格式如下。

```
<a href="url" target="窗口名称">超文本</a>
```

在上面的语法中，<a>标签用于定义超链接，href 和 target 为其常用属性。

- href：用于指定链接目标的 URL 地址。需要创建空链接时，用“#”代替 URL。
- target：用于指定链接页面的打开方式，常用的取值有_self 和_blank 两种，_self 为默认值，意为在原窗口中打开，_ blank 意为在新窗口中打开。

【例 2-3-1】超链接示例。单击网页上的“百度”文本，打开百度网站首页。页面文件 2-3-1.html 的关键代码如下。

```
<a href="https://www.baidu.com" target="_blank">百度</a>
```

在例 2-3-1 中，链接文本“百度”显示为蓝色且带有下画线。属性 href 指定链接目标网址是“https://www.baidu.com”。属性 target="_blank"定义链接页面在新窗口中打开。当鼠标移到链接文本上时，光标变为小手的形状，同时页面的左下方会显示链接页面的地址。当单击链接文本“百度”时，会在新窗口中打开百度网站首页。

超链接标签本身有默认的显示样式，即蓝色且带有下画线效果。

2.3.3　超链接的应用

1. 站内页面间的链接(站内链接)

同一网站域名下的各页面间可以用超链接实现相互间的访问。

例如，在首页以外的其他页面上，单击超链接“首页”返回网站首页，其代码如下。

```
<a href="index.html" target="_self">首页</a>    <br/>
```

注意，站内链接尽量使用相对路径。

2. 网站间的链接

不同网站间可以通过超链接实现信息和资源的共享。

例如，在网页上单击超链接“163 邮箱”打开 163 网易邮箱首页，其代码如下。

```
<a href="https://mail.163.com" target="_blank">163 邮箱</a>    <br/>
```

通过超链接，也可以链接到其他网站的网页上。

例如，单击超链接“百度百科--超链接”打开百度百科网站上关于超链接介绍的页面，其代码如下。

```
<a href="https://baike.baidu.com/item/%E8%B6%85%E9%93%BE%E6%8E%A5/97857?fr=aladdin"
    target="_blank">百度百科--超链接</a>    <br/>
```

3. 媒体链接

超链接除了可链接文本外，也可链接各种媒体，如声音、图像和动画等，通过它们可以将网站建设成一个丰富多彩的多媒体世界。

例如，单击超链接“MP4 视频”打开视频文件并开始播放，其代码如下。

```
<a   href="media/movie.mp4" target="_blank">MP4 视频</a>    <br/>
```

注意：

只有当项目文件夹的 media 目录中有 movie.mp4 文件时，才能单击播放。

4. 下载链接

当需要在网站中提供资料下载时，可以为资料文件提供下载链接。如果超链接指向的不是一个网页文件，而是其他文件，如 doc、xls、zip 和 rar 文件等，单击链接时就会下载相应的文件。

例如，单击超链接“合作协议下载”，开始下载文件，其代码如下。

```
<a href="datum/合作协议.zip">合作协议下载</a> <br/>
```

注意：

只有当项目文件夹的 datum 目录中有“合作协议.zip”文件时，才能单击下载。

5. 用图像做超链接

为了增加页面的美观性，有时用图像代替文字做超链接。

例如，将超链接中的“首页”超文本用图片进行替换，其代码如下。

```
<a href="index.html" target="_self"><img src="img/nav1.gif"> </a>    <br/>
```

在低版本的 IE 浏览器中，这样做会给链接图像添加边框效果，要去掉链接图像的边框，只需要将边框定义为 0 即可。

6. 锚记链接

在浏览网页时，如果页面内容较多，篇幅较长，就需要不断地拖动滚动条来查看所需要的内容，这样效率较低且不方便。为了提高信息的检索速度，可以创建锚记链接(也称为书签链接)来实现。通过单击锚记链接，可以快速定位到目标内容，方便浏览。

创建锚记链接，需要以下两个步骤。

(1) 定义锚记名称。

格式1：<a name="锚记名">目标附近的文本</a>

格式2：<E id="id名">网页内容…</E>，E代表HTML标签，如p、hn、div等。

(2) 定义锚记链接。单击超文本时，会跳转到锚记名或id名开始的位置。

格式：<a href="#锚记名|#id名">超文本</a>

下面通过一个具体的案例来演示在页面中创建锚记链接的方法。

【例2-3-2】锚记链接示例。创建唐诗赏析页面，如图2-10所示，单击目录中的唐诗名称超链接，跳转到相应的唐诗内容部分，如图2-11所示。单击“返回目录”超链接，则跳转到目录部分。页面文件2-3-2.html的关键代码如下。

```
<body>
  <h2 align="center" id="mulu">目录</h2>
  <p><a href="#xln">行路难--李白</a><br/><br/>
  <a href="#jyj">九月九日忆山东兄弟--王维</a><br/><br/>
  <a href="#fll" >芙蓉楼送辛渐--王昌龄</a><br /></p>
  <hr>
  <h3 align="center"><a name="xln">行路难</a> </h3>
  <p align="center" >李白 </p>
  <p align="center"><strong>金樽清酒斗十千，玉盘珍馐直万钱。<br/>
    停杯投箸不能食，拔剑四顾心茫然。 <br/>
    欲渡黄河冰塞川，将登太行雪暗天。 <br/>
    闲来垂钓坐溪上，忽复乘舟梦日边。 <br/>
    行路难，行路难，多歧路，今安在。 <br/>
    长风破浪会有时，直挂云帆济沧海。 </strong>
  </p>
  <p><strong>【注释】 </strong><br/>
      ① 珍馐：名贵的菜肴。 <br/>
      ② 垂钓坐溪上：传说吕尚未遇周文王时，曾在溪(今陕西宝鸡市东南)垂钓。 <br/>
      ③ 乘舟梦日边：传说伊尹见汤以前，梦乘舟过日月之边。合用这两句典故，是比喻人生遇合无常，
        多出于偶然。
  </p>
  <p><strong>【简析】 </strong><br/>
      “行路难”多写世道艰难，表达离情别意。李白《行路难》共三首，蘅塘退士辑选其一。诗以“行
      路难”比喻世道险阻，抒写了诗人在政治道路上遭遇艰难时，产生的不可抑制的激愤情绪；但他并
      未因此而放弃远大的政治理想，仍盼着总有一天会施展自己的抱负，表现了他对人生前途乐观豪
      迈的气概，充满了积极浪漫主义的情调。全诗在高度彷徨与大量感叹之后，以“长风破浪会有时”
      忽开异境，并且坚信美好前景终会到来，因而“直挂云帆济沧海”，激流勇进。蕴意波澜起伏，跌
      宕多姿。</p>
  <p align="right"><a href="#mulu">返回目录</a></p>
  <hr>
  <h3 align="center"><a name="jyj">九月九日忆山东兄弟</a> </h3>
  <p align="center">王维</p>
  <p align="center"><strong>
  独在异乡为异客，每逢佳节倍思亲。<br/>
  遥知兄弟登高处，遍插茱萸少一人。 <br/>
  </strong></p>
```

```
    <p><strong>【注释】 </strong><br/>
         登高：九月九重阳节，民间有登高避邪习俗。 <br/>
         茱萸：药性植物。重九俗以结子茱萸枝插头。 </p>
    <p><strong>【简析】 </strong><br/>
        诗写游子思乡怀亲。诗人一开头便紧急切题，写异乡异土生活的孤独凄然，因而时时怀乡思人，
         遇到佳节良辰，思念倍加。接着诗一跃而写远在家乡的兄弟，按照重阳的风俗而登高时，也在怀
         念自己。诗意反复跳跃，含蓄深沉，既朴素自然，又曲折有致。“每逢佳节倍思亲”，千百年来，
         成为游子思念的名言，打动多少游子离人之心。</p>
    <p align="right"><a href="#mulu">返回目录</a></p>
    <hr>
    <h3 align="center"><a name="fll">芙蓉楼送辛渐</a> </h3>
    <p align="center">王昌龄 </p>
    <p align="center"><strong>
    寒雨连江夜入吴，平明送客楚山孤。<br/>
    洛阳亲友如相问，一片冰心在玉壶。 <br/>
     </strong></p>
    <p><strong>【注释】 </strong><br/>
        芙蓉楼：原名西北楼，在润州(今江苏省镇江市)西北。<br/>
        辛渐：诗人的一位朋友。<br/>
        吴：古代国名，这里泛指江苏南部、浙江北部一带。江苏镇江一带为三国时吴国所属。</p>
    <p><strong>【简析】 </strong><br/>
        迷蒙的烟雨，连夜洒遍吴地江天；清晨送走你，孤对楚山离愁无限！朋友啊，洛阳亲友若是问起我
        来；就说我依然冰心玉壶，坚守信念！</p>
    <p align="right"><a href="#mulu">返回目录</a></p>
</body>
```

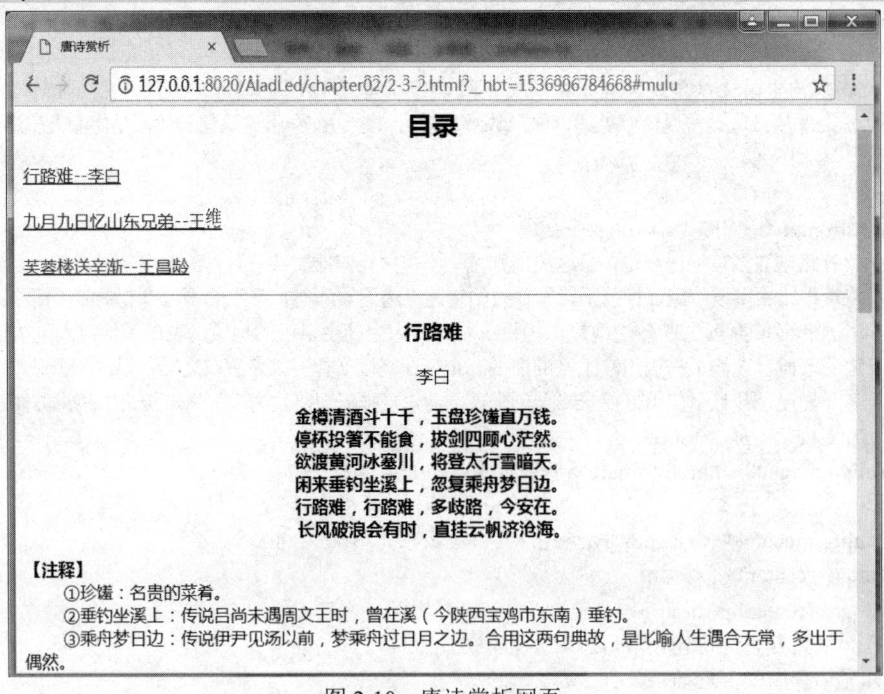

图 2-10 唐诗赏析网页

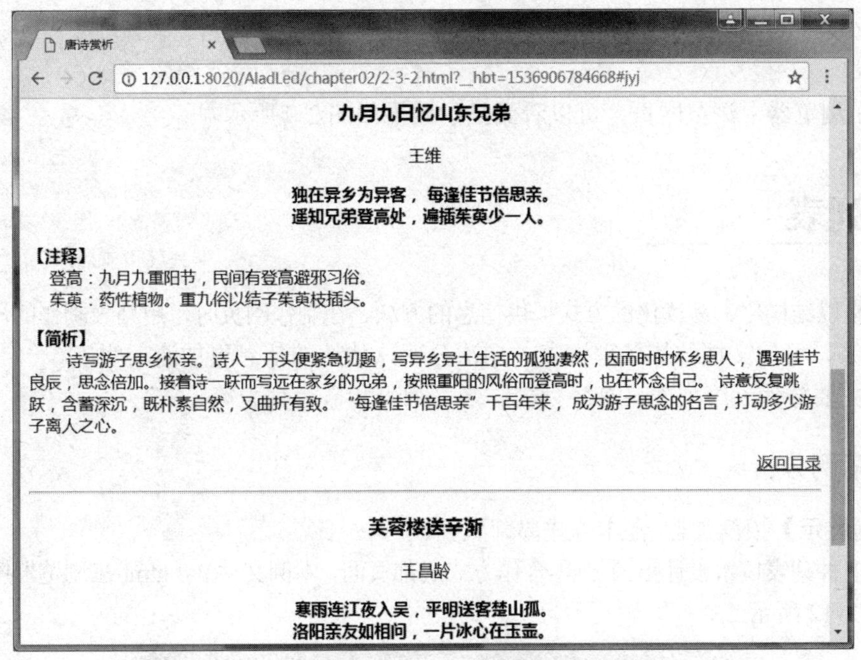

图 2-11　单击“九月九日忆山东兄弟” 后的页面

【说明】注释和简析中，段首留出的两个汉字的空间是通过输入两个全角空格实现的。

命名锚记时，用 id 名做锚记名称，id 名可以是 CSS 样式中的 id 样式名，二者共用一个 id 名，能使页面更简洁。

2.3.4　案例制作

【案例：链接案例-网站信息页面】在 HBuilder 中的制作过程如下。

(1) 在当前项目中新建目录 datum，把合作协议 1.doc 文件复制到该目录下。

(2) 创建网页结构文件，在当前项目中创建一个 HTML5 网页文件，文件名为 2-3.html。在页面中建立无序列表，列表项目为图片和文字，其代码如下。

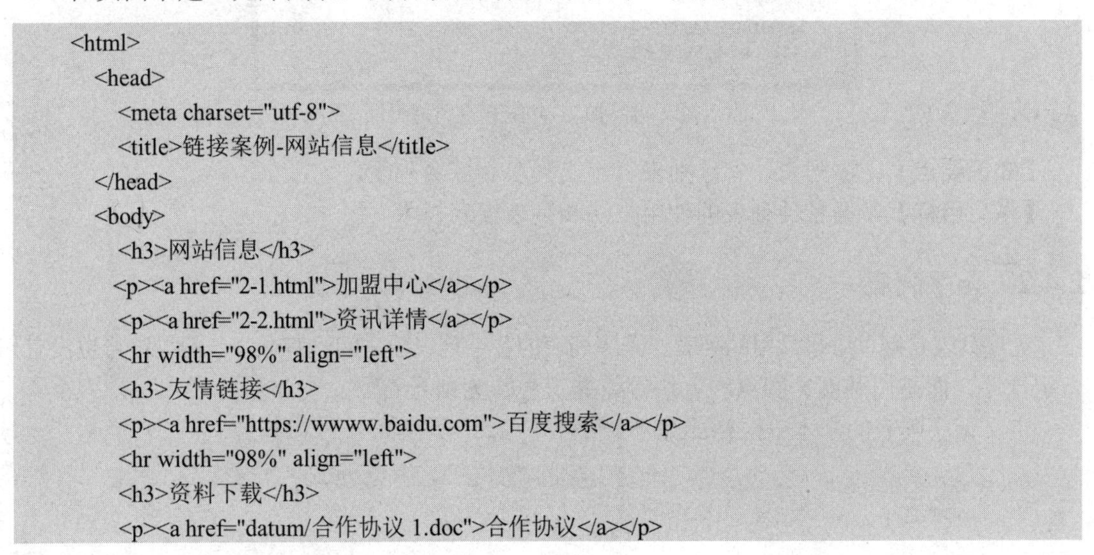

```
<html>
  <head>
    <meta charset="utf-8">
    <title>链接案例-网站信息</title>
  </head>
  <body>
    <h3>网站信息</h3>
   <p><a href="2-1.html">加盟中心</a></p>
    <p><a href="2-2.html">资讯详情</a></p>
    <hr width="98%" align="left">
    <h3>友情链接</h3>
    <p><a href="https://wwww.baidu.com">百度搜索</a></p>
    <hr width="98%" align="left">
    <h3>资料下载</h3>
    <p><a href="datum/合作协议 1.doc">合作协议</a></p>
```

```
  </body>
</html>
```

(3) 在浏览器中浏览网页，可以看到显示效果如图 2-9 所示。

2.4 列表

列表是以结构化、易读化的方式提供信息的方法。在制作网页时，用列表制作的导航、目录和提纲等，可使文档结构条理清晰、层次分明，传达的信息更加清晰明确。

列表主要分为无序列表、有序列表、定义列表和嵌套列表等。

2.4.1 案例分析

【案例展示】招商加盟-合作方式局部页面。

使用多种列表技术设计招商加盟-合作方式局部页面，本例文件 2-4.html 在浏览器中的显示效果如图 2-12 所示。

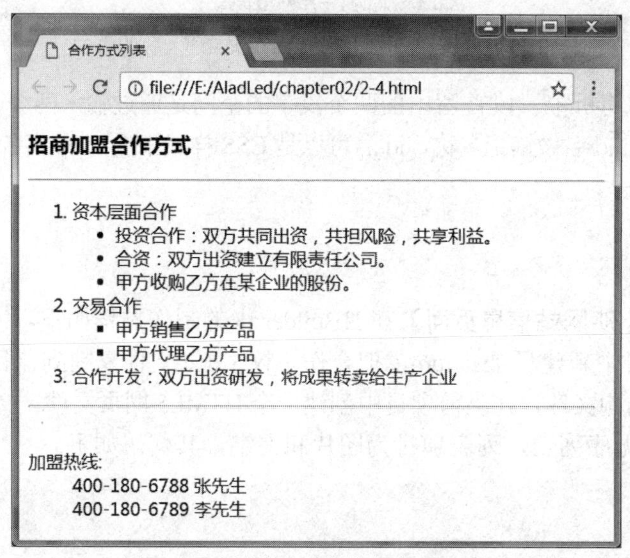

图 2-12　招商加盟-合作方式局部页面

【知识要点】无序列表、有序列表、定义列表和嵌套列表。

【学习目标】掌握各种列表的使用方法和列表嵌套技术。

2.4.2 无序列表

无序列表是网页中最常用的列表。无序列表的各个列表项之间没有顺序，前导符号也没有一定次序，而是用圆圈、圆点和方块等特殊符号作为前导符号。

定义无序列表的基本语法格式如下。

```
<ul type="符号类型">
  <li>列表项 1</li>
```

```
    <li>列表项 2</li>
    ……
</ul>
```

属性 type 定义无序列表的前导符号。取值为 circle(圆圈)、disc(圆点)和 square(方块)，默认为 disc。

说明：在上面的语法中，<ul></ul>标签用于定义无序列表，<li></li>是具体的列表项，每对<ul></ul>中至少应包含一对<li></li>。

> **注意：**
> 在 HTML5 中，不再支持 type 属性。可以用 CSS 样式来定义列表的前导符号。

【例 2-4-1】无序列表示例。本例在浏览器中的显示效果如图 2-13 所示，页面文件 2-4-1.html 的关键代码如下。

```
<body>
    <h3>HTML5 列表类型</h3>
    <ul>
        <li>无序列表</li>
        <li>有序列表</li>
        <li>定义列表</li>
    </ul>
</body>
```

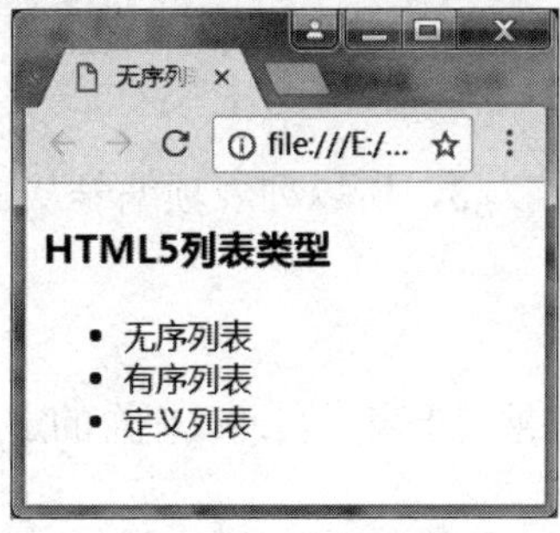

图 2-13　无序列表

2.4.3　有序列表

有序列表中的各个列表项按照一定的顺序排列，有先后顺序之分，它们之间用编号标记。定义有序列表的基本语法格式如下。

```
<ol type="符号类型" start="编号起始值" reversed="reversed">
    <li>列表项 1</li>
    <li>列表项 2</li>
    ……
</ol>
```

属性介绍如下。

- type：列表项的符号类型，取值为 1(阿拉伯数字)、a(小写英文字母)、A(大写英文字母)、

i(小写罗马数字)、I(大写罗马数字)，默认符号是阿拉伯数字。

- start：列表项编号的起始值，取值为正整数。默认取值为1，即编号从1开始。
- reversed：是否对列表项反向排序，当取值为reversed时，反向排序。

【例2-4-2】有序列表示例。本例在浏览器中的显示效果如图2-14所示，页面文件2-4-2.html的关键代码如下。

```
<body>
    <h3>韩红歌曲排名</h3>
    <ol start="3">
      <li>灵魂走在大街上  </li>
      <li>忠于自我</li>
      <li>难忘雪山草地</li>
    </ol>
</body>
```

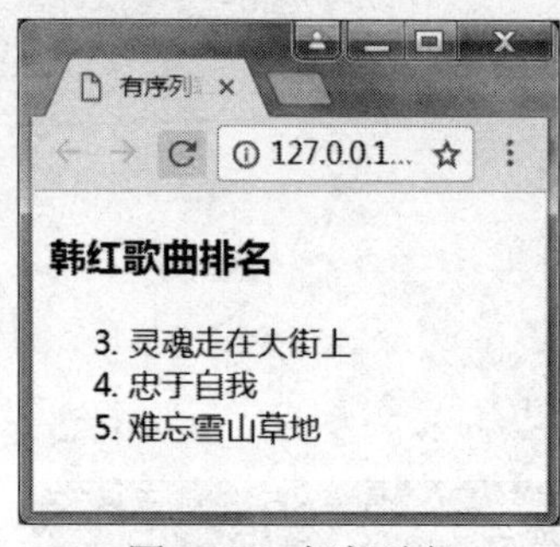

图2-14　有序列表

【说明】因为start属性的取值为3，所以列表项编号从3开始。

2.4.4　定义列表

定义列表又称为字典列表，通常用于表示名词或概念的定义，定义列表的列表项前没有任何项目符号。其基本语法为：

```
<dl>
    <dt>标题 1</dt>
    <dd>标题 1 的描述 1</dd>
    <dd>标题 1 的描述 2</dd>
        ......
    <dt>标题 2</dt>
    <dd>标题 2 的描述 1</dd>
    <dd>标题 2 的描述 2</dd>
        ......
</dl>
```

【说明】在上面的语法中，<dl></dl>标签指定定义列表，<dt></dt>标签指定列表项的标题，<dd></dd>标签对标题进行描述。<dt></dt>和<dd></dd>并列嵌套于<dl></dl>中，一对<dt></dt>可以对应多对<dd></dd>，即一个标题可以有多个描述。

【例 2-4-3】定义列表示例。本例在浏览器中的显示效果如图 2-15 所示。页面文件 2-4-3.html 的关键代码如下。

```
<body>
  <dl>
    <dt>景观灯</dt>
    <dd>景观灯是现代景观中不可缺少的部分，具有较高的观赏性。还强调艺术灯的景观与景区历史文化、
        周围环境的协调统一。</dd>
    <dd>景观灯利用不同的造型、相异的光色与亮度来造景。</dd>
    <dd>景观灯也有一定的坏处，例如：不环保等。</dd>
  </dl>
</body>
```

【说明】本定义列表中，定义的标题是“景观灯”，对标题的描述有三项内容。

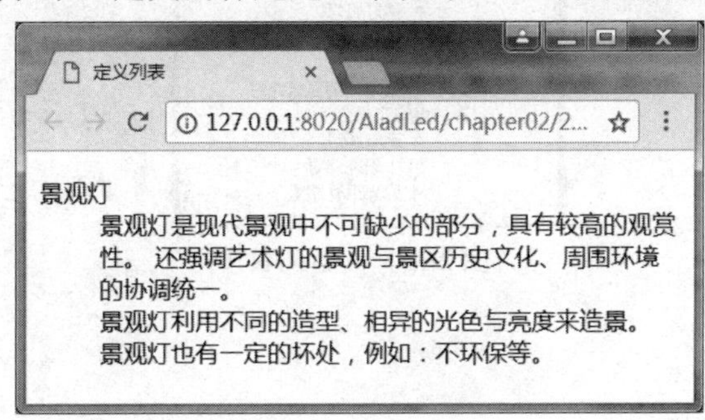

图 2-15　定义列表

2.4.5　嵌套列表

有序列表、无序列表和定义列表不仅可以自身嵌套，而且彼此可互相嵌套。嵌套列表可以把页面分为多个层次，给人以很强的层次感。

【例 2-4-4】嵌套列表示例。本例文件 2-4-4.html 在浏览器中的显示效果如图 2-16 所示。页面关键代码如下。

```
<body>
<dl>
    <dt>路灯的分类</dt>
    <dd>
      <ol>
      <li>按路灯光源分：
        <ul><li>钠灯路灯</li>
          <li>LED 路灯</li>
          <li>节能路灯</li>
          <li>新型照明氙气路灯</li>
        </ul>
      </li>
      <li>按供电方式分：
        <ul><li>市电路灯</li>
```

```
            <li>太阳能路灯</li>
            <li>风光互补路灯</li>
          </ul>
        </li>
      </ol>
    </dd>
  </dl>
</body>
```

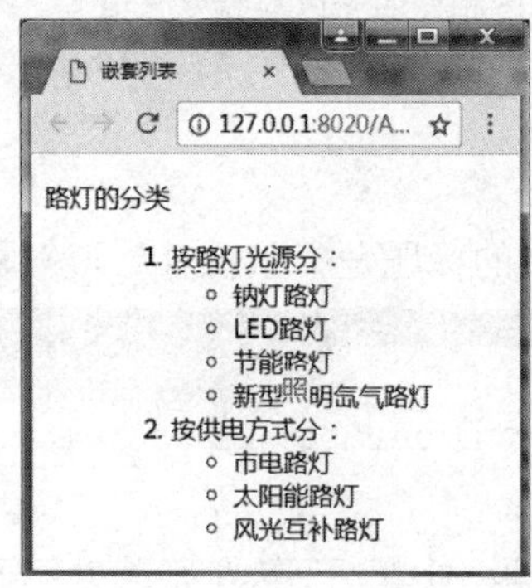

图 2-16　嵌套列表

2.4.6　案例制作

【案例：招商加盟-合作方式局部页面】2-4.html 文档的代码如下。

```
<body>
  <h3>招商加盟合作方式</h3>
  <hr/>
  <ol>
      <li>资本层面合作
      <ul type="disc">
         <li>投资合作：双方共同出资，共担风险，共享利益。</li>
         <li>合资：双方出资建立有限责任公司。</li>
         <li>甲方收购乙方在某企业的股份。</li>
      </ul>
      </li>
    <li>交易合作
      <ul type="square">
         <li>甲方销售乙方产品</li>
         <li>甲方代理乙方产品</li>
      </ul>
    </li>
    <li>合作开发：双方出资研发，将成果转卖给生产企业</li>
  </ol>
  <hr width="98%" align="left">
  <dl>
         <dt>加盟热线:</dt>
```

```
        <dd>400-180-6788  张先生</dd>
        <dd>400-180-6789  李先生</dd>
    </dl>
</body>
```

浏览页面，可以看到效果如图 2-12 所示。

2.5　表格

表格是网页中的一个重要容器元素，可包含文字和图像。表格使网页结构紧凑整齐、网页内容的显示一目了然。表格除了用来显示数据外，还用于搭建网页的结构，几乎所有 HTML 页面都或多或少采用了表格。精通网页制作，熟练掌握表格的各种属性是很有必要的。

2.5.1　案例分析

【案例展示】LED 射灯介绍局部页面。

使用表格技术，制作 LED 射灯介绍局部页面。本例文件 2-5.html 在浏览器中的显示效果如图 2-17 所示。

LED射灯介绍

127.0.0.1:8020/AladLed/chapter02/2-5.html?__hbt=1552744502164

LED精品射灯介绍

图片	名称	介绍	年产量
	LED射灯 灯杯	功率：3W；输入电压：220V；外径尺寸：Φ49mm；外壳材质：铝压铸；灯头规格：E27； LED灯珠颗数：1颗； 色温：3200-6500K； 可否调光：不可以；灯光颜色：暖白、白色； 发光角度：60度。	35000
	LED旋转射灯	电源要求：DC1000mA；灯具功率：12W；LED光效：100lm-110lm/W；寿命：3000H；色温：3050-4000k；产品尺寸：Φ105mm*H115mm；旋转度数：355度；灯具颜色：白、銀、金。	43000
	LED射灯	额定功率：6W；芯片数量：128PCS；LED光效：92lm/W；产品尺寸：Φ110mm*H63mm；工作电压：AC180-240V/50-60Hz；外壳材质：铝材；灯光颜色：正白。	40000
	LED天花射灯	型号：CL-GA003127GAAK；额定功率：3W；输入电压：100-240V；角度：30(15/45/60/90/120)度；光通量：210-270；色温：2600-7000K；开孔尺寸：Φ75mm；使用寿命：35000H。	52000
		年产量合计	170000

图 2-17　LED 射灯介绍局部页面

2.5.2　表格的结构

表格是由行和列组成的二维表，而每行又由一个或多个单元格组成，用于放置数据或其他内容。单元格的内容是数据，可以包含文本、图片、列表、段落、表单、水平线或表格等元素。

表格由<table>和</table>标签定义。每个表格均有若干行(由 <tr> 标签定义)，每行被分隔为若干单元格(由<td>标签定义)。表格的基本结构如图 2-18 所示。

<table>表格

<caption>表格标题</caption>

<tr>	<th>表头1</th>	<th>表头2</th>	…	<th>表头n</th>	</tr>
<tr>	<td>单元格2-1</td>	<td>单元格2-2</td>	…	<td>单元格2-n</td>	</tr>
<tr>	<td>单元格3-1</td>	<td>单元格3-2</td>	…	<td>单元格3-n</td>	</tr>
<tr>	…	…	…	…	</tr>
<tr>	…	…	…	…	</tr>
<tr>	<td>单元格m-1</td>	<td>单元格m-2</td>	…	<td>单元格m-n</td>	</tr>

</table>

图 2-18　表格的基本结构

2.5.3　表格的基本语法

在 HTML 语法中，用<table> 标签定义表格，用<tr>标签定义表格行，用<th>标签定义表头，用<td>标签定义单元格。表格的语法格式为：

```
<table border= "n" width= "x|%" height= "y|%" cellspacing= "i" cellpadding= "j">
<caption>表格标题</caption>
    <tr><th>表头 1</th><th>表头 2</th>…<th>表头 n</th></tr>
    <tr><td>表头 2-1</td><td>表头 2-2</td>…<td>表头 2-n</td></tr>
    …
    <tr><td>表头 m-1</td><td>表头 m-2</td>…<td>表头 m-n</td></tr>
</table>
```

在上面的语法中，使用<caption>标签为表格指定标题。标题默认在表格的上方左右居中显示，<caption>标签的 align 属性可以用来定义表格标题的对齐方式。

表格是逐行逐列建立的，表格的第一行为表头，用<th>标签定义，文字样式为居中、加粗显示。<td>标签定义的单元格中的文字按正常字体显示。

表格的整体外观由<table>标签的属性决定，各属性的功能如下。

- border：定义表格边框的宽度，单位是像素。默认值为 0，显示为没有边框的表格。
- width：定义表格的宽度，单位是像素或百分比。
- height：定义表格的高度，单位是像素或百分比。
- cellspacing：定义单元格之间的空白，单位是像素，默认为 2px。
- cellpadding：定义单元格边框与内容之间的空白，单位是像素，默认为 1px。

【说明】 表格所使用的边框粗细等样式一般应放在专门的CSS样式文件中，此处讲解这些属性仅仅是为了演示表格案例中的页面效果，在真正涉及表格外观时是通过CSS样式完成的。

【例 2-5-1】 表格示例，建立按季度进行统计的收支统计表。本例在浏览器中的显示效果如图 2-19 所示。页面文件 2-5-1.html 的关键代码如下。

```
<body>
```

```
    <table border="1" cellpadding="2" cellspacing="0" width="350">
      <caption>收支统计表</caption>
      <tr><th>季度</th><th>收入</th><th>支出</th><th>合计</th></tr>
      <tr><td>1 季度</td><td>45000</td><td>40000</td><td>5000</td></tr>
      <tr><td>2 季度</td><td>43000</td><td>45000</td><td>-2000</td></tr>
      <tr><td>3 季度</td><td>45000</td><td>44000</td><td>1000</td></tr>
      <tr><td>4 季度</td><td>46000</td><td>47000</td><td>-1000</td></tr>
    </table>
  </body>
```

收支统计表

127.0.0.1:8020/AladLed/c...

收支统计表

季度	收入	支出	合计
1季度	45000	40000	5000
2季度	43000	45000	-2000
3季度	46000	44000	1000
4季度	46000	47000	-1000

图 2-19　收支统计表

2.5.4　表格的修饰

表格具有丰富的属性，可以通过属性的设置对表格进行美化。

1. 表格的大小

可以通过 width 属性和 height 属性指定表格的宽度和高度，单位可以是精确的像素值。另外，也可以通过表格所占浏览器窗口的百分比来设置表格的大小。

width 属性和 height 属性不但可以设置表格的大小，还可以设置表格单元格的大小，为表格单元格设置 width 属性或 height 属性，将影响整行或整列单元格的大小。

2. 表格的背景

表格的背景默认为白色，可以根据网页设计的要求，用 bgcolor 属性设定表格的背景颜色。可以用 background 属性设定表格的背景图像，表格的背景图像可以是 GIF、JPEG 或 PNG 三种图像格式。

使用 bgcolor 属性和 background 属性也可以分别为单元格添加背景颜色和背景图像。

不过需要注意，表格和单元格的背景颜色或背景图像需要与文字颜色形成足够的反差，否则，将不容易分辨表格中的文本数据。

【例 2-5-2】修改例 2-5-1 中的表格，给第一行(表头行)添加背景颜色。本例文件 2-5-2.html 在浏览器中的显示效果如图 2-20 所示。修改后的代码如下。

```
<tr bgcolor="#DDD"><th>季度</th><th>收入</th><th>支出</th><th>合计</th></tr>
```

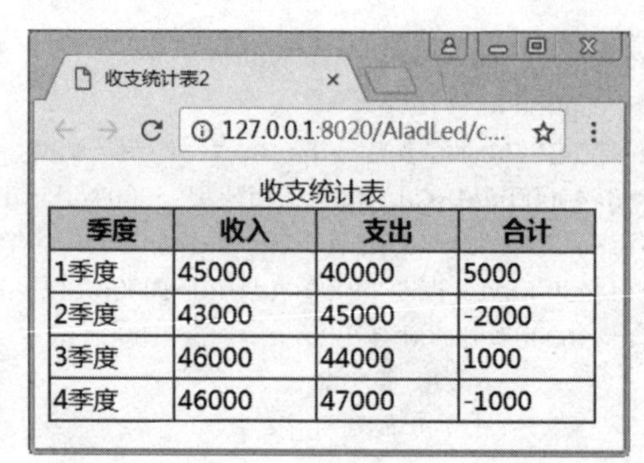

图 2-20　为收支统计表表的头加背景色

3. 表格的对齐方式

表格在网页中的位置有 3 种：居左、居中和居右。使用 align 属性设置表格在网页中的对齐方式，格式为：

```
<table align="left | center | right">
```

属性 align 的默认取值为 left，即在默认情况下表格的对齐方式为左对齐。

当表格设置了 align 属性，位于页面的左侧或右侧时，文本填充则在另一侧。当表格居中或省略 align 属性时，文本则在表格的下面。

4. 表格中数据的对齐方式

(1) 数据水平对齐

使用 align 属性可以设置表格中数据在单元格中的水平对齐方式。align 属性的取值可以是 left、center 和 right，默认值为 left，即单元格数据水平左对齐。

如果在<tr>标签中使用 align 属性，则设置整行所有单元格中的数据水平对齐。

如果给某个单元格的<td>标签使用 align 属性，则设置该单元格中的数据水平对齐。

(2) 数据垂直对齐

使用 valign 属性可以设置表格中的数据在单元格中的垂直对齐方式。valign 属性的取值可以是 top、middle、bottom 和 baseline，默认值为 middle，即单元格数据垂直居中对齐。

【例 2-5-3】修改例 2-5-2 中的表格，使得表格中的数据在单元格中水平居中显示。本例文件 2-5-3.html 在浏览器中的显示效果如图 2-21 所示，修改后的表格代码如下。

```
<table border="1" cellpadding="2" cellspacing="0" width="350">
<caption>收支统计表</caption>
 <tr bgcolor="#DDD"><th>季度</th><th>收入</th><th>支出</th><th>合计</th></tr>
 <tr align="center"><td>1 季度</td><td>45000</td><td>40000</td><td>5000</td></tr>
 <tr align="center"><td>2 季度</td><td>43000</td><td>45000</td><td>-2000</td></tr>
 <tr align="center"><td>3 季度</td><td>45000</td><td>44000</td><td>1000</td></tr>
 <tr align="center"><td>4 季度</td><td>46000</td><td>47000</td><td>-1000</td></tr>
</table>
```

收支统计表

季度	收入	支出	合计
1季度	45000	40000	5000
2季度	43000	45000	-2000
3季度	46000	44000	1000
4季度	46000	47000	-1000

图 2-21　数据水平居中显示

2.5.5　不规范表格

所谓不规范表格，是指单元格的个数不等于行数乘以列数的值。在实际应用中经常会使用不规范表格，这就需要把多个单元格合并为一个单元格，也就是表格的跨行和跨列功能。

HTML 中用 colspan 和 rowspan 属性来创建不规范表格。

1. 设置单元格跨行

跨行是指单元格在垂直方向上合并，用单元格的 rowspan 属性可设置单元格跨行。语法如下：

```
<td rowspan="所跨的行数">单元格内容</td>
```

【说明】 rowspan 属性指明该单元格应有多少行的跨度，在<th>和<td>标签中使用。

2. 设置单元格跨列

跨列是指单元格在水平方向上合并，用单元格的 colspan 属性可设置单元格跨列。语法如下：

```
<td colspan="所跨的列数">单元格内容</td>
```

【说明】 colspan 属性指明该单元格应有多少列的跨度，在<th>和<td>标签中使用。

【例 2-5-4】 修改例 2-5-3 中的表格，在最下边增加一行，显示对合计列进行总计的数值。本例文件 2-5-4.html 在浏览器中的显示效果如图 2-22 所示。修改后的代码如下。

```
<tr align="center"><td colspan="3">总计</td><td>3000</td></tr>
```

收支统计表4
127.0.0.1:8020/AladLed/c...

收支统计表

季度	收入	支出	合计
1季度	45000	40000	5000
2季度	43000	45000	-2000
3季度	45000	44000	1000
4季度	46000	47000	-1000
总计			3000

图 2-22　不规范表格

【说明】为表格设置跨行跨列以后，并不会改变表格的特点。表格中同行的内容总高度一致，同列的内容总宽度一致，各单元格的宽度或高度互相影响，结构相对稳定，不足之处是不能灵活地进行布局控制。

2.5.6 案例制作

【案例：LED射灯介绍局部页面】在HBuilder中创建该页面的步骤如下。

(1) 把需要的图片资料复制到项目的img文件夹中。

(2) 在项目中创建2-5.html文件，页面文件的关键代码如下。

```
<head>
  <meta charset="utf-8">
  <title>LED射灯介绍</title>
</head>
<body>
  <table border="1" cellpadding="2" cellspacing="0" width="780">
    <caption><h4>LED精品射灯介绍</h4></caption>
    <tr> <th width="160" height="30">图片</th>
    <th width="120">名称</th>
    <th width="400">介绍</th>
    <th width="100">年产量</th>
    </tr>
    <tr> <td><img src="img/led_sd3.jpg" width="150"></td>
    <td>LED射灯  灯杯</td>
    <td>功率：3W；输入电压：220V；外径尺寸：Φ49mm；外壳材质：铝压铸；灯头规格：E27；LED
灯珠颗数：1颗；色温：3200-6500K；可否调光：不可以；灯光颜色：暖白、白色；发光角度：60度。</td>
    <td align="center">35000</td>
    </tr>
    <tr> <td><img src="img/led_sd4.jpg" width="150"></td>
    <td>LED旋转射灯</td>
    <td>电源要求：DC1000mA；灯具功率：12W；LED光效：100lm-110lm/W；寿命：3000H；
    色温：3050-4000k；产品尺寸：Φ105mm*H115mm；旋转度数：355度；灯具颜色：白、银、金。</td>
    <td align="center">43000</td>
    </tr>
    <tr> <td><img src="img/led_sd5.jpg" width="150"> </td>
    <td>LED射灯</td>
    <td>额定功率6W；芯片数量：128PCS；LED光效：92lm/W；产品尺寸：Φ110mm*H63mm；
    工作电压：AC180-240V/50-60Hz；外壳材质：铝材；灯光颜色：正白。</td>
    <td align="center">40000</td>
    </tr>
    <tr> <td><img src="img/led_sd6.jpg" width="150"></td>
    <td>LED天花射灯</td>
    <td>型号：CL-GA003127GAAK；额定功率：3 W；输入电压：100-240V；角度：30(15/45/60/90/120)
度；光通量：210-270；色温：2600-7000K；开孔尺寸：Φ75mm；使用寿命：35000H。</td>
    <td align="center">52000</td>
    </tr>
```

```
        <tr> <td colspan="3" align="right">年产量合计</td>
        <td align="center">170000 </td>
        </tr>
    </table>
</body>
```

(3) 在浏览器中浏览 2-5.html 文件，可以看到显示效果如图 2-17 所示。

2.6 页面交互标签

HTML5 中新增了一些页面交互元素，以增强页面的交互体验，本节将详细介绍这些元素。

2.6.1 details 和 summary 元素

details 元素用于显示或隐藏文档的细节信息。details 元素往往与 summary 元素配合使用，由 summary 为 details 定义标题。默认情况下，不显示 details 中的内容，当用户单击标题时，才会显示出 details 中的内容。

用 details 和 summary 实现信息显示/隐藏功能的代码格式如下。

```
<details open="open">
    <summary>标题</summary>
   文档详细信息
</details>
```

属性 open：取值为 open，定义 details 是否显示。默认不显示。

【例 2-6-1】信息显示/隐藏案例设计。本例在浏览器中的显示效果如图 2-23 所示，当单击标题“HTML5 简介”时，隐藏的信息便会显示出来，如图 2-24 所示。页面文件 2-6-1.html 的关键代码如下。

```
<body>
  <details>
     <summary>HTML5 简介</summary>
        HTML5 将成为 HTML、XHTML 以及 HTML DOM 的新标准。<br/>
        HTML5 是 W3C 与 WHATWG 合作的结果。
  </details>
</body>
```

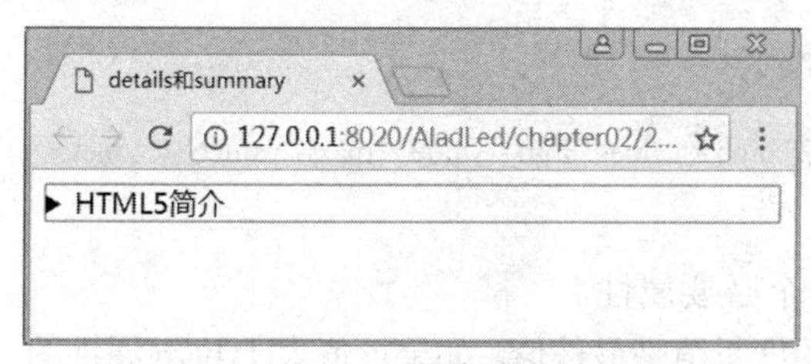

图 2-23　信息隐藏

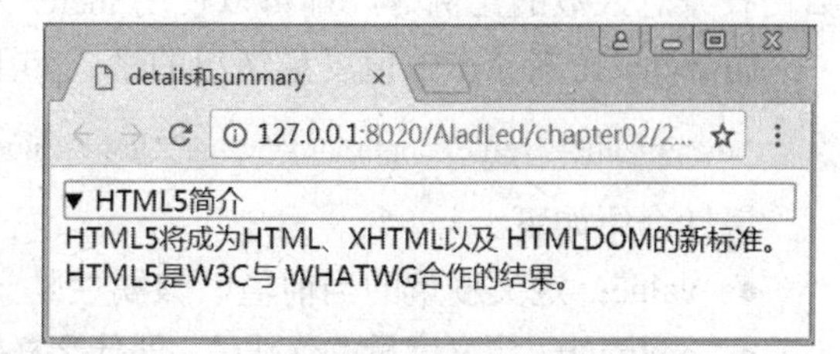

图 2-24　信息显示

再次单击“HTML5 简介”标题时，又重新回到图 2-23 所示的效果。

2.6.2 progress 元素

progress 元素用于显示某个特定任务的时间进度，如播放一段音乐的完成情况，上传或下载一个文件的时间进度。进度可以是不确定的，只是表示进度正在进行，但是不清楚还有多少工作量没有完成。也可以用 0 到某个最大数字(如 100)之间的数字来表示准确的进度完成情况(如进度百分比)。用 progress 元素定义进度条的格式如下：

```
<progress value="value1" max="value2"></progress>
```

属性介绍如下。

- value：定义当前已完成的工作量数值。属性值 value1 的取值范围是 0.0~1.0 或者在 max 值以下。
- max：定义全部的工作量数值。属性值 value2 的默认取值范围是 0.0~1.0，默认值是 1.0。

需要注意的是，value 和 max 属性的值必须大于 0，且 value 的值要小于或等于 max 属性的值。

【例 2-6-2】用 progress 显示文件的下载进度。本例在浏览器中的显示效果如图 2-25 所示，页面文件 2-6-2.html 的关键代码如下。

```
<body>
    文件 1 下载进度：
    <progress value="30" max="100"></progress> <br/><br/>
    文件 2 下载进度：
    <progress value="0.5" max="1"></progress>
</body>
```

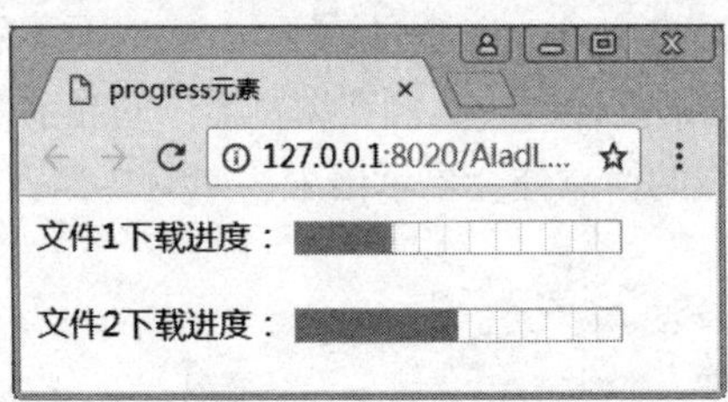

图 2-25 progress 示例

2.6.3 meter 元素

meter 元素用于表示指定范围内的数值。例如，若要显示硬盘容量或某个候选人的投票人数占投票总人数的比例等，都可以使用 meter 元素。

用 meter 元素显示数值度量情况的格式如下：

```
<meter value="value1" optimum="value2" low="value3" high="value4" min="value5" max="value6" ></meter>
```

属性介绍如下。

- value：定义度量的当前值。该属性是一个必要属性。
- optimum：定义度量的优化值，即什么样的度量值是最佳值。如果该值大于 high 属性的值，则意味着值越大越好。如果该值小于 low 属性的值，则意味着值越小越好。

- low：定义度量的值位于哪个点被界定为低值的范围。
- high：定义度量的值位于哪个点被界定为高值的范围。
- min：定义范围的最小值，默认值是 0。
- max：定义范围的最大值，默认值是 1。

【例 2-6-3】 用 meter 显示期末测试各班的及格率统计结果。本例在浏览器中的显示效果如图 2-26 所示，页面文件 2-6-3.html 的关键代码如下。

```
<body>
    <p>期末测试各班及格率如下：</p>
        <p> 一班:
          <meter value="0.4" optimum="1" high="0.85" low="0.5" max="1" min="0">30%</meter>
          <span>40%</span>
        </p>
        <p> 二班:
          <meter value="70" optimum="100" high="85" low="50" max="100" min="0"></meter>
          <span>70%</span>
        </p>
        <p> 三班:
          <meter value="91" optimum="100" high="85" low="50" max="100" min="0"></meter>
          <span>91%</span>
        </p>
</body>
```

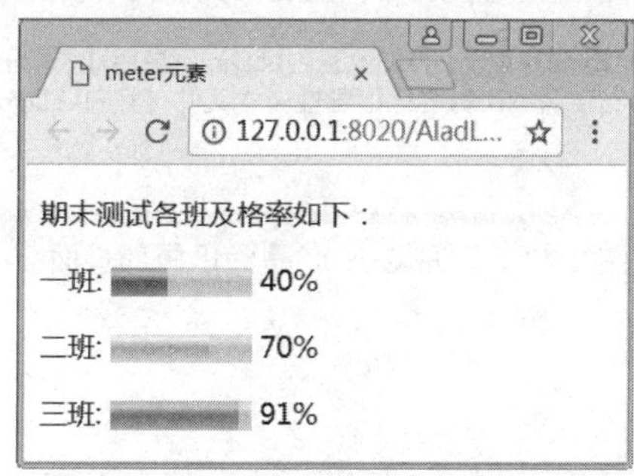

图 2-26　meter 示例

【说明】 本例中，low 属性的值为 0.5(50%)，high 属性的值为 0.85(85%)，并且 optimum 属性的值为 1(大于 high 属性的值)。value>=0.85 时为优，显示绿色；0.5=<value<0.85 时为良好，显示黄色；value<0.5 时为差，显示红色。

2.7 实训

【实训任务】 设计新闻动态-产品资讯局部页面。本例文件 2-7.html 在浏览器中的显示效果如图 2-27 所示。

【知识要点】 文本控制标签、图像标签及图文混排、列表、超链接。

【实训目标】 掌握用文本标签、图像标签、列表、超链接等设计页面的技术。

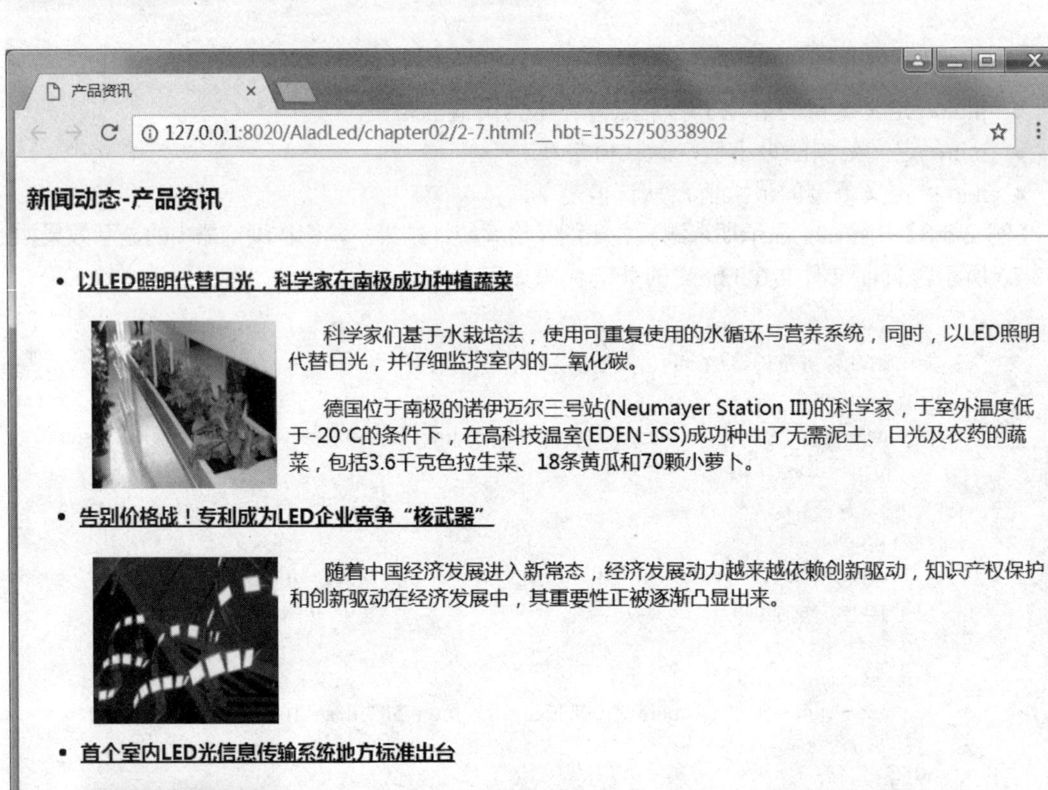

图 2-27　新闻动态-产品资讯局部页面

2.7.1　任务分析

分析图 2-27 所示的页面，该页面由 h3 标题、水平线和无序列表构成，而无序列表的列表项又由 h4 标题、图片和文字构成，并且采用图片靠左的图文混排布局。单击列表项的标题能打开对应的资讯详情页。

2.7.2　任务实现

根据上面的分析，准备素材，创建网页文件，完成新闻动态-产品资讯局部页面的设计。

1. 创建页面文件

(1) 启动 HBuilder，把需要的图片素材复制到当前项目的 img 文件夹中。
(2) 在当前项目中新建一个 HTML5 文档，文件名为 2-7.html。
(3) 在 HBuilder 编辑区编辑该文件，页面文件结构的代码如下。

```
<body>
  <h3>新闻动态-产品资讯</h3>
  <hr>
  <ul>
  <li>
     <h4><a href="2-2.html">以 LED 照明代替日光，科学家在南极成功种植蔬菜</a></h4>
     <img src="img/pro_info_1.jpg"  width="150" height="130" align="left" hspace="10"/>
    <p>      科学家们基于水栽培法，使用可重复使用的水循环与营
       养系统，同时，以 LED 照明代替日光，并仔细监控室内的二氧化碳。</p>
    <p>      德国位于南极的诺伊迈尔三号站(Neumayer Station III)的
       科学家，于室外温度低于-20°C 的条件下，在高科技温室(EDEN-ISS)成功种出了无需泥土、日光
       及农药的蔬菜，包括 3.6 千克色拉生菜、18 条黄瓜和 70 颗小萝卜。</p>
    </li>
    <li>
    <h4><a href="#">告别价格战！专利成为 LED 企业竞争“核武器”</a></h4>
    <img src="img/pro_info_2.jpg"  width="150" height="130" align="left" hspace="10"/>
    <p>      随着中国经济发展进入新常态，经济发展动力越来越依
       赖创新驱动，知识产权保护和创新驱动在经济发展中，其重要性正被逐渐凸显出来。</p>
    <br/> <br/> <br/>
  </li>
  <li>
    <h4><a href="#">首个室内 LED 光信息传输系统地方标准出台</a></h4>
    <img src="img/pro_info_3.png"  width="150" height="130" align="left" hspace="10"/ >
    <p>      为规范室内 LED 光信息传输系统的技术要求，深圳市市
     场监督管理局公开发布了深圳市标准化指导性技术文件《室内 LED 光信息传输系统通用技术要求》。</p>
    <p>      2018 年 4 月 4 日，为规范室内 LED 光信息传输系统的技
    术要求，深圳市场监督管理局公开发布了深圳市标准化指导性技术文件《室内 LED 光信息传输系统
    通用技术要求》。</p>
   </li>
  </ul>
</body>
```

(4) 在 Chrome 浏览器中浏览网页，效果如图 2-27 所示。

【实训说明】 在第二条资讯的内容后边，添加了多个换行符
，这是为了增加行数使布局整齐，因为第二条资讯的内容较少。

图文混排最好用 CSS 样式实现，对图片设置靠左浮动，并对下一条资讯设置清除浮动。实现方法请参考配套网站的源码。

2.8　本章小结

本章首先介绍了文本控制标签的功能及用法，然后介绍了图像标签、文件的路径知识和图文混排技术，以及超链接技术、列表和表格的设计技术、页面交互元素的功能，最后通过实例讲解了文本控制标签、图像标签、列表标签和超链接在页面设计中的实际应用技术。

通过本章的学习，读者应能掌握应用页面元素设计简单网页的技术。

2.9 练习题

1. 应用文本控制标签设计如图 2-28 所示的页面。
2. 利用图文混排技术和文本控制标签设计如图 2-29 所示的页面。

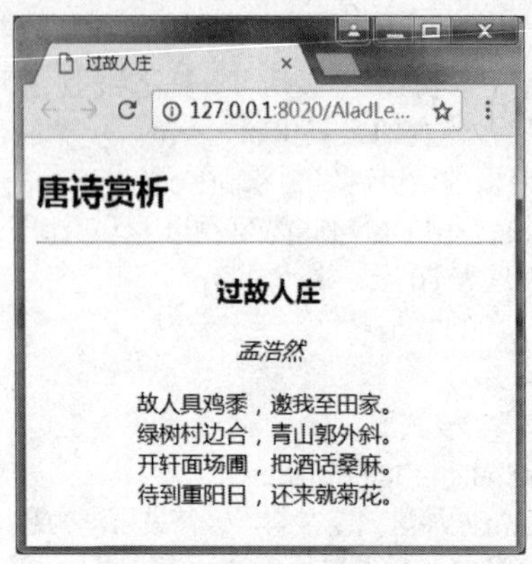

图 2-28　练习题 1 效果图

图 2-29　练习题 2 效果图

3. 设计如图 2-30 所示的导航。
4. 设计如图 2-31 所示的嵌套列表。

图 2-30　练习题 3 效果图

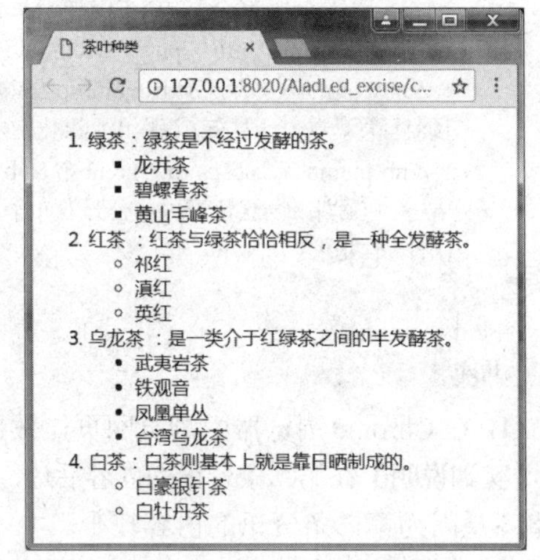

图 2-31　练习题 4 效果图

5. 设计如图 2-32 所示的课程表。

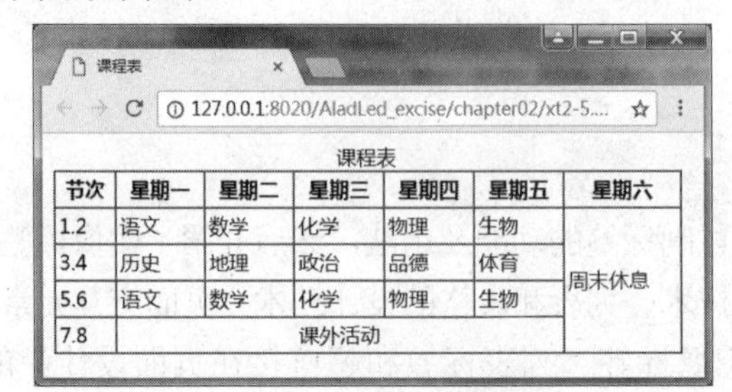
课程表

<table>
<tr><th>节次</th><th>星期一</th><th>星期二</th><th>星期三</th><th>星期四</th><th>星期五</th><th>星期六</th></tr>
<tr><td>1.2</td><td>语文</td><td>数学</td><td>化学</td><td>物理</td><td>生物</td><td rowspan="4">周末休息</td></tr>
<tr><td>3.4</td><td>历史</td><td>地理</td><td>政治</td><td>品德</td><td>体育</td></tr>
<tr><td>5.6</td><td>语文</td><td>数学</td><td>化学</td><td>物理</td><td>生物</td></tr>
<tr><td>7.8</td><td colspan="5">课外活动</td></tr>
</table>

图 2-32　练习题 5 效果图

第3章 CSS入门

CSS是Web设计领域中的一次突破，它为HTML标记语言提供了一种样式描述，定义了其中元素的显示方式，包括版式、颜色和大小等。CSS样式表可以将所有的样式声明统一存放，进行统一管理，也就是说，页面中显示的内容放在结构里，而修饰、美化放在样式里，实现结构(内容)与样式的分离。这样，当页面使用不同的样式时，呈现出的效果是不一样的。W3C(万维网联盟)推荐使用CSS来实现页面元素的显示。

本章的学习目标：

- 掌握CSS的定义与使用方法。
- 掌握CSS样式规则。
- 掌握CSS基础选择器，能够运用CSS选择器选择页面元素。
- 掌握CSS长度单位、百分比单位和色彩单位的使用。
- 掌握CSS的层叠性和继承性。
- 理解CSS的优先级，能够区分复合选择器权重的大小。

3.1 CSS的定义与使用

CSS提供了丰富的文档样式外观，以及设置文本和背景属性的能力；可以为任何元素创建边框，设置元素边框与其他元素间的距离，以及元素边框与元素内容间的距离；允许随意改变文本的大小写方式、修饰方式以及其他页面效果。现在所有漂亮的网页几乎都使用了CSS，CSS已经成为网页设计必不可少的工具之一。

3.1.1 CSS概述

使用HTML标签属性对网页进行修饰的方式存在很大的局限性与不足，如网站维护困难、不利于代码阅读等。如果希望网页美观、大方，并且升级轻松、维护方便，就需要使用CSS实现结构与样式的分离。

CSS以HTML为基础，提供了丰富的功能，如字体、颜色、背景的控制及整体排版等，而且还可以针对不同的浏览器设置不同的样式。

同时 CSS 非常灵活，既可以嵌入到 HTML 文档中，也可以是一个单独的外部文件。如果是独立的文件，则必须以.css 为扩展名。

如今大多数网页都是遵循 Web 标准开发的，即使用 HTML 编写网页结构和内容，而相关的版面布局、文本或图片的显示样式都使用 CSS 控制。通过更改 CSS 样式，就可以轻松控制网页的表现样式。

3.1.2 CSS 的定义和引用

1. 内联样式

内联样式就是在元素标签内使用 style 属性，style 属性的值可以包含任何 CSS 样式声明。用这种方法，可以很简单地对某个标签单独地定义样式表。这种样式表只对所定义的标签起作用，并不对整个页面起作用。内联样式的格式为:

```
<标签 style= "属性:属性值; 属性:属性值…">
```

说明：内联样式由于将表现和内容混在一起，不符合 Web 标准，因此要慎用这种方法。当样式仅需要在一个元素上应用一次时可以使用内联样式。

【例 3-1-1】使用内联样式将样式表的功能加入到网页中，本例在浏览器中的显示效果如图 3-1 所示。页面文件 3-1-1.html 的关键代码如下。

```
<head>
<meta charset="utf-8" />
  <title>CSS 样式</title>
</head>
<body>
     <p style="font-size:18px; color:red">此行文字被定义为红色显示</p>
     <p>此行文字没有定义显示样式</p>
</body>
```

【说明】代码中的第 1 个段落标签被直接定义了 style 属性，此行文字将显示 18px 大小的红色文字；而第 2 个段落标签没有被定义，将按照默认的设置显示文字样式。

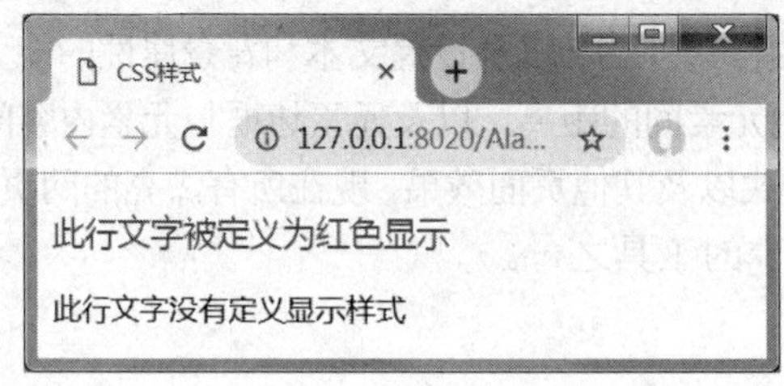

图 3-1 CSS 样式的应用

2. 内部样式表

内部样式表写在 HTML 的<head>…</head>标签对内，只对所在的网页有效。内部样式表所在的 HTML 文件可以直接使用该样式的标签。单个页面需要应用样式时，最好使用内部样式表。

(1) 内部样式表的格式为：

```
<style type="text/css">
选择器 1{属性：属性值；属性：属性值…}    /*注释内容*/
选择器 2{属性：属性值；属性：属性值…}
…
选择器 n{属性：属性值；属性：属性值…}
</style>
```

<style>…</style>标签对用于说明所要定义的样式。type 属性指定 style 使用 CSS 的语法来定义。/*…*/为 CSS 的注释符号，用于注释 CSS 的设置值。

选择器可以使用 HTML 标签的名称，所有 HTML 标签都可以作为 CSS 选择器使用。

(2) 组合选择器的格式

除了在<style>…</style>内分别定义各种选择器的样式外，如果多个选择器具有相同的样式，还可以采用组合选择器，以减少重复定义的麻烦，格式为：

```
<style type="text/css">
选择器 1，选择器 2，…，选择器 n{属性：属性值；属性：属性值…}
</style>
```

【例 3-1-2】使用内部样式表将样式表的功能加入到网页中，本例在浏览器中的显示效果如图 3-1 所示，页面文件 3-1-2.html 的关键代码如下。

```
<head>
  <meta charset="utf-8" />
  <title>CSS 样式</title>
  <style text="text/css">
    .text1{font-size:18px; color:red;}
  </style>
</head>
<body>
  <p class="text1">此行文字被定义为红色显示</p>
  <p>此行文字没有定义显示样式</p>
</body>
```

【说明】代码中的第 1 个段落标签使用内部样式表中定义的.text1 类样式，此行文字将显示 18px 大小的红色文字；而第 2 个段落标签没有被定义，将按照默认的设置显示文字样式。

3. 外部样式表

多个页面需要应用相同样式时，应该使用外部样式表。外部样式表管理整个 Web 页面的外观。进行 Web 开发时，首先应对整个外观定义一个CSS文件(扩展名为·css)，当页面需要使用样式时，通过<link>标签来链接外部样式表文件。使用外部样式表可以实现改变一个文件就能改变整个站点外观的目的。

(1) 用<link>标签链接样式表文件

<link>标签必须放到页面的<head>…</head>标签对内，其格式为:

```
<head>
```

```
…
<link  rel= "stylesheet"  href="外部样式表文件名.css "  type="text/css" >
…
</head>
```

其中，<link>标签表示浏览器从“外部样式表文件名.css”文件中以文档格式读出定义的样式表。rel="stylesheet"属性定义在网页中使用外部样式表，type="text/css"属性定义文件的类型为样式表文件，href 属性用于定义.css 文件的 URL。

(2) 样式表文件的格式

样式表文件可以用任何文本编辑器(如记事本)打开并编辑，样式表文件的扩展名为.css，其内容是定义的样式表，不包含 HTML 标签。样式表文件的格式为：

```
选择器 1{属性：属性值；属性：属性值…}     /*注释内容*/
选择器 2{属性：属性值；属性：属性值…}
…
选择器 n{属性：属性值；属性：属性值…}
```

一个外部样式表文件可以应用于多个页面。在修改外部样式表时，引用它的所有外部页面也会自动更新。设计者在制作有大量相同样式页面的网站时，这一功能非常有用，不仅能减少重复的工作量，而且有利于以后修改。浏览时也能减少重复下载的代码量，加快网页的显示速度。

【例 3-1-3】使用外部样式表定义网页元素的样式，本例在浏览器中的显示效果如图 3-1 所示。

(1) 在当前项目的 css 文件夹中新建 CSS 文件 3-1-3.css，代码如下。

```
.text1{
  font-size:18px;
  color:red;
}
```

(2) 在当前项目中，新建一个名为 3-1-3.html 的网页文件，代码如下。

```
<html>
<head>
<title>CSS 样式</title>
  <link rel="stylesheet" type="text/css" href="css/3-1-3.css" />
</head>
<body>
  <p class="text1">此行文字被定义为红色显示</p>
  <p>此行文字没有定义显示样式</p>
</body>
</html>
```

(3) 在浏览器中浏览该网页文件，效果如图 3-1 所示。

【说明】代码中的第 1 个段落标签使用链入外部样式表文件中定义的.text1 类样式，此行文字将显示 18px 大小的红色文字；而第 2 个段落标签没有被定义，将按照默认的设置显示文字样式。

3.2 CSS选择器

要想将CSS样式应用于特定的HTML元素，首先需要找到该目标元素。在CSS中，执行这一任务的样式规则部分被称为选择器。选择器决定了格式化将应用于哪些元素。

3.2.1 案例分析

【案例展示】使用链入外部样式表的方法制作企业简介局部页面，本例文件3-2.html在浏览器中的显示效果如图3-2所示。

图3-2 企业简介局部页面

【知识要点】常用的CSS选择器，在网页中引用CSS。

【学习目标】掌握CSS的定义与使用方法。

3.2.2 CSS样式规则

CSS为样式化网页内容提供了一条捷径，即样式规则，每条规则都是单独的语句。样式表的每条规则都有两个主要部分：选择器(selector)和声明(declaration)。

CSS 控制网页内容显示格式的方式是通过许多定义的样式属性(如字号、段落控制等)来实现的，并将多个样式属性定义为一组可供调用的选择器(selector)。其实，选择器就是某个样式的名称，称为选择器的原因是，当 HTML 文档中的某元素要使用该样式时，必须利用该名称来选择样式。用户只需要通过选择器对不同的 HIML 标签进行控制，并赋予各种样式声明，即可实现各种效果。声明由一个或多个属性值对组成。

样式规则的语法为：

```
selector{属性:属性值[[；属性:属性值]…]}
```

语法说明：

selector 表示希望进行格式化的元素；声明部分包含在选择器后的大括号中；用“属性:属性值”描述要应用的格式化操作。

例如，如图 3-3 所示，分析一条 CSS 规则。

- 选择器：p 代表 CSS 样式的名称。
- 声明：声明包含在一对大括号“{}”内，用于告诉浏览器如何渲染页面中与选择器相匹配的对象。声明内部由属性及属性值组成，并用冒号隔开，以分号结束，声明的形式可以是一个或多个属性的组合。
- 属性：定义的具体样式(如颜色、字体等)。
- 属性值：属性值放置在属性名和冒号后面，具体内容随属性的类别而呈现不同形式，一般包括数值、单位以及关键字。

图 3-3　CSS 规则

例如，将 HTML 中<body>和</body>标签内的所有文字设置为“华文中宋”、文字大小为 12px、黑色文字、白色背景显示，只需要在样式中做如下定义：

```
body
{
    font-family:"华文中宋";              /*设置字体*/
    font-size:12 px;                     /*设置文字大小为 12px*/
    color:#000;                          /*设置文字颜色为黑色*/
    background-color:#fff;               /*设置背景颜色为白色*/
}
```

从上述代码片段中可以看出，这样的结构对于阅读 CSS 代码十分清晰，为方便以后编辑，还可以在每行后面添加注释说明。为了节省空间，可以将上述代码改写为如下格式：

```
body{font-family:"华文中宋";font-size:12 px;color:#000;background-color:#fff;}
/*定义 body 的样式为: 12px 大小的黑色华文中宋字体，且背景颜色为白色*/
```

3.2.3　CSS基础选择器

CSS中的基础选择器有标签选择器、类选择器、id选择器、通配符选择器、标签指定式选择器、后代选择器和并集选择器，对它们的具体解释如下。

1. 标签选择器

标签选择器是指用HTML标签名称作为选择器，按标签名称分类，为页面中的某一类标签指定统一的CSS样式。其基本语法格式为：

```
标签名{属性1:属性值1;属性2:属性值2;属性3:属性值3;}
```

该语法中，所有的HTML标签名称都可以作为标签选择器，如body、hl、p、strong等。用标签选择器定义的样式对页面中该类型的所有标签都生效。

例如，可以使用p选择器定义HTML页面中所有段落的样式，示例代码为：

```
p{font-size:12px;color:#666;font-family: "微软雅黑"; }
```

上述CSS样式代码用于设置HTML页面中所有段落文本的样式，字体大小为12像素、颜色为#666、字体为微软雅黑。

标签选择器最大的优点是能快速地为页面中同类型的标签统一样式，同时这也是它的缺点，因为不能设计差异化的样式。

2. 类选择器

类选择器使用“.”(英文点号)进行标识，后面紧跟类名，其基本语法格式为：

```
.类名{属性1:属性值1;属性2:属性值2;属性3:属性值3;}
```

该语法中，类名即HTML元素的class属性值，大多数HTML元素都可以定义class属性。类选择器最大的优势是可以为元素对象定义单独或相同的样式。

【例3-2-1】类选择器的使用，本例在浏览器中的显示效果如图3-4所示，页面文件3-2-1.html的关键代码如下。

```
<head>
  <meta charset="utf-8">
  <title>类选择器</title>
    <style type="text/css">
    .red{color:red;}
    .green{color:green;}
    .font22{font-size:22px;}
    p{
        text-decoration:underline;
        font-family:"微软雅黑";
    }
  </style>
</head>
<body>
  <h2 class="red">二级标题文本</h2>
```

```
    <p class="green   font22">段落一文本内容</p>
    <p class="red   font22">段落二文本内容</p>
    <p>段落三文本内容</p>
</body>
```

【说明】(1) 在例 3-2-1 中，为标题标签<h2>和第 2 个段落标签<p>添加类名 class="red"，并通过类选择器设置它们的文本颜色为红色。为第 1 个段落和第 2 个段落添加类名 class="font22"，并通过类选择器设置它们的字号为 22 像素，同时还对第 1 个段落应用类"green"，将其文本颜色设置为绿色。之后，通过标签选择器统一设置所有的段落字体为微软雅黑，同时加下画线。

(2) 在图 3-4 中，“二级标题文本”和“段落二文本内容”均显示为红色，可见多个标签可以使用同一个类名，这样可以实现为不同类型的标签指定相同的样式。同时一个 HTML 元素也可以应用多个 class 类，设置多个样式，在 HTML 标签中多个类名之间需要用空格隔开，比如例 3-2-1 中的前两个<p>标签。

(3) 类名的第一个字符不能使用数字，并且严格区分大小写，一般采用小写的英文字符。

3. id 选择器

id 选择器使用“#”进行标识，后面紧跟 id 名，其基本语法格式为：

```
#id 名{属性 1:属性值 1;属性 2:属性值 2;属性 3:属性值 3;}
```

该语法中，id 名即 HTML 元素的 id 属性值。大多数 HTML 元素都可以定义 id 属性，元素的 id 值是唯一的，只能对应于文档中某个具体的元素。

【例 3-2-2】id 选择器的使用，本例在浏览器中的显示效果如图 3-5 所示，页面文件 3-2-2.html 的关键代码如下。

```
<head>
    <meta charset="utf-8">
    <title>id 选择器</title>
    <style type="text/css">
        #bold {font-weight:bold;}
        #font24 {font-size:24px;}
    </style>
</head>
<body>
    <p id="bold">段落 1：id="bold"，设置粗体文字。</p>
    <p id="font24">段落 2：id="font24"，设置字号为 24px。</p>
    <p id="font24">段落 3：id="font24"，设置字号为 24px。</p>
    <p id="bold font24">段落 4：id="bold font24"，同时设置粗体和字号 24px。</p>
</body>
```

【说明】(1) 在例 3-2-2 中，为 4 个<p>标签同时定义了 id 属性，并通过相应的 id 选择器设置粗体文字和字号大小。其中，第 2 个和第 3 个<p>标签的 id 属性值相同，第 4 个<p>标签有两个 id 属性值。

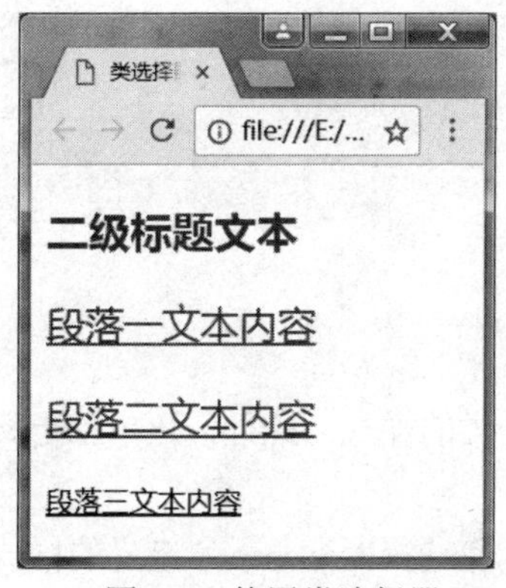

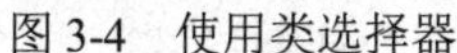
图 3-4　使用类选择器

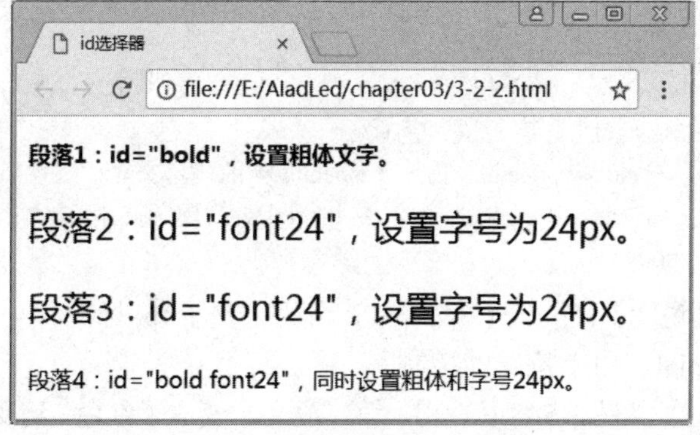

图 3-5　使用 id 选择器

(2) 从图 3-5 容易看出，第 2 行和第 3 行文本都显示了用#font24 定义的样式。换句话说，在很多浏览器中，同一个 id 也可以应用于多个标签，浏览器并不报错，但这种做法是不允许的，因为 JavaScript 等脚本语言调用 id 时会出错。另外，最后一行没有应用任何 CSS 样式，这意味着 id 选择器不支持像类选择器那样定义多个值，类似“id="bold font24"”的写法是完全错误的。

4. 通配符选择器

通配符选择器用“*”号表示，它是所有选择器中作用范围最广的，能匹配页面中所有的元素。其基本语法格式为：

```
*{属性 1:属性值 1;属性 2:属性值 2;属性 3:属性值 3;}
```

例如，下面的代码使用通配符选择器定义 CSS 样式，清除所有 HTML 标签的默认边距。

```
*{
    margin:0;         /*定义外边距*/
    padding:0;        /*定义内边距*/
}
```

但在实际网页开发中不建议使用通配符选择器，因为用它设置的样式对所有的 HTML 标签都生效，不管标签是否需要该样式，这样反而降低了代码的执行速度。

5. 标签指定式选择器

标签指定式选择器又称交集选择器，由两个选择器构成，其中第一个为标签选择器，第二个为 class 选择器或 id 选择器，两个选择器之间不能有空格，如 h3.special。

【例 3-2-3】标签指定式选择器的使用，本例在浏览器中的显示效果如图 3-6 所示，页面文件 3-2-3.html 的关键代码如下。

```
<head>
  <meta charset="utf-8">
  <title>标签指定式选择器的应用</title>
  <style type="text/css">
    p{ color:blue;}
    .special{ color:green;}
    p .special{ color:red;}        /*标签指定式选择器*/
```

```
    </style>
  </head>
  <body>
    <p>普通段落文本(蓝色)</p>
    <p class="special">指定了.special 类的段落文本(红色)</p>
    <h3 class="special">指定了.special 类的标题文本(绿色)</h3>
  </body>
```

【说明】(1) 在例 3-2-3 中，分别定义了<p>标签和.special 类的样式。此外，还单独定义了 p.special，用于特殊的控制。

(2) 从图 3-6 容易看出，第二段文本变成了红色。可见，标签选择器 p.special 定义的样式仅仅适用于<p class＝"special ">标签，而不会影响使用了.special 类的其他标签。

6. 后代选择器

后代选择器用来选择元素或元素组的后代，其写法就是把外层标签写在前面，把内层标签写在后面，中间用空格分隔。当标签发生嵌套时，内层标签就成为外层标签的后代。

例如，当<p>标签内嵌套<strong>标签时，就可以使用后代选择器对其中的<strong>标签进行控制，如例 3-2-4 所示。

【例 3-2-4】后代选择器的使用，本例在浏览器中的显示效果如图 3-7 所示，页面文件 3-2-4.html 的关键代码如下。

```
<head>
  <meta charset="utf-8">
  <title>后代选择器</title>
  <style type="text/css">
    p strong{color:red;}          /*后代选择器*/
    strong{color:blue;}
  </style>
</head>
<body>
  <p>段落文本<strong>嵌套在段落中，使用 strong 标签定义的文本(红色)。</strong></p>
  <strong>嵌套之外由 strong 标签定义的文本(蓝色)。</strong>
</body>
```

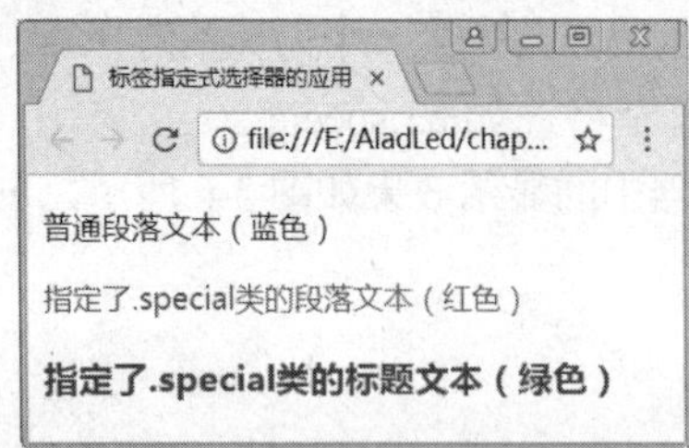

图 3-6　标签指定式选择器的应用

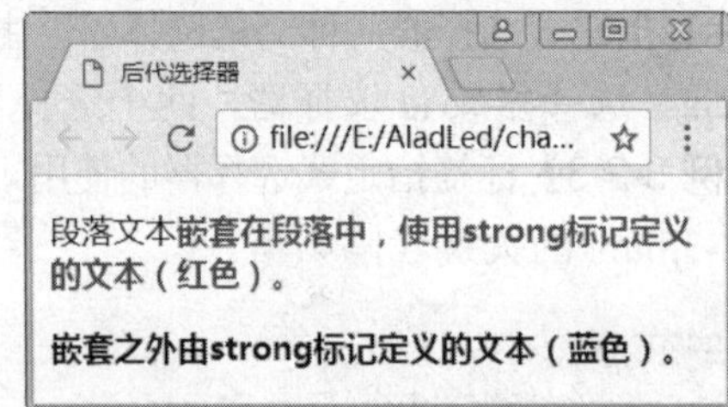

图 3-7　后代选择器的应用

【说明】(1) 在例 3-2-4 中，定义了两个<strong>标签，并将第一个<strong>标签嵌套在<p>标签中，然后分别设置 strong 和 p strong 的样式。

(2) 由图 3-7 容易看出，后代选择器 p strong 定义的样式仅仅适用于嵌套在<p>标签中的

<strong>标签，其他的<strong>标签不受影响。

(3) 后代选择器不限于使用两个元素，如果需要加入更多的元素，只需要在元素之间加上空格即可。在例 3-2-4 中，如果<strong>标签中还嵌套一个<em>标签，要想控制这个<em>标签，就可以使用 p strong em 选中它。

7. 并集选择器

并集选择器是用各个选择器通过逗号连接而成的，任何形式的选择器(包括标签选择器、类选择器及 id 选择器等)，都可以作为并集选择器的一部分。如果某些选择器定义的样式完全相同或部分相同，就可以利用并集选择器为它们定义相同的 CSS 样式。

例如，在页面中有 2 个标题和 3 个段落，它们的字号和颜色相同。其中一个标题和两个段落文本有下画线效果，这时就可以使用并集选择器定义 CSS 样式，如例 3-2-5 所示。

【例 3-2-5】并集选择器的使用，本例在浏览器中的显示效果如图 3-8 所示，页面文件 3-2-5.html 的关键代码如下。

```
<head>
  <meta charset="utf-8">
  <title>并集选择器</title>
  <style type="text/css">
    /*不同标签组成的并集选择器*/
    h2,h3,p{color:red; font-size:14px;}
    /*标签、类、id 组成的并集选择器*/
    h3,.special,#one {text-decoration:underline;}
  </style>
</head>
<body>
  <h2>二级标题文本。</h2>
  <h3>三级标题文本，加下画线。</h2>
  <p class="special">段落文本 1，加下画线。</p>
  <p>段落文本 2，普通文本。</p>
  <p id="one">段落文本 3，加下画线。</p>
</body>
```

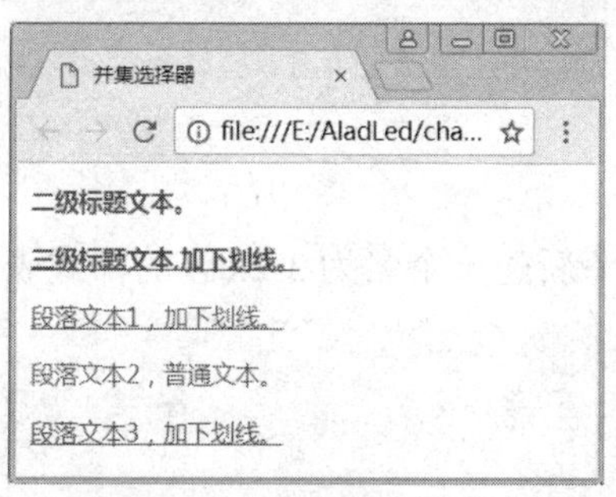

图 3-8　并集选择器的应用

【说明】(1) 在例 3-2-5 中，首先使用由不同标签通过逗号连接而成的并集选择器 h2、h3 和 p 控制所有标题和段落的字号和颜色。然后使用由标签、类、id 通过逗号连接而成的并集选择器 h3、.special 和#one，定义某些文本的下画线效果。

(2) 由图 3-8 容易看出，使用并集选择器定义样式与对各个基础选择器单独定义样式的效果完全相同，而且以这种方式书写的 CSS 代码更简洁、直观。

3.2.4 案例——制作企业简介页面

1. 建立目录结构

在“案例”文件夹下创建三个文件夹 img、css 和 font，分别用于存放图像素材、外部样式表文件和字体文件。

2. 准备素材

将本页面需要使用的图像素材和字体文件分别存放在文件夹 img 和 font 下。

3. 网页结构文件

在当前项目中，新建一个名为 3-2.html 的网页文件，代码如下：

```
<html>
  <head>
    <meta charset="utf-8">
    <title>企业简介</title>
    <link href="css/3-2.css" type="text/css" rel="stylesheet">
  </head>
  <body>
    <div class="about">
          <img src="img/house.jpg"/>
          <p>公司成立于 2008 年，是一家专业照明亮化工程公司，……</p>
          <p>公司现有员工中专及以上学历的占 66.9%，中级工程师……</p>
          <p>公司在员工的不懈努力和社会各界的支持下，经过 7 年……</p>
          <p> 公司立足广东中山，辐射全国，是 LED 照明、LED……</P>
    </div>
  </body>
</html>
```

4. 外部样式表

在当前项目的 css 文件夹下新建一个名为 3-2.css 的样式表文件，代码如下:

```
.about{
  width:780px;
  height: auto;
  margin: 20px 0 20px 20px;
}
.about  img{
  width:780px;
```

```
}
.about  p{
    font-family:Tahoma;
    color:#444;
    font-size:13px;
    line-height:24px;
    text-indent:2em ;  /*首行缩进两个汉字*/
    margin:5px;
}
```

5. 浏览网页

在浏览器中浏览制作完成的页面，页面的显示效果如图 3-2 所示。

3.3 CSS 属性单位

在 CSS 文字、布局排版和边界等的设置上，常常会在属性值后加上长度或百分比单位，本节将介绍长度和百分比两种单位的使用。

3.3.1 长度与百分比单位

使用 CSS 进行排版时，常常会在属性值后面加上长度或百分比单位。

1. 长度单位

长度单位有相对长度单位和绝对长度单位两种类型。

相对长度单位是指以该属性前一个属性的单位值为基础来完成目前的设置。

绝对长度单位将不会随着显示设备的不同而改变。换句话说，属性值使用绝对长度单位时，不论在哪种设备上，显示效果都是一样的，如屏幕上的 lcm 与打印机上的 1cm 是一样长的。

由于相对长度单位确定的是相对于另一个长度属性的长度，因而它能更好地适应不同的媒体，因此应首选它。一个长度的值由可选的正号“+”或负号“-”，接着一个数字，后跟标明单位的两个字母组成。

长度单位见表 3-1。当使用 pt 作为单位时，设置显示字体的大小不同，显示效果也会不同。

表 3-1　长度单位

单　　位	描　　述
in	英寸(inch),1in=72pt
cm	厘米
mm	毫米
em	相当于当前对象内大写字母 M 的宽度，如 2em 等于当前字体尺寸的两倍
ex	相当于当前对象内小写字母 x 的宽度
pt	磅(pt)，1 磅等于 1/72 英寸
pc	派卡(pica)，相当于汉字新四号铅字的尺寸，1 派卡=12 磅
px	像素(pixel)，相当于计算机屏幕上的一个点

2. 百分比单位

百分比单位也是一种常用的相对长度类型，百分比值总是相对于另一个值来说的，该值可以是长度单位或其他单位。在大多数情况下，这个参照值是该元素本身的字体尺寸。

一个百分比值由可选的正号“+”或负号“–”，接着一个数字，后跟百分号“%”组成。如果百分比值是正值，正号可以不写。正负号、数字与百分号之间不能有空格。例如：

```
p{line-height:200%}        /*本段文字的高度为标准行高的两倍*/
hr{width:80%}              /*水平线长度是浏览器窗口的80%*/
```

注意，不论使用哪种单位，在设置时，数值与单位之间不能加空格。另外，并非所有属性都支持百分比单位。

3.3.2 色彩单位

在HTML标签中只提供了两种设置色彩的方法：十六进制数和色彩英文名称。CSS则提供了3种定义色彩的方法：十六进制数、色彩英文名称和rgb函数。

1. 十六进制数色彩值

在计算机中，定义每种色彩的强度范围为0~255。当所有色彩的强度都为0时，将产生黑色；当所有色彩的强度都为255时，将产生白色。

在HTML中，使用十六进制数指定色彩时，前面是一个“#”号，再加上6个十六进制数，表示方法为：# RRGGBB。其中，前两个数字代表红光(Red)强度，中间两个数字代表绿光(Green)强度，后两个数字代表蓝光(Blue)强度。以上3个参数的取值范围为：00~ff。比如红色、绿色、蓝色、黑色、白色的十六进制颜色值分别为：#ff0000、#00ff00、#00000ff、#000000、#ffffff。例如，定义p元素中文本颜色为红色的代码如下。

```
p{color:#ff0000;}
```

如果十六进制数色彩值中各自两位上的数字都相同，也可缩写为#RGB 的形式。例如：#cc9900可以缩写为#c90。

2. 用色彩名称方式表示色彩值

CSS中提供了与HTML一样的用色彩的英文名称来表示色彩的方式，例如下面的示例代码：

```
p{color:red;}
```

3. 用rgb函数表示色彩值

在CSS中，可以用rgb函数设置所需要的色彩，其语法格式为：

```
rgb(R,G,B)
```

其中，R为红色值，G为绿色值，B为蓝色值。这3个参数可取正整数值或百分比值，正整数值的取值范围为0~255，百分比值的取值范围为色彩强度的百分比0%~100.0%，例如下面的示例代码：

```
p{color:rgb(120,150,20)}
p{color:rgb(50%,120,30%)}
```

3.4 CSS 高级特性

3.4.1　案例分析

【案例展示】制作工程案例的局部页面，本例文件 3-4.html 在浏览器中的显示效果如图 3-9 所示。

图 3-9　工程案例的局部页面

【知识要点】CSS 的层叠性、继承性及优先级。

【学习目标】灵活使用 CSS 高级特性的方法设置元素的样式。

3.4.2　CSS 的层叠性和继承性

CSS 是层叠式样式表的简称，层叠性和继承性是其基本特征。对于网页设计师来说，应深刻理解和灵活使用这两个概念。

1. 层叠性

层叠(cascade)是指 CSS 能够对同一个元素应用多个样式表的能力。前面介绍了在网页中插入样式表的 3 种方法，当这 3 种方法同时出现时，浏览器会根据样式表的优先级和层叠性，决定采用哪个样式呈现内容。一般原则是，最接近目标的样式优先级最高。高优先级样式将继承低优先级样式的未重叠定义，但覆盖重叠的定义。根据规定，样式表的优先级别从高到低为：内联样式表、内部样式表、链接样式表和默认浏览器样式表。浏览器将按照上述顺序执行样式表的规则。

样式表的层叠性就是继承性，样式表的继承规则是：外部的元素样式会保留下来，由这个元素包含的其他元素继承。

【例 3-4-1】样式表的层叠，本例在浏览器中的显示效果如图 3-10 所示。

在项目中新建页面文件 3-4-1.html，其关键代码如下。

```
<head>
    <meta charset="utf-8">
    <title>多重样式表的层叠</title>
    <link rel="stylesheet" type="text/css" href="css/3-4-1.css" />
    <style type="text/css">
          h2{
             text-align:right;
             font-size:16pt;
             }
   </style>
</head>
<body>
     <h2>文字色彩为蓝色，向右对齐，大小为 16pt</h2>
</body>
```

在 css 文件夹下新建 3-4-1.css 样式表文件，代码如下。

```
h2{
   color:blue;
   text-align:left;
   font-size:8pt;
}
```

图 3-10　<h2>标签的叠加样式

【说明】代码中<h2>标签的外部样式与内部样式叠加后的样式等价于以下代码。

```
h2{
   color:blue;
   text-align:right;
   font-size:16pt;
}
```

上述代码表示<h2>标签的叠加样式效果为"文字色彩为蓝色，向右对齐，大小为 16pt"，字体色彩从外部样式表保留下来，而当对齐方式和字体尺寸各自都有定义时，按照后定义的优先规则使用内部样式表的定义。

2. 继承性

CSS 的主要特征就是继承(Inheritance)，它依赖于祖先-子孙关系，这种特性允许样式不仅应用于某个特定的元素，同时也应用于其后代，而后代定义的新样式却不会影响父代的样式。

根据 CSS 规则，子元素将继承父元素的属性，例如：

```
body{font-family:"微软雅黑";}
```

通过继承，body 元素的所有子元素都应该显示为“微软雅黑”字体，子元素的子元素也一样。

【例 3-4-2】CSS 继承示例，本例在浏览器中的显示效果如图 3-11 所示，页面文件 3-4-2.html 的关键代码如下。

```
<head>
  <meta charset="utf-8">
  <title>继承示例</title>
  <style type="text/css">
    p {
      color:#00f;                    /*定义文字颜色为蓝色*/
      text-decoration:underline;     /*增加下画线*/
    }
    p em{                            /*为 p 元素中的 em 子元素定义样式*/
      font-size:24px;                /*定义文字大小为 24px*/
      color:#f00;                    /*定义文字颜色为红色*/
    }
  </style>
</head>
<body>
  <h1>初识 CSS</h1>
  <p>CSS 是一组格式设置规则，能更好地控制<em>Web</em>页面的外观。</p>
  <ul>
    <li>CSS 的优点
      <ul>
          <li>表现和内容(结构)分离</li>
          <li>易于维护和<em>改版</em></li>
          <li>更好地控制页面布局</li>
      </ul>
    </li>
    <li>CSS 设计与编写原则</li>
  </ul>
</body>
```

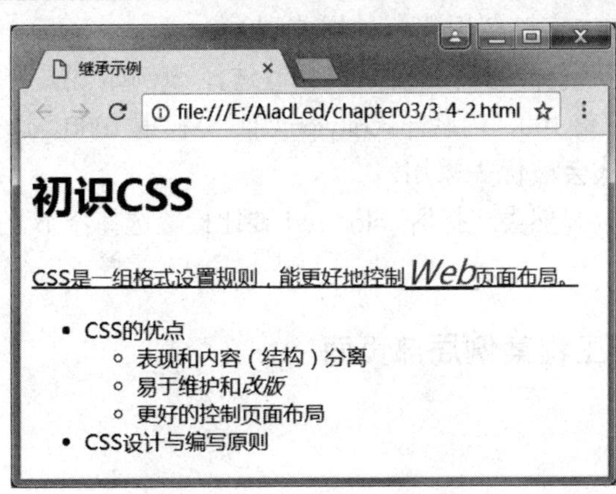

图 3-11　CSS 继承的浏览效果

【说明】(1) 从图 3-11 的浏览效果可以看出，虽然 em 子元素重新定义了新样式，但其父元素 p 并未受到影响，而且 em 子元素中的内容还继承了 p 元素中设置的下画线样式，只是颜色和字体大小采用自己的样式风格。

(2) 需要注意的是，不是所有属性都具有继承性，CSS 强制规定部分属性不具有继承性。下面这些属性不具有继承性：边框、外边距、内边距、背景、定位、布局、元素高度和宽度。

3.4.3 CSS 的优先级

定义 CSS 样式时，经常出现两个或更多个规则应用在同一元素上的情况，这时就会出现优先级的问题，当多个规则应用到同一个元素时，权重越大的样式会被优先采用。

【例 3-4-3】CSS 优先级示例，本例在浏览器中的显示效果如图 3-12 所示，页面文件 3-4-3.html 的关键代码如下。

```
<head>
    <meta charset="utf-8">
    <title>CSS 优先级示例</title>
    <style type="text/css">
        .color_red{color:red;}
        p{color:blue;}
    </style>
</head>
<body>
    <p class="color_red">这里的文字颜色是红色</p>
</body>
```

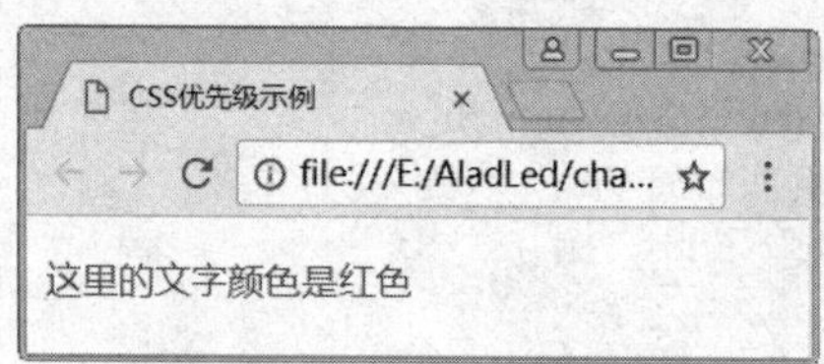

图 3-12 CSS 优先级示例效果

【说明】(1) 如上述代码所示，预定义的<p>标签样式和.color_red 类样式都能匹配上面的 p 元素，那么<p>标签中的文字该使用哪一种样式呢?

(2) 根据规范，通配符选择器具有权重 0，标签选择器(例如 p)具有权重 1，类选择器具有权重 10，id 选择器具有权重 100，内联样式(style="")具有权重 1000。选择器的权重越大，规则的相对权重就越大，样式会被优先采用。

(3) 对于上面的示例，显然类选择器.color_red 要比标签选择器 p 的权重大，因此<p>标签中文字的颜色是红色的。

3.4.4 案例——制作工程案例局部页面

1. 准备素材

将本页面需要使用的图像素材放在文件夹 img 下。

2. 网页结构文件

在当前项目中，新建一个名为 3-4.html 的网页文件，关键代码如下。

```
<head>
  <meta charset="utf-8" />
  <link href="css/3-4.css" rel="stylesheet" type="text/css">
  <title>工程案例 1</title>
</head>
<body>
  <div>
    <img src="img/works_1.jpg"/>
    <p class="works_name">英伦风格商场亮化工程夜景</p>
    <p class="info">竣工时间 <span class="date">2016-08-06</span>   投资 <span
        class="num">&yen;8.73 万</span></p>
  </div>
</body>
```

3. 外部样式表

在当前项目的 css 文件夹下新建一个名为 3-4.css 的样式表文件，代码如下。

```
body{
  font-family: "微软雅黑";   /*字体为"微软雅黑"*/
  font-size:13px;             /*文字大小为 13px*/
  color:#333;                 /*文字颜色为灰色*/
  }
div{
  width:250px;
  border:1px solid #D6D6D6;
  padding:3px;
  margin-bottom:15px ;
  }
img{
  width:249px;
  height:190px;
  }
.works_name,.info{                /*项目名称和项目信息的共同样式*/
  line-height:23px;
  padding-left:0 0 0 3px;
  margin:0;
  }
.works_name{                    /*项目名称加粗显示*/
  font-weight:600;
  }
.info{
  color: #777777;
  }
```

```
.info  .date{
  color:#4FACCB;
  }
.info  .num{
  color:#FF0000;
}
```

4. 浏览网页

在浏览器中浏览制作完成的页面，页面的显示效果如图 3-9 所示。

【案例说明】

(1) 从图 3-9 的浏览效果可以看出，虽然#article .works .info 重新定义了新样式，但其父元素#article .works 并未受到影响，而且#article .works .info 子元素中的内容还继承了父元素#article .works 中设置的样式风格。

(2) 本案例中多处使用了 CSS 继承的方法来设置元素的样式，例如，#article .works .info、#article .works .info .date 和#article .works .info .num。利用这种继承关系，可以大大减少代码的编写量。

(3) 需要注意的是，不是所有属性都具有继承性，CSS 强制规定部分属性不具有继承性。下面这些属性不具有继承性：边框、外边距、内边距、背景、定位、布局、元素高度和宽度。

3.5 实训

【实训任务】制作 LED 射灯详细信息局部页面，本例文件 3-5.html 在浏览器中的显示效果如图 3-13 所示。

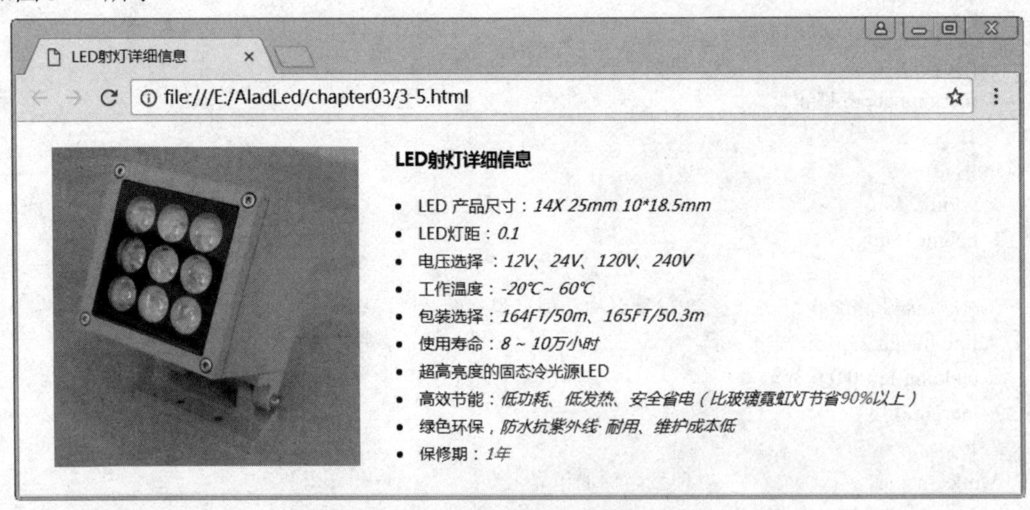

图 3-13　LED 射灯详细信息局部页面

【知识要点】链入外部样式表、CSS 基础选择器及文档结构。

【实训目标】掌握 CSS 的定义、文档结构的相关知识。

(1) 准备素材。将本页面需要使用的图像素材存放在img文件夹下。

(2) 在当前项目中新建网页结构文件3-5.html，关键代码如下。

```
<head>
  <meta charset="utf-8" />
  <link href="css/3-5.css" rel="stylesheet" type="text/css">
  <title>LED 射灯详细信息</title>
</head>
<body>
      <div class="led_sd_details">
       <img src="img/led_sd1.jpg" />
      <h4>LED 射灯详细信息</h4>
      <ul>
               <li>LED  产品尺寸：<i>14×25mm    10*18.5mm</i></li>
                <li>LED 灯距：<i>0.1 </i></li>
                <li>电压选择 ：<i>12V、24V、120V、240V</i></li>
                <li>工作温度：<i>-20℃~ 60℃</i></li>
                <li>包装选择：<i>164FT/50m、165FT/50.3m</i></li>
                <li>使用寿命：<i>8 ~ 10 万小时</i></li>
                <li>超高亮度的固态冷光源 LED</li>
              <li>高效节能：<i>低功耗、低发热、安全省电(比玻璃霓虹灯节省<span class="number" >
                  90%</span>以上)</i></li>
                <li>绿色环保，<i>防水抗紫外线· 耐用、维护成本低</i></li>
                <li>保修期：<i><span class="number">1 年</span></i></li>
      </ul>
  </div>
</body>
```

(3) 建立外部样式表。在当前项目的css文件夹下新建3-5.css样式表文件，代码如下。

```
/*LED 射灯产品详细信息页面部分样式*/
.led_sd_details{
   width:780px;
   height:auto;
   margin:20px 0px 20px 20px;
}
 .led_sd_details img{
   width:250px;
   height:250px;
   float:left;
   margin-right:30px;
}
 .led_sd_details h4{
   font-size:14px;
   font-weight:600 ;
   margin:10px 0;
}
 .led_sd_details ul{
```

```
    list-style-position:inside;         /*将列表修饰符定义在列表之内*/
  }
  .led_sd_details ul li{
    line-height:22px;
    font-size:13px;
   }
   .led_sd_details .number{
    color: red;
   }
```

(4) 浏览网页。在浏览器中浏览制作完成的页面，页面显示效果如图 3-13 所示。

【实训说明】本例介绍了 CSS 样式规则、选择器、CSS 文本相关样式及高级特性。为了设置页面中需要特殊显示的文本，还需要在文本中嵌套<i>标签对其进行单独控制。

3.6 本章小结

本章首先介绍了 CSS 的定义与使用、CSS 样式规则、引入方式及 CSS 基础选择器，然后讲解了 CSS 属性单位以及 CSS 的层叠性、继承性及优先级，最后通过 CSS 修饰文本，制作一个常见的 LED 射灯详细信息页面。

通过本章的学习，读者应该对 CSS 有了一定的了解，能够充分理解 CSS 实现的结构与表现的分离以及 CSS 样式的优先级规则，可以熟练地使用 CSS 控制页面中的字体和文本外观样式。

3.7 练习题

1. 利用 CSS 的层叠性、继承性及优先级等知识，分析图 3-14 中的代码，说明页面上每行文字是什么颜色。

```
<html>
    <head>
        <meta charset="UTF-8">
        <title>习题3-1</title>
        <style type="text/css">
            p {color:red;}
            p.myClass {color:black; }
            .myClass {color:yellow;}
            #myClass {color:green;}
        </style>
    </head>
    <body>
        <p>你知道我是什么颜色么？</p>
        <p class="myClass">你知道我是什么颜色么？</p>
        <p class="myClass" id="myClass">你知道我是什么颜色么？</p>
        <p style="color:blue;" class="myClass" id="myClass">你知道我是什么颜色么？</p>
    </body>
</html>
```

图 3-14　练习题 1 代码

2. 编写 CSS 相关规则，使得同一文档能够显示不同风格的页面，图 3-15 所示的页面是没有使用 CSS 美化的文档，图 3-16 所示的页面是通过 CSS 美化后的文档。

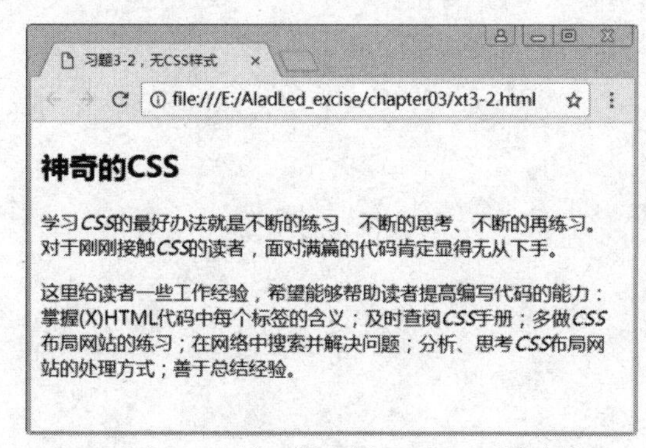

图 3-15　练习题 2 图，无 CSS 样式效果

图 3-16　练习题 2 图，应用 CSS 样式后的效果

3. 定义 CSS，使用后代选择器与并集选择器制作如图 3-17 所示的页面。

4. 定义 CSS，制作如图 3-18 所示的页面。

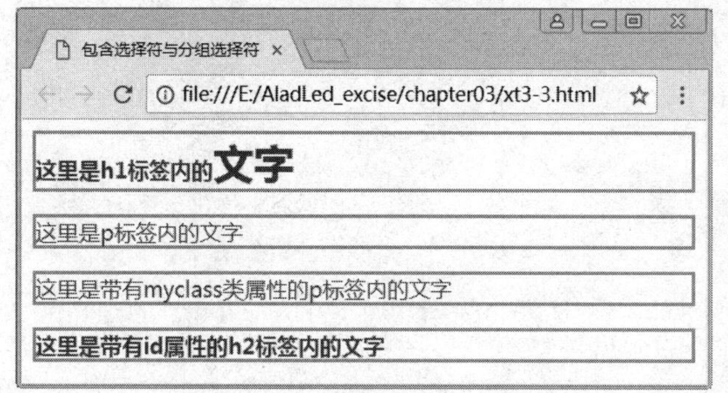

图 3-17　练习题 3 效果图

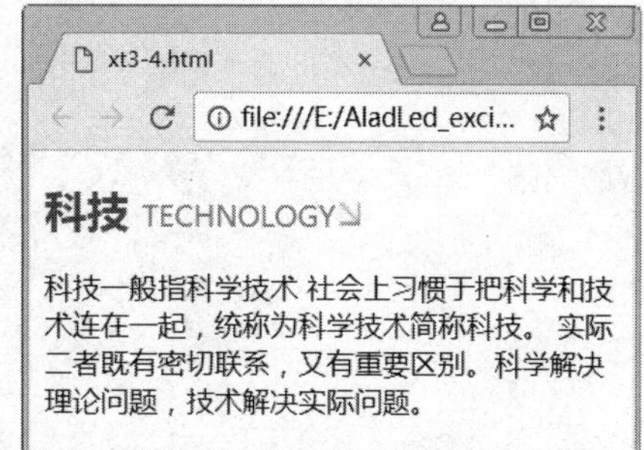

图 3-18　练习题 4 效果图

第 4 章

元素外观修饰

网页设计中的各种元素包括文本、图像、列表、表格和链接等，可以用 CSS 样式对它们进行设置以美化页面。本章将具体介绍页面上各种元素的样式属性及其设置方法。

本章的学习目标：

- 掌握文本样式各个属性的意义及其设置方法。
- 掌握图像样式各个属性的意义及其设置方法。
- 掌握列表样式的定义方法。
- 掌握表格样式的设置方法。
- 掌握综合应用页面元素外观属性制作页面的方法。

4.1 文本样式

4.1.1 案例分析

【案例展示】企业文化页面的设计。

使用文本样式、文本外观样式定义企业文化页面的样式，本例文件 4-1.html 在浏览器中的显示效果如图 4-1 所示。

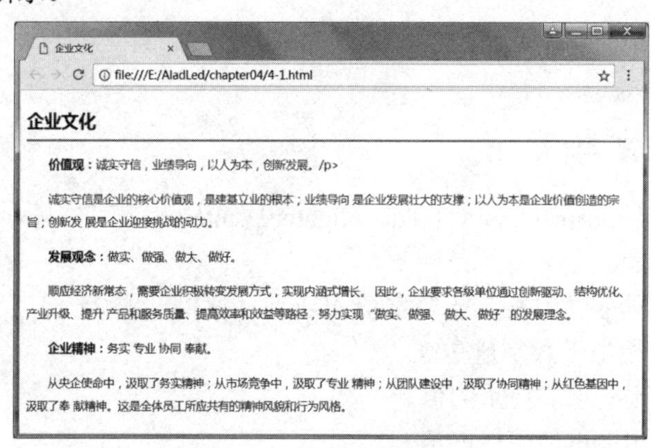

图 4-1 企业文化页面

【知识要点】字体类型、大小、粗细、颜色、修饰、对齐方式、缩进、行间距、首字母样式、字符间距、单词间距、大小写转换、文本阴影、长单词换行、空白符处理、溢出文本处理等。

【学习目标】掌握CSS文本修饰的常用属性的作用并灵活应用。

4.1.2 字体样式

进行网页设计时通常需要选择合适的字体、字号等文本样式。为了方便控制页面中文本的样式，CSS提供了一组字体样式属性。

1. font-family(设置字体)

语法：font-family : name

参数如下。

name：字体名称，可以指定多个字体，中间用逗号隔开。如果浏览器不支持前一种字体，就用下一个字体。默认为宋体。

说明：中文字体名称和字体名中有特殊符号的英文字体名称需要加引号。既有中文字体又有英文字体时，英文字体必须位于中文字体前。

示例：

```
p{font-family: Arial, "Times New Roman","宋体","微软雅黑";}
```

2. font-size(设置字体大小)

语法：font-size : xx-small | x-small | small | medium | large | x-large | xx-large | larger | smaller | length | %

参数如下。

- xx-small：最小。x-small：较小。small：小。medium：正常。large：大。x-large：较大。xx-large：最大。larger：相对父对象中字体的尺寸进行相对增大；smaller：相对父对象中字体的尺寸进行相对减小。
- length：字体长度值，常用单位为px。
- %：取值基于父对象中字体的尺寸。

示例：

```
p{ font-family:Arial; font-size:14px;}
```

3. font-weight(设置字体粗细)

语法：font-weight : normal | bold | bolder | lighter | <integer>

参数如下。

- normal：正常的字体，相当于数字值400(默认值)。
- bold：粗体，相当于数字值700。
- bolder：定义比继承值更重的值。
- lighter：定义比继承值更轻的值。
- <integer>：用数字表示文本字体粗细。取值范围：100 | 200 | 300 | 400 | 500 | 600 | 700 | 800

| 900，数字越小字体越细、数字越大字体越粗。

示例：

```
p{ font-family:Arial, "宋体"; color:#333333; font-weight : bold;}
```

4. font-style(设置字体风格)

语法：font-style : normal | italic | oblique

参数如下。

- normal：指定文本字体样式为正常字体(默认值)。
- italic：指定文本字体样式为斜体(对于没有斜体变量的特殊字体，将应用 oblique)。
- oblique：指定文本字体样式为斜体。

示例：

```
p{ font-family : Arial, "宋体"; color : blue; font-style : italic;}
```

【例 4-1-1】字体样式设置。本例的浏览效果如图 4-2 所示，页面文件 4-1-1.html 的关键代码如下。

```
<head>
  <meta charset="utf-8">
  <title>字体设置</title>
  <style>
    h4{
      font-family: "Times New Roman" , "微软雅黑" ;
      font-size:20px;
    }
    p{
      font-family: "Times New Roman" , "微软雅黑";
      font-size:15px;
      font-weight:500;
      font-style: italic;
    }
  </style>
</head>
<body>
  <h4>合作项目</h4>
  <p>开展新款<span>洗墙灯、LED 点光源、LED 投光灯、LED 路灯头</span>等户外灯具批发和灯饰招
     商加盟项目。</p>
</body>
```

图 4-2　设置字体样式

5. font-face(综合设置字体样式)

可以用 font 属性对字体样式进行综合设置。

语法：font : font-style font-weight font- size font-family

说明：使用 font 属性时，必须按上面语法格式中的顺序书写，各个属性以空格隔开。

【例 4-1-2】字体样式设置。用 font 属性对字体样式进行综合设置。修改例 4-1-1 中 p 元素的 CSS 样式，代码如下，显示效果如图 4-2 所示。

```
p{font: italic 500 15px "Times New Roman" ,"微软雅黑";}
```

6. @font-face(定义服务器字体)

语法：@font-face{font-family: name; src: url;}

参数如下。

- font-family：指定定义的服务器字体的名称。
- src：指定用于定义服务器字体文件的路径。

【例 4-1-3】定义服务器字体。本例的浏览效果如图 4-3 所示，页面文件 4-1-3.html 的关键代码如下。

```
<head>
  <meta charset="utf-8">
  <title>字体设置</title>
  <style>
    @font-face {
      font-family:maozedong;
      src:url("font/maozedong.TTf");
    }
    .font1{
      font-family:maozedong;
      font-size: 28px;
    }
  </style>
</head>
<body>
  <p class="font1">为人民服务</p>
  <p class="font1">人民英雄永垂不朽！</p>
</body>
```

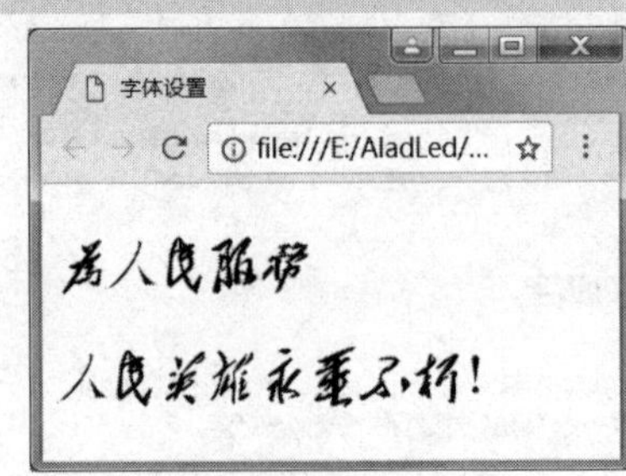

图 4-3　定义服务器字体

【注意】服务器字体定义完毕后，还需要对元素应用所定义的字体。

4.1.3　文本外观属性

1. color(定义文本的颜色)

语法：color:预定义的颜色值 | 十六进制 | RGB 代码
参数如下。

- color：指定颜色，可使用预定义的颜色值(如 red、green、blue 等)、十六进制# RRGGBB 或 RGB 代码 rgb(r,g,b)。

示例：

```
p{font-family: Arial, "黑体"; color:#333333;}
```

2. text-decoration (定义字体修饰)

语法：text-decoration: underline | overline | line-through | none
参数如下。

- underline：文本加下画线。
- overline：文本加上画线。
- line-through：文本加删除线。
- none：标准文本，无修饰。

示例：

```
a{ text-decoration:none;}          /*定义超链接无修饰，即去掉下画线*/
h2{ text-decoration:underline;}    /*定义 h2 加下画线*/
```

3. text-align(设置文本对齐方式)

语法：text-align: center | left | right | justify
参数如下。

- center：文本居中对齐。
- left：文本左对齐。
- right：文本右对齐。
- justify：文本两端对齐。

示例：

```
h3{text-align:center;}
```

4. line-height(设置行间距)

行间距就是行与行之间的垂直间距，一般称为行高，在 CSS 样式中用 line-height 设置行高。
语法：line-height : normal | length | number | %
参数如下。

- normal：设置默认行高。
- length：设置固定的行间距值，常用单位为px，可以取负值。
- number：设置数字，常用单位为em。
- %：基于当前字体高度的百分比，可以取负值。

示例：

```
p{ line-height:28px; font-size:16px; }   /*行高为28px，文本为12px，两行之间为12px的空白*/
```

对块级元素，通过设置行高值为区块的高度值，可以实现内容在区块内垂直居中。

【例4-1-4】通过设置行高实现内容垂直居中显示。本例的显示效果如图4-4所示，页面文件4-1-4.html的关键代码如下。

```
<head>
  <meta charset="utf-8">
  <title>行高设置</title>
  <style>
    li{
      width:250px;
      height:50px;
      border:1px solid #000000;
    }
    .hg1{line-height:50px;}
  </style>
</head>
<body>
  <ul>
    <li>本列表项高度50px,没有设行高</li>
    <li>本列表项高度50px,没有设行高</li>
    <li   class="hg1">本列表项高度50px,设行高50px</li>
  </ul>
</body>
```

【说明】li为块级元素，区块的高度为50px，在CSS样式中设置li的行高为50px后，实现li内容在块内垂直居中显示，参见图4-4中第三行的显示效果。

5. text-indent(设置首行缩进)

语法：text-indent : length | %

参数如下。

- length：固定的缩进值，常用单位为em，默认值为0。
- %：基于父元素宽度的百分比加以缩进。

示例：

```
p{ font-size:16px; text-indent:2em;}   /*首行缩进两个汉字，即32px*/
```

6. :first-letter伪元素(向文本的第一个字母添加特殊样式)

:first-letter伪元素用于指定元素第一个字母的样式。例如，首字符增大、段落首字下沉等效果。

【例 4-1-5】段落首字下沉效果。本例文件 4-1-5.html 的显示效果如图 4-5 所示。代码在例 4-1-1 的基础上修改了 p 标签的 CSS 样式，并增加了 p:first-letter 样式定义，关键代码如下。

```
p{
    font-family: "Times New Roman","微软雅黑";
    font-size:15px;
    font-weight:500;
}
p:first-letter{
    float:left;              /*设置浮动，可以占据多行*/
    font-size:2em;       /*字体大小为其他字体的两倍*/
}
```

【说明】p:first-letter 定义段落中第一个字符的样式。

图 4-4　设置行高实现垂直居中

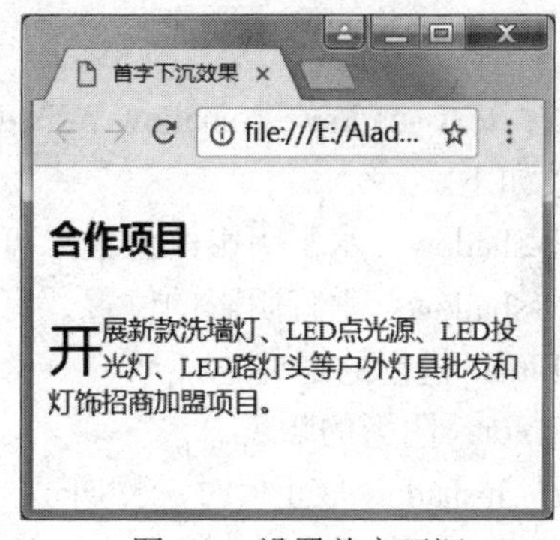

图 4-5　设置首字下沉

7. letter-spacing(设置字符间距)

语法：letter-spacing: normal | length

参数如下。

- normal：默认值，相当于值为 0。
- length：定义字符间的固定空间值，常用单位为 px，可以取负值。

说明：letter-spacing 用于定义英文和中文字符之间的间距。

示例：

```
p{letter-spacing:2px;}
```

8. word-spacing(设置单词间距)

语法：word-spacing : normal | length

参数如下。

- normal：默认值，相当于值为 0。
- length：定义单词间的固定空间，常用单位为 px，可以取负值。

说明：word-spacing 用于定义英文单词之间的间距，对中文字符无效。

示例：

```
p{ word-spacing:5px;}
```

9. text-transform(设置文本大小写转换)

语法：text-transform : none | capitalize | uppercase | lowercase

参数如下。

- none：默认值，不转换。
- capitalize：文本中的每个单词以大写字母开头。
- uppercase：全部转换成大写字母。
- lowercase：全部转换成小写字母。

10. text-shadow(文本阴影)

语法：text-shadow : h-shadow v-shadow blur color

参数如下。

- h-shadow：水平阴影的位置，可以取负值。
- v-shadow：垂直阴影的位置，可以取负值。
- blur：模糊的距离。
- color：阴影的颜色。

说明：h-shadow 取正值时，水平向右投影；取负值时，水平向左投影。v-shadow 取正值时，垂直向下投影；取负值时，垂直向上投影。二者不能省略。

【例 4-1-6】文本阴影效果。本例文件 4-1-6.html 的显示效果如图 4-6 所示，CSS 样式代码如下所示。

用投影实现空心字效果的 CSS 样式代码：

```
.f1{
  font-family: "微软雅黑";
  font-size:60px;
  color:#EEE;   /*文本颜色*/
  text-shadow:2px 2px 1px #222,-2px -2px 1px #222,2px -2px 1px #222,-2px 2px 1px #222;   /*四重投影，分别
  是右下、左上、右上、左下四个方向的投影*/
}
```

文字阴影的 CSS 样式代码：

```
.f2{
  font-family: "微软雅黑";
  font-size:60px;
  color:#222;
  text-shadow:5px 3px 1px #555;   /*水平向右 5px；垂直向下 3px；模糊 1px；浅黑色投影*/
}
```

11. word-wrap(设置允许长单词或 URL 地址换行)

语法：word-wrap : normal | break-word

参数如下。

- normal：只在允许的断字点换行(默认)。
- break-word：在长单词或 URL 地址内部进行换行。

【例 4-1-7】设置允许长单词或 URL 地址换行。本例在浏览器中的显示效果如图 4-7 所示，页面文件 4-1-7.html 的关键代码如下。

```
<head>
  <meta charset="utf-8">
  <title>word-wrap</title>
  <style>
    p{
      width:150px;
      height:80px;
      border:1px solid #000000;
    }
    .p1{
      word-wrap:break-word;
    }
  </style>
</head>
<body>
  <b>word-wrap:normal;</b>
  <p>学习资源：http://www.w3school.com.cn/cssref/</p>
  <b>word-wrap:break-word;</b>
  <p class="p1">学习资源：http://www.w3school.com.cn/cssref/</p>
</body>
```

图 4-6　文本阴影效果

图 4-7　设置 URL 地址内部换行

12. white-space(设置空白符的处理方式)

语法：white-space :normal | pre | nowrap

参数如下。

- normal：文本中的空格和空行无效，被浏览器忽略(默认)。
- pre：预格式化，保留空格和空行，按文档的书写格式原样显示。
- nowrap：强制文本不能换行，文本会在同一行上显示，直到遇到
标签为止。内容超出盒子边界也不能换行，当超出浏览器时自动加滚动条。

【例 4-1-8】设置页面的程序代码按原样显示。本例在浏览器中的显示效果如图 4-8 所示，页面文件 4-1-8.html 的关键代码如下。

```
<head>
  <meta charset="utf-8">
  <title>程序代码显示</title>
  <style>
    p{width:380px;
      border:1px solid #222222;
      white-space:pre;                    /*文本预格式化显示*/
    }
  </style>
</head>
<body>
 <p>
    main()
    {
      int i,s=0;
      for(i=1;i<=100;i++)
        {
          s=s+i;
        }
      printf("1+2+3+...+100=d%",s);
    }
 </p>
</body>
```

13. text-overflow(设置溢出文本的标记)

语法：text-overflow : clip | ellipsis | string

参数如下。

- clip：修剪溢出文本，不显示省略符号“…”。
- ellipsis：用省略符号来标记被修剪的文本。
- string：使用给定的字符串来表示被修剪的文本。

【例 4-1-9】用省略标记标识溢出文本。本例在浏览器中的显示效果如图 4-9 所示，页面文件 4-1-9.html 的关键代码如下。

```
<head>
  <meta charset="utf-8">
  <title>文本修剪</title>
```

```
<style type="text/css">
  ul{
    width:310px;                    /*无序列表的宽度*/
    height:100px;
    border:1px solid #000;          /*1px 的黑色实线边框*/
    padding: 5px;                   /*内边距为 5px*/
    }
  li{
    line-height:28px;
    white-space:nowrap;             /*强制文本不能换行*/
    overflow:hidden;                /*修剪溢出文本*/
    text-overflow:ellipsis;         /*用省略标记标识被修剪的文本*/
  }
</style>
</head>
<body>
    <h3>热点新闻</h3>
    <ul>
        <li>一带一路国家基础设施发展指数报告出炉。</li>
        <li>黑龙江 5 处新建国家级自然保护区公布。</li>
        <li>中国老潜艇非洲显神威 可为总统护航还曾突破北约舰队。</li>
    </ul>
</body>
```

【说明】当文本内容溢出时，用省略标记表示溢出文本，需要定义包含文本的对象的宽度，并且“white-space:nowrap;”“overflow:hidden;”和“text-overflow:ellipsis;”这三个样式必须同时使用。

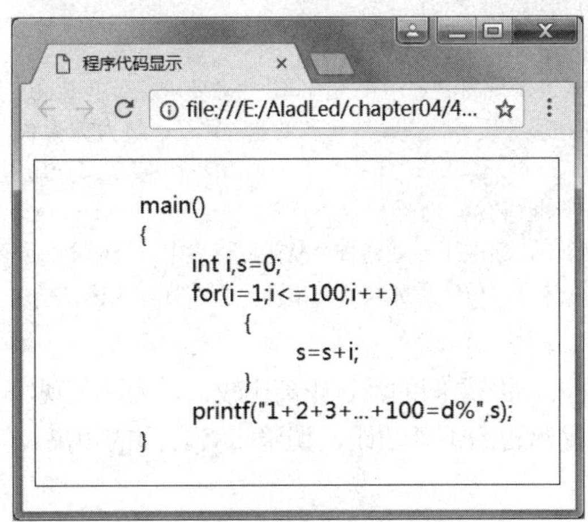

图 4-8　文本预格式化显示

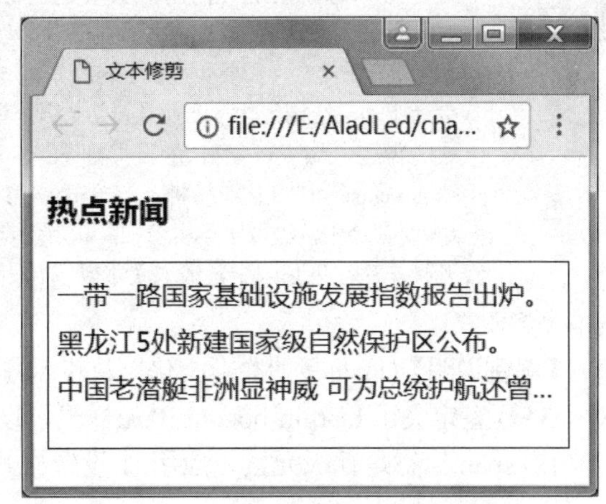

图 4-9　用省略标记表示溢出文本

4.1.4　案例制作

【案例：企业文化页面】4-1.html 文档的源码如下。

```
<head>
    <meta charset="utf-8">
    <title>企业文化</title>
    <style>
      h3{
        font-size:22px;
        color:#333;
        margin-bottom:10px;       /*下外边距为 10px*/
      }
      p{
        font-family:"微软雅黑";
        font-size:14px;
        color:#333;
        text-indent:2em;        /*首行缩进两个汉字，即 28px*/
        line-height:28px;        /*行高为 28px*/
      }
      .t1{
        font-size:15px;
        font-weight:600;
      }
    </style>
  </head>
  <body>
    <h3>企业文化</h3>
    <hr align="left" width="98%" noshade="noshade"/>
    <p><span class="t1">价值观：</span>诚实守信，业绩导向，以人为本，创新发展。/p>
    <p>诚实守信是企业的核心价值观，是建基立业的根本；业绩导向是企业发展壮大的支撑；以人为本
        是企业价值创造的宗旨；创新发展是企业迎接挑战的动力。</p>
    <p><span class="t1">发展观念：</span>做实、做强、做大、做好。</p>
    <p>顺应经济新常态，需要企业积极转变发展方式，实现内涵式增长。因此，企业要求各级单位通过
        创新驱动、结构优化、产业升级、提升产品和服务质量、提高效率和效益等路径，努力实现"做
        实、做强、做大、做好"的发展理念。</p>
    <p><span class="t1">企业精神：</span>务实 专业 协同 奉献。</p>
    <p>从央企使命中，汲取了务实精神；从市场竞争中，汲取了专业精神；从团队建设中，汲取了协同
        精神；从红色基因中，汲取了奉献精神。这是全体员工所应共有的精神风貌和行为风格。</p>
  </body>
```

【案例说明】(1) 标题“企业文化”及其下方的下画线之间的默认距离比较大，为了美观，对<h3>标签定义了 margin-bottom:10px;样式，设置标题的下外边距，调整二者之间的距离。

(2) span 标签是行级元素，应用.t1 设置样式。

4.2 图像样式

图像是网页中不可缺少的内容，它能使页面更加丰富多彩，能让人更直观地感受网页所要

表达的信息。

4.2.1　案例分析

【案例展示】新闻动态-产品资讯局部页面的设计。

使用CSS设置图像和文本样式，完成新闻动态-产品资讯局部页面的设计。本例文件4-2.html在浏览器中的显示效果如图4-10所示。

【知识要点】设置图像边框、图像缩放、图像位置、图文混排等。

【学习目标】掌握利用CSS设置图像样式的常用属性。

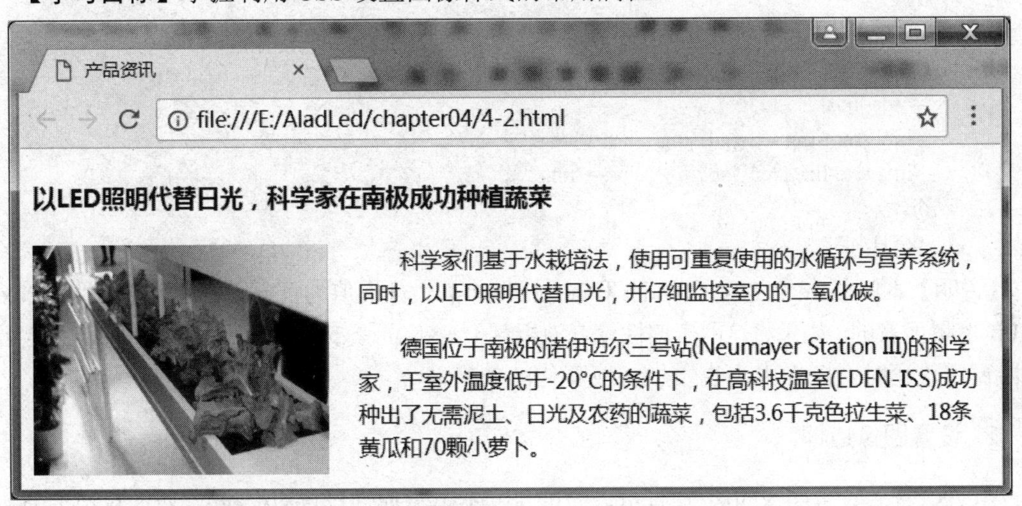

图 4-10　新闻动态-产品资讯局部页面

4.2.2　设置图像样式

在第2章已经学习过图像元素的基本知识，下面用CSS样式来设置图像的大小和边框。

1. 设置图像大小

要使用CSS样式控制图像的大小，可以通过width和height两个属性来实现。常用的取值单位有px和基于父元素宽度(高度)的百分比宽度(高度)。

【例4-2-1】设置图像的大小。本例在浏览器中的显示效果如图4-11所示，页面文件4-2-1.html的关键代码如下。

```
<head>
    <meta charset="utf-8">
    <title>图像大小设置</title>
    <style>
      #box{
          width:300px;
          height:200px;
          padding:5px;
          border:1px dotted #555555;
```

```
        }
        .img1{
          width:130px;       /*绝对宽度为 130px*/
          height:200px ;     /*绝对高度为 200px*/
        }
        .img2{
          width:30%;         /*相对宽度为 30%*/
          height:50% ;       /*相对高度为 50%*/
        }
      </style>
    </head>
    <body>
      <div id="box">
        <img src="img/led_jgd2.jpg" class="img1">
        <img src="img/led_jgd2.jpg" class="img2">
      </div>
    </body>
```

【说明】本例中.img2 定义的 width 和 height 两个属性的取值为百分比，是相对于“id=box”的 div 容器而言的。如果将这两个属性设置为相对于 body 元素的宽度或高度，就可以实现当浏览器窗口改变时，图像大小也发生相应变化的效果。

2. 设置图像边框

用 CSS 样式设置图像的边框时，可以通过 border-style 属性设置边框线型，通过 border-width 属性设置边框粗细，通过 border-color 属性设置边框颜色。

【例 4-2-2】用 CSS 样式设置图像的边框。本例文件 4-2-2.html 的显示效果如图 4-12 所示。在例 4-2-1 的基础上，修改 CSS 样式，代码如下。

```
<style>
.img1{
    width:130px;                 /*绝对宽度为 130px*/
    height:200px ;               /*绝对高度 200px*/
    border-style:dotted;         /*点画线边框*/
    border-width:2px;            /*边框粗细为 2px*/
    border-color: #FF0000;    /*边框颜色*/
    }
.img2{
    width:130px;       /*绝对宽度为 130px*/
    height:200px ;     /*绝对高度为 200px*/
    border-style: dotted double solid double;    /*边框线型依次为点线、双线、实线、双线*/
    border-width: 2px 4px 3px 4px ;              /*边框粗细依次为 2px、4px、3px、4px*/
    border-color: #555 #F00 #F00 #F00;           /*边框颜色为上灰色，右、下、左红色*/     }
</style>
```

【说明】图像(即 img 元素)作为 HTML 的一个独立对象，需要占据一定的空间。因此，img 元素在页面中的风格样式用盒子模型来设计。

图 4-11　设置图像大小

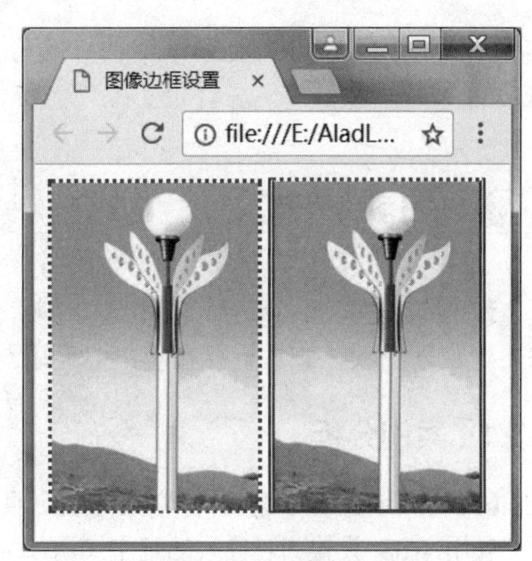

图 4-12　设置图像边框

4.2.3　案例制作

【案例：产品资讯局部页面】4-2.html 文档的源码如下。

```
<head>
    <meta charset="utf-8">
    <title>产品资讯</title>
    <style>
      img{
        width:200px;
        height:150px;
        float:left;                /*向左浮动*/
        margin-right:20px;         /*右侧外边距为 20px*/
      }
      p{
        font-size:14px;
        line-height:22px;          /*行间距为 22px*/
        text-indent:2em;           /*段首缩进两个字符*/
      }
    </style>
  </head>
  <body>
    <h4>以 LED 照明代替日光，科学家在南极成功种植蔬菜</h4>
    <img src="img/pro_info_1.jpg" class= />
    <p>科学家们基于水栽培法，使用可重复使用的水循环与营养系统，同时，以 LED 照明代替日光，并
       仔细监控室内的二氧化碳。</p>
    <p>德国位于南极的诺伊迈尔三号站(Neumayer Station III)的科学家，于室外温度低于-20°C 的条件下，
       在高科技温室(EDEN-ISS)成功种出了无需泥土、日光及农药的蔬菜，包括 3.6 千克色拉生菜、
       18 条黄瓜和 70 颗小萝卜。</p>
  </body>
```

【案例说明】在图像标签<img>的 CSS 样式中，用属性“float:left;”实现了图片和文字混排的功能。

4.3 列表样式

使用列表进行布局设计，不仅结构清晰，而且代码量明显减少。网页上的导航和各种新闻列表用列表实现，非常整齐直观，方便用户理解和单击。

4.3.1 案例分析

【案例展示】工程案例-客户案例展示页面。

使用 CSS 设置列表样式的基本知识，制作工程案例的客户案例展示局部页面，本例文件 4-3.html 在浏览器中的显示效果如图 4-13 所示。

图 4-13 工程案例-客户案例展示页面

【知识要点】设置列表类型、列表项目符号及位置的属性和方法。

【学习目标】掌握 CSS 设置列表样式的常用属性和方法。

4.3.2 设置列表项的标记类型

通常，项目列表主要采用<ul>或<ol>标签，然后配合<li>标签列出各个列表项。在 CSS 样式中，列表项的标记类型是通过属性 list-style-type 来设置的。

list-style-type 属性主要用于设置列表项的标记类型，例如，在一个无序列表中，列表项的默认标记是出现在各列表项旁边的圆点；而在有序列表中，标记可能是字母、数字或另外某种符号。list- style-type 属性常用的属性值见表 4-1。

表 4-1　常用的 list-style-type 属性值

列 表 类 型	list-style-type 属性值	说　明
无序列表 <ul>	disc	默认值，标记是实心圆
	circle	标记是空心圆
	square	标记是实心正方形
	none	不显示任何符号
有序列表 <ol>	upper-alpha	标记是大写英文字母，如 A ,B, C, E,F,…
	lower-alpha	标记是小写英文字母，如 a,b,c,d,e,f,…
	upper-roman	标记是大写罗马字母，如I,II,III,IV,V,VI,…
	lower - roman	标记是小写罗马字母，如i,ii,iii,iv,v,vi,…
	decimal	标记是数字

在页面中使用列表时，可以根据实际情况选用不同的列表项标记作为修饰符，也可以不选用列表项标记。

【例 4-3-1】设置列表项标记类型。本例在浏览器中的显示效果如图 4-14 所示，页面文件 4-3-1.html 的关键代码如下。

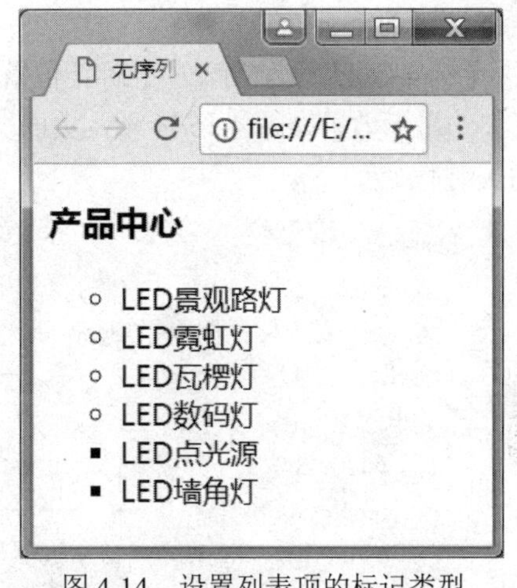

图 4-14　设置列表项的标记类型

```
<head>
    <meta charset="utf-8">
    <title>无序列表</title>
    <style>
      ul{
        list-style-type:circle;     /*标记类型是空心圆*/
      }
      li.st{
        list-style-type:square;   /*标记类型是实心正方形*/
      }
    </style>
</head>
<body>
    <h3>产品中心</h3>
    <ul>
            <li>LED 景观路灯</li>
            <li>LED 霓虹灯</li>
            <li>LED 瓦楞灯</li>
            <li>LED 数码灯</li>
            <li class="st">LED 点光源</li>
```

```
            <li class="st">LED 墙角灯</li>
    </ul>
  </body>
```

【说明】当给<ul>或<ol>标签设置 list-style-type 属性时，在它们中间的所有<li>标签都采用该设置；而如果对<li>标签单独设置 list-style-type 属性，则仅仅作用在该列表项上。例如，页面中应用“.st”样式的列表项，类型变成了实心正方形，但是并没有影响其他列表项的类型(空心圆)。

4.3.3 设置列表项的标记位置

list-style-position 属性用于声明列表标记相对于列表项内容的位置，属性值为outside(外部)或inside(内部)。使用 outside 属性值(默认值)，保持标记位于文本的左侧，放置在文本以外，环绕文本不根据标记对齐。使用 inside 属性值，列表项标记放置在文本以内，像插入到列表项内容最前面的行内元素一样，环绕文本根据标记对齐。

图 4-15　设置列表项的标记位置

【例 4-3-2】设置列表项的标记位置。本例在浏览器中的显示效果如图 4-15 所示，页面文件 4-3-2.html 的关键代码如下。

```
<head>
  <meta charset="utf-8">
  <title>列表项标记位置</title>
  <style>
    ul{
      width:200px;
      height:100px;
      border:1px solid #999;/*增加边框显示无序列表的宽和高*/
    }
    li{
      line-height:22px;
      border:1px solid #333;/*增加边框突出显示效果*/
    }
    ul.oustside{
      list-style-position:outside; /*将列表项的标记放置在文本以外*/
    }
    ul.inside{
      list-style-position: inside;/*将列表项的标记放置在文本以内*/
    }
</style>
</head>
<body>
```

```
<h3>产品中心</h3>
<ul class="oustside">
        <li>LED 景观路灯</li>
        <li>LED 霓虹灯</li>
        <li>LED 瓦楞灯</li>
        <li>LED 数码灯</li>
</ul>
<ul class="inside">
        <li class="st">LED 点光源</li>
        <li class="st">LED 墙角灯</li>
</ul>
</body>
```

4.3.4　案例制作

【案例：客户案例展示页面】在 HBuilder 中的制作过程如下。

(1) 创建项目，把需要的图片文件复制到 img 文件夹中，如果已建项目，则将图片素材复制到已建项目的 img 文件夹中。

(2) 创建网页结构文件，在当前项目中创建一个 HTML5 网页文件，文件名为 4-3.html。在页面中创建无序列表，列表项为图片和文字。代码如下。

```
<html>
<head>
  <meta charset="utf-8">
  <title>展示</title>
  <link href="css/4-3.css" type="text/css" rel="stylesheet">
</head>
<body>
  <ul>
    <li>
      <a href="works_show.html"><img src="img/works_1.jpg"/></a>
      <p class="works_name">英伦风格商场亮化工程夜景</p>
      <p class="info">竣工时间 <span class="date">2015-03-21</span>   投资 
        <span class="num">&yen;12.33 万</span></p>
    </li>
    <li>
    <a href="#"><img src="img/works_2.jpg"/></a>
    <p class="works_name">内蒙古广场夜景亮化工程</p>
    <p class="info">竣工时间 <span class="date">2016-07-06</span>   投资 <span
      class="num">&yen;11.32 万</span></p>
    </li>
    <li>
    <img src="img/works_3.jpg"/>
    <p class="works_name">7 天酒店亮化工程</p>
    <p class="info">竣工时间 <span class="date">2016-08-06</span>   投资 <span
```

```
        class="num">&yen;8.73 万</span></p>
    </li>
    <li>
    <img src="img/works_4.jpg"/>
    <p class="works_name">城市步行街夜景亮化</p>
    <p class="info">竣工时间 <span class="date">2015-06-21</span>   投资 <span
        class="num">&yen;11.08 万</span></p>
    </li>
    <li>
        <img src="img/works_5.jpg"/>
        <p class="works_name">长乐首席观江豪宅夜景</p>
        <p class="info">竣工时间 <span class="date">2018-03-06</span>   投资 
          <span class="num">&yen;7.32 万</span></p>
    </li>
    <li>
        <img src="img/works_6.jpg"/>
        <p class="works_name">城市公园景观路灯夜景</p>
        <p class="info">竣工时间 <span class="date">2017-04-28</span>   投资 
          <span class="num">&yen;4.17 万</span></p>
    </li>
  </ul>
</body>
</html>
```

在没有用 CSS 样式时，页面上的图片和文字以无序列表的样式显示，显示效果如图 4-16 所示。

图 4-16　无 CSS 样式的效果

(3) 创建外部CSS样式文件来美化图片和文字信息列表。在文件夹css下新建一个名为4-3.css的样式表文件，该文件的代码及分析如下。

用*{}定义所有元素默认的内边距和外边距都为0，容易控制边距进行布局。

```
*{        /*设置所有元素的默认样式*/
  margin:0px;
  padding:0px;
  box-sizing:border-box;   /*元素的宽度和高度包括元素的边框和内边距*/
}
```

定义列表<ul>的宽度和高度，并且在浏览器中水平居中显示。

```
ul{
  width:781px;
  height:auto;                /*根据内容自动确定高度*/
  list-style:none;            /*不显示列表项的标记符号*/
  margin:20px 0 0 20px;  /*外边距上和左为 20px，右和下为 0px*/
}
```

为了实现<li>列表项的横向排列，使用了属性“display:inline-block;”，设置内边距为 3px 实现各个列表项的内容(图片和文字)和边框保持 3 个像素的距离。

```
ul li{
  width:257px;
  display:inline-block;           /*定义行内块级元素*/
  border:1px solid #D6D6D6;
  padding:3px;                    /*内边距，上、下、左、右都是 3px*/
  margin-bottom:15px ;            /*下外边距为 15px*/
}
```

设置图片的宽度和高度，这样在页面中就可以省略有关图片大小的代码，简化页面文件。

```
ul li img{
  width:249px;
  height:190px;
}
```

设置文本信息的样式，为了突出显示，为不同的文本定义不同的颜色。

```
ul li .works_name,.info{
  font-size:13px;
  line-height:23px;
  margin-left:3px;           /*左外边距为 3px*/
}
ul li .works_name{
  font-weight:600;           /*加粗为 600*/
}
ul li .info{
  color:#777777;
}
```

```
ul li .info .date{
    color:#4FACCB;
}
ul li .info .num{
    color:#FF0000;
}
```

(4) 预览网页，显示效果如图 4-13 所示。

4.4 表格样式

前面在第 2 章中已经介绍了表格的基本用法，本节讲解怎样用 CSS 表格属性来设置表格的外观样式，实现对表格进行美化。

4.4.1 案例分析

【案例展示】营销动态-销售统计局部页面。

使用 CSS 设置表格样式的基本知识，制作营销动态-销售统计局部页面，本例文件 4-4.html 在浏览器中的显示效果如图 4-17 所示。

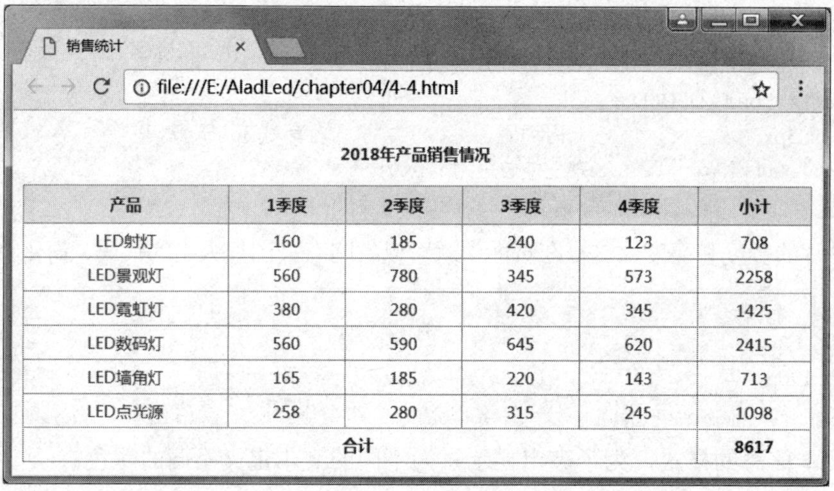

销售统计

file:///E:/AladLed/chapter04/4-4.html

2018年产品销售情况

产品	1季度	2季度	3季度	4季度	小计
LED射灯	160	185	240	123	708
LED景观灯	560	780	345	573	2258
LED霓虹灯	380	280	420	345	1425
LED数码灯	560	590	645	620	2415
LED墙角灯	165	185	220	143	713
LED点光源	258	280	315	245	1098
合计					8617

图 4-17　表格应用

【知识要点】表格边框合并、单元格间距。

【学习目标】掌握设置表格样式的常用属性。

4.4.2 border-collapse(设置表格边框合并)

border-collapse 属性用于设置表格的边框是合并成单边框，还是分别有自己的边框。

语法：border-collapse : separate | collapse

参数如下。

- separate：边框分开，默认值，border-spacing 和 empty-cells 属性起作用。

- collapse：边框合并，即两个相邻的边框共用一个边框。忽略 border-spacing 和 empty-cells 属性。

【例 4-4-1】设置表格边框样式。本例在浏览器中的显示效果如图 4-18 所示。页面文件 4-4-1.html 的关键代码如下。

```
<head>
  <meta charset="utf-8">
  <title>表格边框合并</title>
  <style>
    .t1{
      border-collapse:collapse;   /*表格边框合并*/
      width:200px;
    }
    .t2{
      width:200px;
    }
  </style>
</head>
<body>
  <table border="1" class="t1" >
  <caption>表格边框合并</caption>
    <tr><td>LED 景观灯</td><td>LED 霓虹灯</td></tr>
    <tr><td>LED 数码灯</td><td>LED 墙角灯</td></tr>
  </table>
  <br>
  <table border="1" class="t2" >
  <caption>表格边框分开</caption>
    <tr><td>LED 景观灯</td><td>LED 霓虹灯</td></tr>
    <tr><td>LED 数码灯</td><td>LED 墙角灯</td></tr>
  </table>
</body>
```

4.4.3　border-spacing(设置单元格间距)

border-spacing 用于设置相邻单元格边框间的距离。

语法：border-spacing : length | length

参数如下。

- length：相邻单元格的边框之间的距离，单位为 px、cm 等，不允许用负值。

说明：如果定义一个 length 参数，定义的是水平和垂直间距；如果定义两个 length 参数，第一个设置水平间距，第二个设置垂直间距。

【例 4-4-2】设置相邻单元格的边框之间的距离。在例 4-4-1.html 的基础上，修改 CSS 样式，代码如下所示。显示效果如图 4-19 所示。

```
  <style>
    .t1{
```

```
        border-collapse:collapse;
        width:300px;
        border-spacing:15px ;       /*单元格间距为 15px，但是不起作用*/
    }
    .t2{
        width:300px;
        border-spacing:15px;    /*单元格间距为 15px*/
    }
</style>
```

【说明】只有当表格边框分开(border-collapse:separate)时，为 border-spacing 属性设置的值才有效。

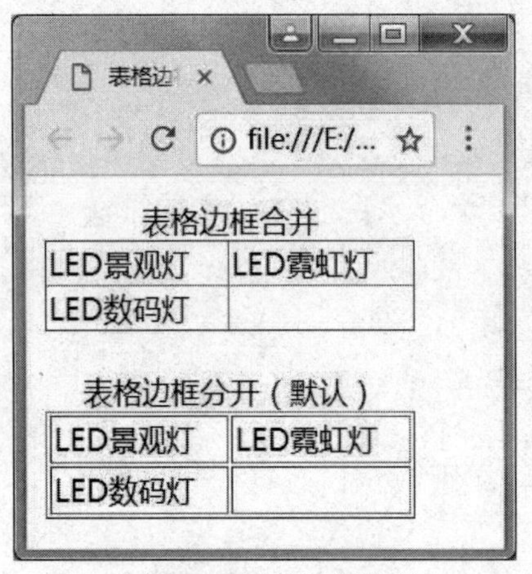

图 4-18　表格边框合并

图 4-19　设置表格边框间距

4.4.4　empty-cells(设置是否显示单元格边框)

empty-cells 属性用于设置当表格的单元格无内容时，是否显示单元格的边框。

语法：empty-cells : show | hide

参数如下。

- show：在空单元格周围绘制边框(默认)。
- hide：不在空单元格周围绘制边框。

说明：只有当表格的边框分开(border-collapse:separate)时，该属性才起作用。

【例 4-4-3】设置隐藏空单元格的边框。在例 4-4-1.html 的基础上，修改 CSS 样式中的.t2 样式，代码如下所示。显示效果如图 4-20 所示。

```
.t2{
    width:300px;
    border-spacing:15px;      /*单元格间距为 15px*/
    empty-cells:hide;         /*隐藏空单元格的边框*/
    }
```

图 4-20　隐藏空单元格的边框

4.4.5　caption-side(设置表格标题的位置)

caption-side 用于设置表格标题的位置。

语法：caption-side : top | bottom | left | right

参数如下。

- top：把表格标题定位在表格之上，默认值。
- bottom：把表格标题定位在表格之下。
- left：把表格标题定位在表格的左边。
- right：把表格标题定位在表格的右边。

说明：caption-side 属性必须和表格的<caption>标签一起使用。

4.4.6　案例制作

【案例：销售统计局部页面】4-4.html 文档的源码如下。

```
<head>
   <meta charset="utf-8">
   <title>销售统计</title>
   <style>
   h4{
            text-align:center;
       }
   table{
          width:650px;
          border: 1px solid #666;          /*定义表格边框的样式*/
          border-collapse:collapse;        /*合并相邻单元格的边框*/
          text-align:center;
          font-family:"微软雅黑";          /*字体为"微软雅黑"*/
          font-size:13px;                  /*文字大小为 13px*/
          color:#444444;                   /*文字颜色为灰色*/
          }
  th , td{
```

```
        height:25px;
        border:1px solid #999 ;   /*定义单元格的边框样式*/
        text-align:center;
         }
  th{
        height:28px;
        background-color:#eee ;
  }
</style>
</head>
<body>
    <table>
      <caption> <h4>2018 年产品销售情况</h4></caption>
      <tr>
            <th>产品</th><th>1 季度</th><th>2 季度</th>
            <th>3 季度</th><th>4 季度</th><th>小计</th>
      </tr>
      <tr>
            <td>LED 射灯</td><td>160</td><td>185</td>
            <td>240</td><td>123</td><td>708</td>
      </tr>
      <tr>
            <td>LED 景观灯</td><td>560</td><td>780</td>
            <td>345</td><td>573</td><td>2258</td>
      </tr>
      <tr>
            <td>LED 霓虹灯</td><td>380</td><td>280</td>
            <td>420</td><td>345</td><td>1425</td>
      </tr>
      <tr>
            <td>LED 数码灯</td><td>560</td><td>590</td>
            <td>645</td><td>620</td><td>2415</td>
      </tr>
      <tr>
           <td>LED 墙角灯</td><td>165</td><td>185</td>
           <td>220</td><td>143</td><td>713</td>
      </tr>
      <tr>
           <td>LED 点光源</td><td>258</td><td>280</td>
           <td>315</td><td>245</td><td>1098</td>
       </tr>
       <tr><td colspan="5"><strong>合计</strong></td>
           <td><b>8617</b></td>
       </tr>
   </table>
</body>
```

浏览页面，效果如图 4-17 所示。

【案例说明】CSS 样式中，table 样式中的边框样式是整个表格的外边框样式。td 和 th 样式中的边框样式是每个单元格的边框样式。

4.5 实训

【实训任务】设计首页-热销产品局部页面。

应用表格技术、图像和文字设计技术，制作首页-热销产品局部页面。本例文件 4-5.html 在浏览器中的显示效果如图 4-21 所示。

图 4-21　首页-热销产品局部页面

【知识要点】文本样式、图像样式及图文混排、表格样式。

【实训目标】掌握用 CSS 样式设置文本样式、图像样式和表格样式的技术。

4.5.1　任务分析

1. 页面结构分析

这部分页面用表格进行布局设计，表格 1 行 8 列，奇数列放图片，偶数列放文本和超链接。

2. 样式分析

(1) “热销产品”页面是首页上的局部页面，网页宽度为 1050px。本例用表格实现布局，表格宽度是 1050px。

(2) 奇数单元格中的图片样式统一定义。

(3) 偶数列中的文本标题用<h4>定义，超链接用 CSS 样式设置成按钮样式。

4.5.2　任务实现

根据上面的分析，创建网页文件和外部样式文件，完成热销产品局部页面的设计。

1. 创建页面文件

(1) 把图片资料存入当前项目的 img 文件夹中。

(2) 在当前项目中，新建一个 HTML5 文档，文件名为 4-5.html。

在 HBuilder 编辑区编辑文件，页面文件的关键代码如下。

```
<head>
   <meta charset="utf-8">
   <title>热销产品</title>
   <link href="css/4-5.css" rel="stylesheet" type="text/css">
</head>
<body>
   <table>
      <tr>
         <td><img src="img/led_sd1.jpg" class="img1"></td>
         <td class="td1"><h4>LED 射灯</h4>
            专业技术<br/>
            高效耐用<br/>
            <a href="#">详细信息<img src="img/triangle-icon-white.png"></a>
         </td>
         <td><img src="img/led_jgd7.jpg" class="img1"></td>
         <td class="td1"><h4>LED 景观路灯</h4>
            优越品质<br/>
            绿色环保<br/>
            <a href="#">详细信息<img src="img/triangle-icon-white.png"></a>
         </td>
         <td><img src="img/led_nhd1.jpg" class="img1"></td>
         <td class="td1"><h4>LED 霓虹灯</h4>
            领先科技<br/>
            节能高效<br/>
            <a href="#">详细信息<img src="img/triangle-icon-white.png"></a>
         </td>
         <td><img src="img/led_wld1.jpg" class="img1"></td>
         <td class="td2"><h4>LED 瓦楞灯</h4>
            优越品质<br/>
            优质体验<br/>
         <a href="#">详细信息 <img src="img/triangle-icon-white.png"></a>
      </td>
   </tr>
 </table>
</body>
```

2. 创建 CSS 样式文件

创建外部样式表文件，在当前项目的 css 文件夹中新建一个 CSS 文件，文件名为 4-4.css，样式代码如下。

(1) 定义页面的统一样式。

```
body{
```

```
    font-family: "微软雅黑";   /*字体为"微软雅黑"*/
    font-size:13px;            /*文字大小为 13px*/
    color:#444444;             /*文字颜色为灰色*/
  }
```

(2) 定义表格的样式和文本列单元格的样式，最右侧的单元格不需要右边框，定义样式.td2。

```
 table{
  width:1050px;
  border:1px solid #DDD;
  padding:0px;
  margin:0 auto;       /*左右居中对齐*/
  }
.td1{
  vertical-align:top;
  width:80px;
  border-right:1px solid #DDDDDD;
  }
.td2{
  width:80px;
  border-right:0px;
  }
```

(3) 标题的样式，通过设置外边距来控制标题与上边框和下方文字的距离。

```
h4{margin:10px 0px 5px 0px;}
```

(4) 图片的样式。

```
.img1{
  width:160px;
  height:141px;
}
```

(5) 超链接的样式，通过 CSS 设置宽、高和背景色，设计成按钮的样式。

```
a{
  display: inline-block;        /*转换成行内块元素*/
  width:75px;
  height:26px;
  background-color:#494949;
  color:#FFF ;
  text-decoration:none;
  text-align:center;
  margin-top:15px;
  line-height:26px ;
  }
```

3. 浏览网页

在 Chrome 浏览器中浏览网页，显示效果如图 4-21 所示。

【实训说明】本例可以用无序列表实现，每个列表项包括图片和文本，并在一行上显示，用 CSS 进行样式控制。

4.6 本章小结

本章首先介绍了文本样式各个属性的意义及其设置方法，然后介绍了图片、列表和表格的样式设置方法，最后通过实例讲解了表格、图片和文本在页面设计中的实际应用。

通过本章的学习，读者应该能够掌握页面元素的样式设置技术，灵活应用这些技术进行网页元素的修饰，设计出美观大方的网页。

4.7 练习题

1. 应用文本样式及其属性，设计如图 4-22 所示的页面。

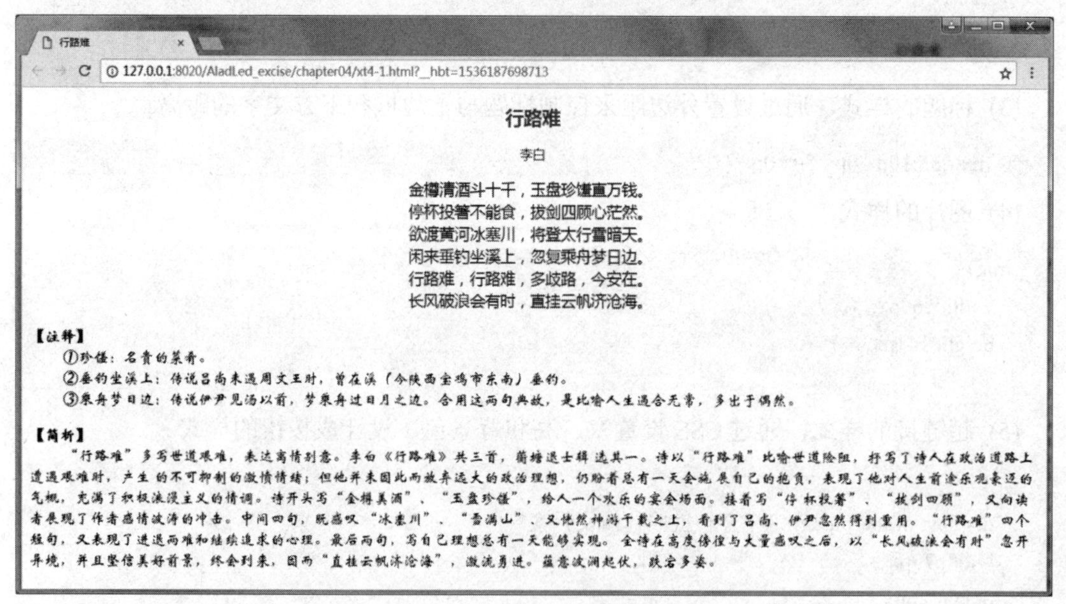

图 4-22　习题 1 效果图

2. 用预格式化文本属性和首字下沉技术设计如图 4-23 所示的页面。

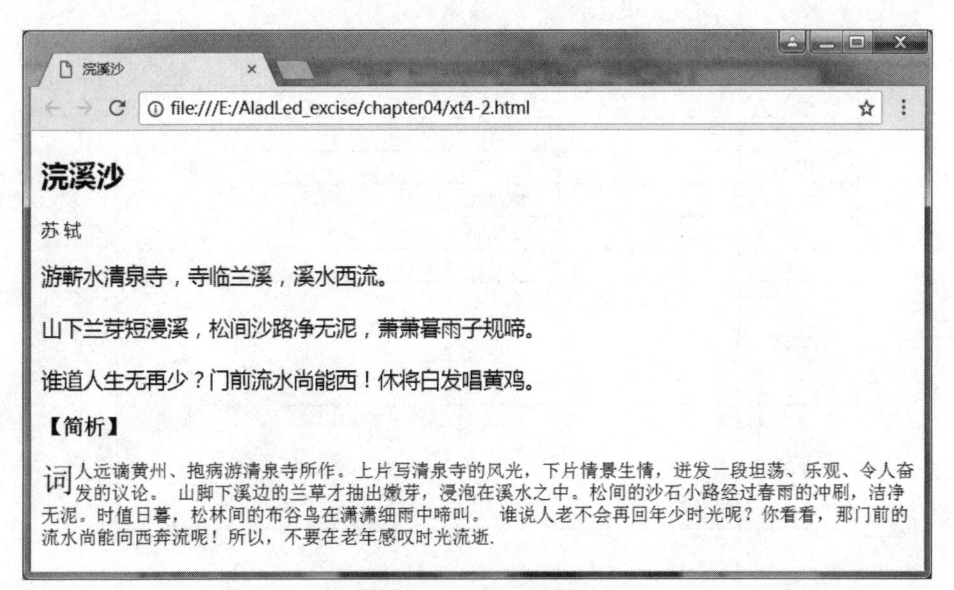

图 4-23　习题 2 效果图

3. 用图文混排技术，设计如图 4-24 所示的页面。

图 4-24　习题 3 效果图

4. 设计如图 4-25 所示的导航，用无序列表实现。

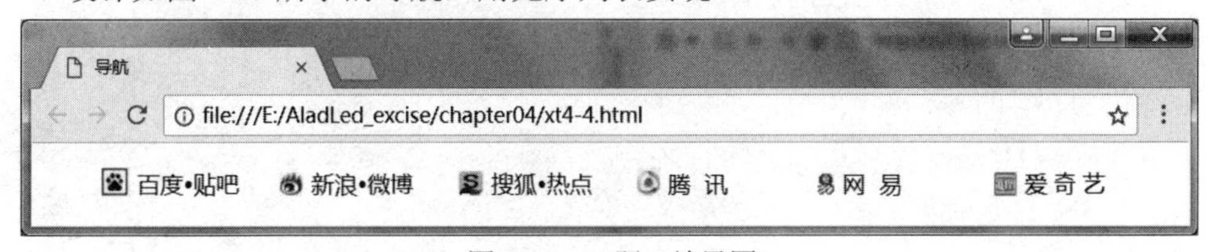

图 4-25　习题 4 效果图

5. 用 CSS 样式设计如图 4-26 所示的表格。

<table>
<tr><td>姓名</td><td></td><td>性别</td><td></td><td rowspan="5">照片</td></tr>
<tr><td>生日</td><td></td><td>民族</td><td></td></tr>
<tr><td>籍贯</td><td></td><td>政治面貌</td><td></td></tr>
<tr><td>学历</td><td></td><td>毕业学校</td><td></td></tr>
<tr><td>电话</td><td></td><td>电子邮箱</td><td></td></tr>
<tr><td>住址</td><td colspan="4"></td></tr>
<tr><td>自我评价</td><td colspan="4"></td></tr>
<tr><td>专业介绍</td><td colspan="4"></td></tr>
<tr><td>获奖情况</td><td colspan="4"></td></tr>
<tr><td>备注说明</td><td colspan="4"></td></tr>
</table>

图 4-26　习题 5 效果图

第 5 章

CSS3选择器

选择器是一种模式，用于选择需要添加样式的元素。在进行网页设计时使用选择器来选择某些元素进行样式定义，从而实现灵活的样式控制。本章将具体介绍常用的 CSS3 选择器的功能和用法。

本章的学习目标：

- 掌握 CSS3 中新增的属性选择器的用法，能运用属性选择器选择页面上的元素来添加样式。
- 掌握常用的伪类选择器的用法，能够为名称相同或类型相同的子元素定义不同的样式。
- 掌握伪元素选择器的用法，能够在页面上的特定位置插入需要的文字或图片。
- 掌握链接伪类的用法，能够用链接伪类实现页面上超链接的特效。

5.1 属性选择器

CSS3 中新增了 3 种属性选择器，分别是[attribute^=value]、[attribute$=value]和[attribute*=value]，使用这些属性选择器，可以根据元素的属性和属性值来选择元素。

5.1.1 案例分析

【案例展示】百度新闻-热点要闻局部页面的设计。

使用 CSS3 的属性选择器，为新闻列表中的不同列表项设置样式。本例文件 5-1.html 在浏览器中的显示效果如图 5-1 所示。

图 5-1　百度新闻-热点要闻局部页面

【知识要点】CSS3 属性选择器[attribute^=value]、[attribute$=value]和[attribute*=value]的功能、选择元素的方法。

【学习目标】掌握 CSS3 属性选择器的作用并灵活应用。

5.1.2 E[attribute^=value]选择器

E[attribute^=value]选择器匹配属性值以指定值 value 开头的每个元素。即选择名称为 E 的标签，且该标签定义了 attribute 属性，attribute 属性值包含前缀为 value 的字符串。E 可以省略，省略时表示匹配满足条件的任意元素。

例如，设置 id 属性值以 one 开头的所有 div 元素的背景色。

```
div[id^="one"]
{
    background:#ffff00;
}
```

说明：只要 div 元素的 id 属性值是以 one 字符串开头的就会被选中，设置指定的背景色。

又如，设置 class 属性值以 con 开头的所有元素的字体为宋体。

```
[class^="con"]
{
    font-family:"宋体";
}
```

说明：省略 E 表示匹配满足条件的任意元素。

5.1.3 E[attribute$=value]选择器

E[attribute$=value]选择器匹配属性值以指定值 value 结尾的每个元素。即选择名称为 E 的标签，且该标签定义了 attribute 属性，attribute 属性值包含后缀为 value 的字符串。E 可以省略，省略时表示匹配满足条件的任意元素。

例如，设置 class 属性值以 con 结尾的所有 p 元素的字体为宋体。

```
p[class$="con"]
{
    font-family:"宋体";
}
```

说明：只要 p 元素的 class 属性值是以 con 字符串结尾的就会被选中，设置指定的字体。

5.1.4 E[attribute*=value]选择器

E[attribute*=value]选择器匹配属性值包含指定值 value 的每个元素。即选择名称为 E 的标签，且该标签定义了 attribute 属性，attribute 属性值包含 value 的字符串。E 可以省略，省略时表示匹配满足条件的任意元素。

例如，设置 class 属性值包含 china 的所有 li 元素的字体颜色为红色。

```
li[class*="china"]
```

```
{
    color:"red";
}
```

说明：只要 li 元素的 class 属性值包含 china 字符串就会被选中，设置字体颜色为红色。

5.1.5　案例制作

【案例：百度新闻-热点要闻局部页面】 5-1.html 的代码如下。

```
<head>
   <title>百度新闻-热点要闻</title>
   <style>
      *{
        line-height:32px;
         font-family:Arial;
          color:#222222;
      }
      h3{
         font-size:20px;
         width:500px;                        /*宽度为 500px*/
         border-bottom:2px solid #999;   /*设置下边框为 2px、实线、灰色*/
         margin-bottom:5px;                /*设置下外边距*/
      }
       /*设置 class 属性值以 "tt" 结尾的所有 li 元素的样式*/
      li[class$="tt"]{
         font-weight:600;
         font-size:18px;
         color：#0091D8;
      }
      /*设置 class 属性值以 "1" 结尾的所有 li 元素的样式*/
      li[class$="1"]{
         font-size:16px;
      }
      /*设置 class 属性值以 "news1" 开头的所有 li 元素的样式*/
      li[class^="news1"]
      {
         list-style-image: url(img/news_img1.png);/*设置列表样式图片*/
      }
      /*设置 class 属性值以 "2" 结尾的所有 li 元素的样式*/
      li[class$="2"]{
         list-style-image:url(img/news_img2.png);
         font-size:14px;
      }
   </style>
</head>
<body>
   <h3>热点要闻</h3>
```

```
<ul>
    <li class="news1_tt">习近平这样讲述金砖合作之道</li>
    <li class="news1">习近平眼里的"第一资源"为何如此重要 </li>
    <li class="news1">习近平要求用"这三激"把全面深化改革推向深入 </li>
    <li class="news1">习近平指引信访工作"安民之道"  习近平谈诚信 </li>
    <li class="news1">商务部回应美"301 调查声明"中的 7 大细节</li>
    <li class="news1_tt">国家卫健委：密切关注人用狂犬病疫苗质量安全</li>
    <li class="news2">安置房空置解放日报怒批：谁逼扶贫对象"晒步数"</li>
    <li class="news2">国家药品监督管理局：9 家企业 9 批次化妆品不合格</li>
    <li class="news2">个税法草案意见 11 万条专项扣除取定额可能性大</li>
    <li class="news2">民航局出新政：叫停特价机票不能退改签霸王条款</li>
    <li class="news1_tt">工信部：电信企业要自觉不在校园摆摊设点营销业务</li>
    <li class="news2">连云港附近海域存在未爆炸弹 过往船舶注意避让</li>
    <li class="news2">全国 70 城 6 月最新房价出炉，上涨城市高达 63 个</li>
    <li class="news2">民航局出新政：叫停特价机票不能退改签霸王条款</li>
    <li class="news2">欧盟宣布对进口钢铁产品实施临时保障措施</li>
</ul>
</body>
```

【案例说明】(1) 页面中通用的样式在*{ }中设置。(2) 标题“热点要闻”下的横线是通过设置标题的下边框实现的，横线及其下方的新闻列表项之间的距离通过定义 margin-bottom:5px; 样式调整。(3) 使用 CSS3 选择器，选择某些元素设置样式时，需要定义合适的 class 或 id 属性值，然后才能方便地使用匹配字符串来选择目标元素。

5.2 伪类选择器

伪类选择器是 CSS3 中新增的选择器。常用的伪类选择器有:first-child 选择器、:last-child 选择器、:nth-child(n)选择器、:nth-last-child(n)选择器、:nth-of-type(n)选择器、:nth-last-of-type(n)选择器、:empty 选择器和:target 选择器。

5.2.1 案例分析

【案例展示】动态新闻列表局部页面的设置。

使用 CSS 设置标题和列表项样式，完成动态新闻列表局部页面的设计。页面文件 5-2.html 在浏览器中的显示效果如图 5-2 所示。

【知识要点】字体类型、大小、颜色、对齐方式、行间距、结构化伪类选择器等。

【学习目标】掌握 CSS 文本修饰的常用属性和伪类选择器的作用并灵活应用。

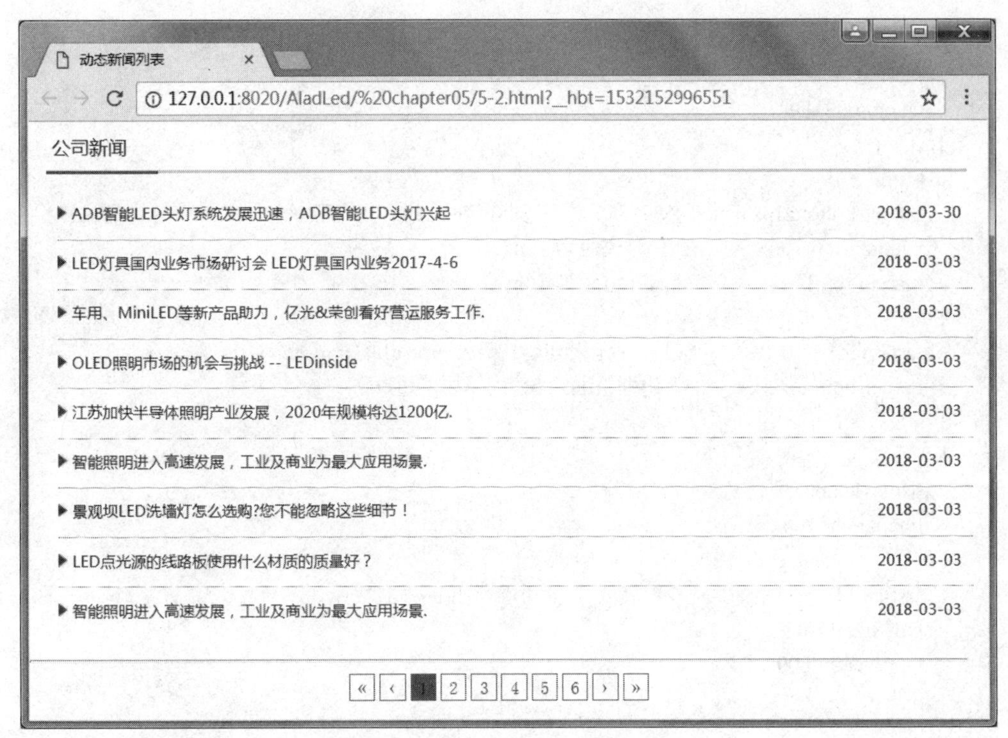

图 5-2　动态新闻列表局部页面

5.2.2　:first-child 和:last-child 选择器

:first-child 选择器用于选取属于其父元素的首个子元素。

:last-child 选择器用于选取属于其父元素的最后一个子元素。

【例 5-2-1】百度新闻-百家号局部页面的设计。要求对每组无序列表的首个列表项增大字号并加粗显示，除最后一组无序列表外，其他组底部加点状分割线。本例在浏览器中的显示效果如图 5-3 所示，页面文件 5-2-1.html 的关键代码如下。

```
<head>
  <title>百度新闻-百家号</title>
  <style>
    *{
      padding:0;
      margin:0;
    }
    body{
      font-family:"Arial" ;
      font-size:14px;
      color:#222;
    }
    #content{
       width:300px;
    }
```

```
        h3{
            margin:5px;     /*外边距为 5px, 为了布局美观*/
            color:#0091D8;
        }
        ul{
            border-bottom:1px dotted #555555;  /*下边框粗细为 1px，灰色点线*/
            padding-left:10px;          /*左内边距为 10px*/
            margin-top:10px;            /*上外边距为 10px*/
        }
        ul:last-child{                  /*设置父元素 div 中最后一个 ul 的样式*/
            border-bottom:0px ;     /*下边框粗细为 0，即不要下边框*/
        }
        li{
            list-style:none;
            line-height:26px;
        }
        li:first-child{                 /*设置父元素 ul 中首个 li 的样式*/
            font-size:15px;
            font-weight:600;
        }
    </style>
</head>
<body>
    <div id="content">
    <h3>百家号</h3>
    <hr\>
    <ul class="news1">
        <li>2018 财富 500 强出炉：京东“领先”</li>
        <li>知识付费不是“割韭菜”的生意</li>
        <li>HTC 在印度大幅裁员：高管几乎走空</li>
        <li>Instagram 有 9500 万机器人账号</li>
    </ul>
    <ul class="news1">
        <li>苹果新 MacBook Pro 键盘有玄机</li>
        <li>中国内存闪存明年国产 三家芯片厂将量产</li>
        <li>微软财报解读：Q4 营收 301 亿美元 同比涨 17%</li>
        <li>特斯拉为德国车主 4000 欧元补贴“买单”</li>
    </ul>
    <ul class="news2">
        <li>高通因为芯片定价也被欧盟指控！</li>
        <li>谷歌遭欧盟重罚 究竟是谁在破坏安卓生态？</li>
        <li>迪士尼拿下福克斯后 奈飞的压力越来越大</li>
        <li>被资本市场“阅后”的 Snap 会“即焚”吗</li>
    </ul>
    </div>
</body>
```

【说明】(1) 新闻各版块之间的分割线是通过设置无序列表的下边框实现的。但最后一个版块使用:last-child 选择器去掉了下边框。(2) 使用:first-child 和:last-child 伪类选择器时，只有当元素是另一个元素的子元素时才能匹配选择。

图 5-3　百度新闻-百家号局部页面

5.2.3　:nth-child(n)和:nth-last-child(n)选择器

使用:first-child 和:last-child 选择器，可以选择父元素中的第一个或最后一个元素，但如果想选择其他位置的元素就不可行了。为此，CSS3 中引入了:nth-child(n)和:nth-last-child(n)选择器，用来选择父元素的第 n 个或倒数第 n 个子元素。:nth-last-child(1)和:last-child 选择器实现的功能相同。

例如，设置<ul>中的第 3 个列表项以红色显示。

```
li: nth-child(3){
    color:red;
}
```

又如，选择父元素中的奇数位或偶数位子元素来设置样式。

```
:nth-child(odd){ };        /*odd 奇数*/
:nth-child(even){ };       /*even 偶数*/
```

5.2.4　:nth-of-type(n)和:nth-last-of-type(n)选择器

使用:nth-of-type(n)和:nth-last-of-type(n)选择器可以选择父元素中特定类型的第 n 个和倒数第 n 个子元素，而使用:nth-child(n)和:nth-last-child(n)选择器选择父元素中的第 n 个和倒数第 n 个子元素时，与元素类型无关。

【例 5-2-2】四季的划分。父元素中有多种子元素标签，想要设置特定类型的某个子元素样式时，可以用:nth-of-type(n)和:nth-last-of-type(n)选择器进行匹配。本例在浏览器中的显示效果如图 5-4 所示，页面文件 5-2-2.html 的关键代码如下。

```
<head>
  <meta charset="utf-8">
  <title>四季的划分</title>
  <style>
    *{margin:2px;}
    h2{text-align:center;}
    h3{margin:5px;}
    h3:nth-of-type(2){color:red;}       /*设置父元素中第 2 个 h3 元素的样式*/
    h3:nth-child(2){color:green;}       /*设置父元素中第 2 个元素的样式，第 2 个元素正好是 h3，有效*/
    p:nth-of-type(2){color:blue;}       /*设置父元素中第 2 个 p 元素的样式*/
    p:nth-child(2){color:darkcyan;}  /*设置父元素中第 2 个元素的样式，第 2 个元素不是 p，无效*/
</style>
</head>
<body>
  <h2>四季的划分</h2>
  <h3>春季</h3>
  <p>中国农历春季是从立春到立夏这一段时间，即农历一、二、三月，包括了立春、雨水、惊蛰、春分、
     清明、谷雨 6 个节气。</p>
  <h3>夏季</h3>
  <p>中国农历夏季是从立夏至立秋这一段时间，即农历四、五、六月，包括了立夏、小满、芒种、夏
     至、小暑、大暑 6 个节气。</p>
  <h3>秋季</h3>
  <p>中国农历秋季是从立秋到立冬这一段时间，即农历七、八、九月，包括立秋、处暑、白露、秋分、
     寒露、霜降 6 个节气。</p>
  <h3>冬季</h3>
  <p>中国农历冬季始于农历的立冬，止于次年的立春，即农历的 10、11、12 月，包括立冬、小雪、大雪、
     冬至、小寒、大寒 6 个节气。</p>
</body>
```

【说明】 h3:nth-of-type(2){}选择父元素中的第 2 个<h3>标签，即“<h3>夏季</h3>”。h3:nth-child(2){}选择父元素中的第 2 个子元素，即“<h3>春季</h3>”。p:nth-child(2){ }也是选择父元素中的第 2 个子元素，但第 2 个子元素是<h3>标签，所以该设置无效。

所以，当父元素中有多种标签时，适合使用:nth-of-type(n)和:nth-last-of-type(n)选择器来选择父元素中特定类型的第 n 个和倒数第 n 个子元素。

图 5-4　四季的划分页面

5.2.5 :empty 选择器

:empty 选择器匹配没有子元素或文本内容为空的每个元素。

例如，页面上需要一个彩色矩形条，就可以用该选择器来实现。

【例 5-2-3】用:empty 选择器实现矩形条。本例在浏览器中的显示效果如图 5-5 所示，页面文件 5-2-3.html 的关键代码如下。

```
<head>
  <meta charset="utf-8">
  <title>:行路难</title>
  <style>
    h2,h3,p{
      text-align:center;
      line-height:25px;
    }
    p{height:10px;}
    :empty{background:#999;
  </style>
</head>
<body>
  <h2>唐诗诵读</h2>
  <p></p>
  <h3>行路难 </h3>
  <p><i>李白 </i></p>
  <p>金樽清酒斗十千，玉盘珍馐直万钱。 <br>
     停杯投箸不能食，拔剑四顾心茫然。 <br>
     欲渡黄河冰塞川，将登太行雪暗天。 <br>
     闲来垂钓坐溪上，忽复乘舟梦日边。 <br>
     行路难，行路难，多歧路，今安在。 <br>
     长风破浪会有时，直挂云帆济沧海。 <br>
  </p>
</body>
```

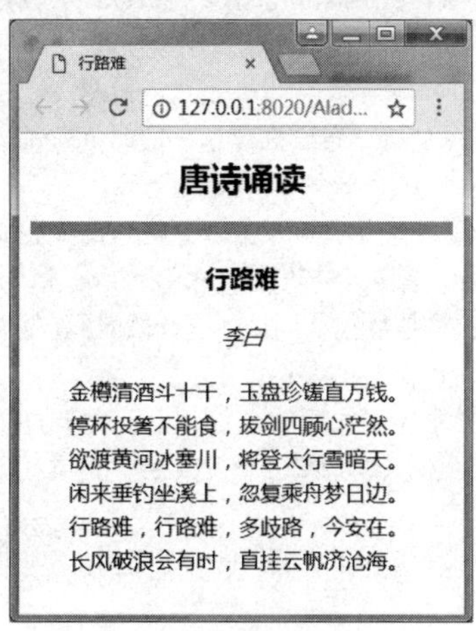

图 5-5 :empty 选择器的应用

5.2.6 :target 选择器

:target 选择器用于选取当前活动的目标元素，为页面上的某个 target 元素(该元素的 id 名被用作页面中超链接的锚记名)指定样式。当目标元素的 id 和:target 伪选择器指定的 id 相匹配时，它的样式就会在这个 id 元素上生效，即只有当用户单击页面上的超链接，并且跳转到目标元素后，:target 选择器所设置的样式才会起作用。

【例 5-2-4】应用:target 选择器实现 Tab 切换效果。初始状态如图 5-6 所示，单击季节名称超链接时，对应季节的内容便显示出来。如单击“春季”时，显示效果如图 5-7 所示。代码如下所示。

```
<head>
  <meta charset="utf-8">
  <title>:target 选择器应用</title>
  <style>
    div{
      width:300px;
      height:150px;
      background-color:#DBEAEE;
      margin-top:5px;
    }
    p{
      display:none;      /*各个段落不显示*/
    }
    :target{
      display:block;
      line-height:30px;
    }
  </style>
</head>
<body>
  <h2>四季的划分</h2>
  <a href="#spring">春季</a> | <a href="#summer">夏季</a> | <a href="#automn">秋季</a>| <a href=
    "#winner">冬季</a>
  <div>
  <p id="spring">春：中国农历春季是从立春到立夏这一段时间，即农历一、二、三月，包括了立春、雨
    水、惊蛰、春分、清明、谷雨 6 个节气。</p>
  <p id="summer">夏：中国农历夏季是从立夏至立秋这一段时间，即农历四、五、六月，包括了立夏、
    小满、芒种、夏至、小暑、大暑 6 个节气。</p>
  <p id="automn">秋：中国农历秋季是从立秋到立冬这一段时间，即农历七、八、九月，包括立秋、处暑、
    白露、秋分、寒露、霜降 6 个节气。</p>
  <p id="winner">冬：中国农历冬季始于农历的立冬，止于次年的立春，即农历的 10、11、12 月，包括
    立冬、小雪、大雪、冬至、小寒、大寒 6 个节气。</p>
  </div>
</body>
```

图 5-6　初始效果

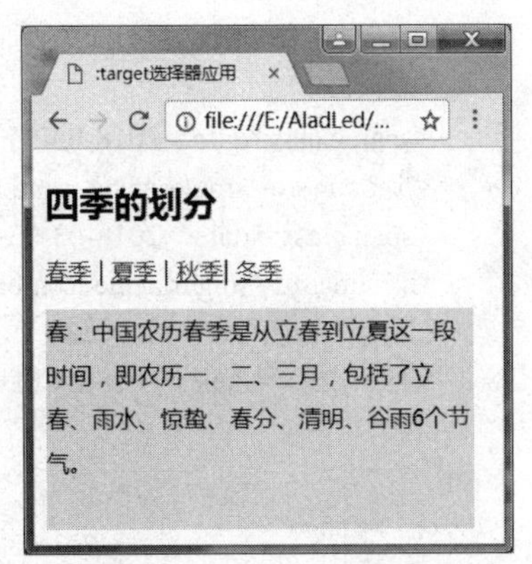

图 5-7　单击“春季”超链接后的效果

5.2.7　案例制作

【案例：动态新闻列表局部页面】在 HBuilder 中制作该页面的过程如下。

(1) 创建项目，把需要的图片文件复制到 img 文件夹中。如果已建项目，则把图片素材复制到已建项目的 img 文件夹中。

(2) 创建网页结构文件，在当前项目中新建一个 HTML5 网页文件，文件名为 5-2.html。

在页面上创建一个包含新闻列表内容的 div 容器，在该容器中又包含三个 div，分别用来放置标题、新闻列表项和分页导航。

```
<body>
  <div id="content">
    <div class="tt">
      <h3>公司新闻</h3>
    </div>
    <div class="news">
      <ul>
        <li><img src="img/triangle-icon-blue.jpg"> ADB 智能 LED 头灯系统发展迅速，ADB 智能
          LED 头灯兴起</a>
        <span class="date">2018-03-30</span></li>
        <li><img src="img/triangle-icon-blue.jpg"> LED 灯具国内业务市场研讨会 LED 灯具国内业
          务 2017-4-6
        <span class="date">2018-03-03</span></li>
        <li><img src="img/triangle-icon-blue.jpg"> 车用、MiniLED 等新产品助力，亿光&荣创看好
          营运服务工作.
        <span class="date">2018-03-03</span></li>
        <li><img src="img/triangle-icon-blue.jpg"> OLED 照明市场的机会与挑战 -- LEDinside
        <span class="date">2018-03-03</span></li>
        <li><img src="img/triangle-icon-blue.jpg"> 江苏加快半导体照明产业发展，2020 年规模将达
          1200 亿.
        <span class="date">2018-03-03</span></li>
        <li><img src="img/triangle-icon-blue.jpg"> 智能照明进入高速发展，工业及商业为最大应用
          场景.
        <span class="date">2018-03-03</span></li>
```

```
            <li><img src="img/triangle-icon-blue.jpg"> 景观坝 LED 洗墙灯怎么选购?您不能忽略这些
              细节！
            <span class="date">2018-03-03</span></li>
            <li><img src="img/triangle-icon-blue.jpg"> LED 点光源的线路板使用什么材质的质量好？
            <span class="date">2018-03-03</span></li>
            <li><img src="img/triangle-icon-blue.jpg"> 智能照明进入高速发展，工业及商业为最大应用
              场景.
            <span class="date">2018-03-03</span></li>
        </ul>
      </div>
      <div class="page">
            <hr>
            <ul>
             <li><a href="">&laquo;</a></li>
             <li><a href="">&#8249;</a></li>
             <li><a href="">1</a></li>
             <li><a href="">2</a></li>
             <li><a href="">3</a></li>
             <li><a href="">4</a></li>
             <li><a href="">5</a></li>
             <li><a href="">6</a></li>
             <li><a href="">&#8250;</a></li>
             <li><a href="">&raquo;</a></li>
           </ul>
       </div>
    </div>
</body>
```

(3) 设置新闻列表局部页面的通用样式和外层 div 容器的样式。新闻列表局部页面 div 容器的样式用#content 定义，宽度为 800px。所有的无序列表不显示默认的列表项目符号。

```
*{
  padding:0;
  margin:0;
}
body{
  font-family:"微软雅黑";       /*字体为"微软雅黑"*/
  font-size:13px;               /*文字大小为 12px*/
  color:#333;                   /*文字颜色为灰色*/
}
#content{
  width:800px;
  height:auto;
}
ul{
  list-style:none;              /*去掉默认样式*/
}
```

(4) 标题部分的样式设置。设置.tt 和 h3 样式的下边框线，实现水平线效果，线的长度用 width(元素长度)控制，通过设置 h3 的下内边距实现两条线重合。

```
.tt{
  height:40px;
  width:785px;
  margin-left:15px ;                      /*左外边距为 15px*/
  border-bottom:2px solid #D6D6D6;   /*下边框样式，用下边框实现水平线效果*/
}
h3{
  font-weight:500;
  font-size:16px ;
  width:90px;                             /*标题空间长度为 90px*/
  border-bottom:2px solid #0091D8;   /*下边框样式，实现标题下面的横线效果*/
  padding: 10px 0 10px 5px;            /*内边距上、右、下、左分别是 10px、0、10px、5px*/
}
```

(5) 新闻列表的样式。定义每个列表项及新闻日期的样式，用列表项的下边框线实现水平线，用 li:nth-last-child(1){}样式去掉最后一个列表框的下边框线。

```
.news{
  width:780px;
  height:auto;
  margin:20px 0px 20px 20px;
}
.news ul li{
  width:780px;
  height:30px;
  float:left;
  margin:5px;
  border-bottom:1px dotted #999999 ;  /*下边框为 1px 的浅灰色点线*/
}
.news ul li:nth-last-child(1){           /*定义最后一个列表项的样式*/
  border-bottom:0px;                      /*无下边框*/
  }
.news ul li .date{                       /*新闻日期的样式*/
  float:right;
  margin-right:10px;
}
```

(6) 定义分页导航的样式。分页导航用无序列表实现，当前页的页号加背景，用 li:nth-child(n){}实现。

```
.page{
    clear:both;
    text-align:center;
    padding:15px 0 ;
}
```

```
 .page ul{
    margin-top:10px;            /*上外边距为 10px*/
}
.page   li{
    display:inline;             /*在一行上显示*/
}
.page   a{
    display:inline-block;       /*行内块级元素*/
    width:20px;
    height:20px;
    border:1px solid #0091D8;   /*定义边框*/
    font-size:14px;
    text-align:center;
    line-height:20px;
    font-family:"宋体";
    text-decoration:none;
}
.page   li:nth-child(3) a{      /*分页导航中的第三个列表项 li 加背景*/
      background-color:#0091D8;
}
.page   a:hover{                 /*设置鼠标悬停时的背景色*/
    background-color: #DDD;
}
```

(7) 预览网页，效果如图 5-2 所示。

5.3 伪元素选择器

CSS 中常用的伪元素选择器有:before 选择器和:after 选择器。

5.3.1 案例分析

【案例展示】超链接按钮的设计。

使用 CSS 设置超链接样式的基本知识，制作网站上的超链接按钮。本例文件 5-3.html 在浏览器中的显示效果如图 5-8 所示。

详细信息▶

图 5-8　超链接按钮

【知识要点】设置文本样式、伪元素选择器的用法。

【学习目标】掌握使用 CSS 设置文本样式的方法和伪元素选择器的用法。

5.3.2 :before 选择器

:before 选择器用于在被选元素的内容之前插入内容。

格式：

```
E:before{
    content: "文字"/url();
}
```

content 属性用于指定要插入的内容，可以是用双引号括起来的文本或用 url()指定路径的图片。

【例 5-3-1】基于 5.2.1 节的案例展示"动态新闻列表局部页面的设置"，修改页面文件 5-2.html 中的内容，将每个列表项之前插入的图片，用 CSS 的:before 选择器来实现。将动态新闻列表项的代码修改成如下所示。

```
<li><a href="">LED 灯具国内业务市场研讨会  LED 灯具国内业务 2017-4-6</a>
<span class="date">2018-03-03</span></li>
```

实现在动态新闻列表项前插入三角形图片的 CSS 样式代码如下。

```
.news ul li:before{
    content: url(img/triangle-icon-blue.jpg); /*在列表项内容前插入图片*/
    margin-right:5px ;
}
```

【说明】用 CSS 的:before 选择器在动态新闻列表项之前插入图片，不但简化了页面代码，而且便于统一设置样式。

5.3.3　:after 选择器

:after 选择器实现在被选元素的内容之后插入内容。

格式：

```
E: after{
    content: "文字"/url();
}
```

content 属性的用法同:before 选择器中的 content 属性。

【例 5-3-2】用:after 实现在新闻标题之后插入日期。本例在浏览器中的显示效果如图 5-9 所示，页面文件 5-3-2.html 的关键代码如下。

```
<head>
  <meta charset="utf-8">
  <title>:after 示例</title>
  <style>
      body{background-color: #D6D6D6;}
      p:after{
      content:"(2018-07-24)";
      font-size:13px;
      color:red;
      font-style:italic;
    }
```

```
    </style>
</head>
<body>
        <p>NEWS:习近平同卢旺达总统卡加梅举行会谈 </p>
</body>
```

NEWS:习近平同卢旺达总统卡加梅举行会谈 *(2018-07-24)*

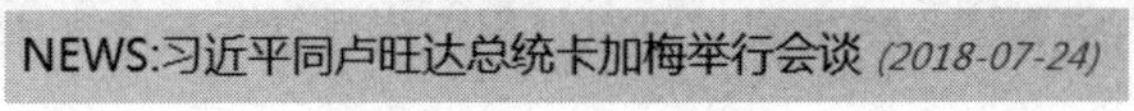

图 5-9 :after 示例

5.3.4 案例制作

【案例：超链接按钮设计】在 HBuilder 中制作该页面的过程如下。

(1) 创建项目，把需要的图片文件复制到 img 文件夹中。如果已建项目，则把图片素材复制到已建项目的 img 文件夹中。

(2) 创建网页结构文件，在当前项目中新建一个 HTML5 网页文件，文件名为 5-3.html，代码如下。

```
<head>
  <meta charset="utf-8">
  <title>超链接按钮设计</title>
  <style>
     a{                         /*超链接的样式*/
        display:block;
      width:75px;
      height:26px;
      background-color:#494949;
      font-size:13px;
      color:#FFF ;
      text-decoration:none;
      text-align:center;
      margin-top:15px;
      line-height:26px ;
    }
      a:after{                                          /*在超链接后插入内容*/
      content:url(img/triangle-icon-white.png);    /*插入图片*/
      padding-left:5px;                              /*左内边距为 5px*/
    }
  </style>
</head>
<body>
  <a href="#">详细信息</a>
</body>
```

(3) 预览网页，显示效果如图 5-8 所示。

5.4 链接伪类

前面第 2 章中已经介绍了超链接的基本用法。在定义超链接时，为了提高用户体验，经常需要为超链接设置不同的状态，使得超链接在被单击前、单击后和鼠标悬停时的样式不同。在 CSS 中，可通过链接伪类来设置超链接的不同状态。

超链接 a 的伪类有四种，分别是:link、:visited、:hover 和:active，而且需要按照这个顺序设置，否则定义的样式可能不起作用。链接伪类的具体用法如下。

- a:link{CSS 样式}：设置未访问时超链接的状态。
- a:visited{CSS 样式}：设置访问后超链接的状态。
- a:hover{CSS 样式}：设置鼠标经过、悬停时超链接的状态。
- a:active{CSS 样式}：设置鼠标单击不动时超链接的状态。

5.4.1 案例分析

【案例展示】网页底部导航的设计。

使用 CSS 文本样式和链接伪类的基本知识，制作网页底部的导航部分。本例文件 5-4.html 运行后，链接导航单击前和单击后的效果如图 5-10 所示，鼠标经过和悬停时的效果如图 5-11 所示(为超链接加下画线、文本颜色变为浅灰色)。

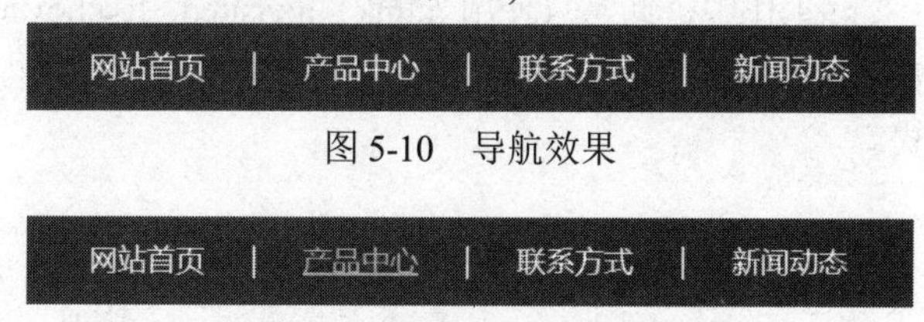

图 5-10　导航效果

图 5-11　鼠标经过和悬停时的效果

【知识要点】文本样式定义、链接伪类的应用。

【学习目标】掌握链接伪类的功能和用法。

5.4.2 案例制作

【案例：网页底部导航的设计】5-4.html 的文档代码如下。

```
<head>
  <meta charset="utf-8">
  <title>链接伪类应用</title>
  <style>
    .link{
      text-align:center;                /*相对于页面居中*/
      font-size:16px;
      color: #fff;
      background-color:#545861;
      height:40px;
      padding-top:14px;
    }
```

```
        .link a:link,a:visited{
            display:inline-block;           /*内联元素*/
            width:70px;
            color: #ffffff;
            padding:0px 8px 0px 8px; /*上、右、下、左的内边距依次为0px、8px、0px、8px*/
            margin:0 14px 0 14px;     /*上、右、下、左的外边距依次为0px、14px、0px、14px*/
            text-decoration:none;     /*链接无修饰*/
            text-align:center;        /*文字居中对齐，范围为70px*/
        }
        .link a:hover,a:active {      /*鼠标悬停链接的样式*/
            color:#CCC;               /*浅灰色文字*/
            text-decoration:underline; /*下画线修饰*/
        }
    </style>
</head>
<body>
    <p class="link">
        <a href="#">网站首页</a>|<a href="#">产品中心</a>|<a href="#">联系方式</a>|<a href="#">新闻动
        态</a>
    </p>
</body>
```

浏览页面，显示效果如图5-10和图5-11所示。

【案例说明】(1) 在实际工作中，通常只使用a:link、a:visited和a:hover来定义访问前、访问后和鼠标悬停时的链接样式。(2) 除了文本样式外，链接伪类还可以用来控制超链接的背景、透明度和边框等的样式。

5.5 实训

【实训任务】用 CSS 样式及属性选择器的知识设计客户案例展示局部页面。本例文件5-5.html在Chrome浏览器中首次加载时的显示效果如图5-12所示，单击任意一张小图，会在下边显示该图对应的大图，效果如图5-13所示。

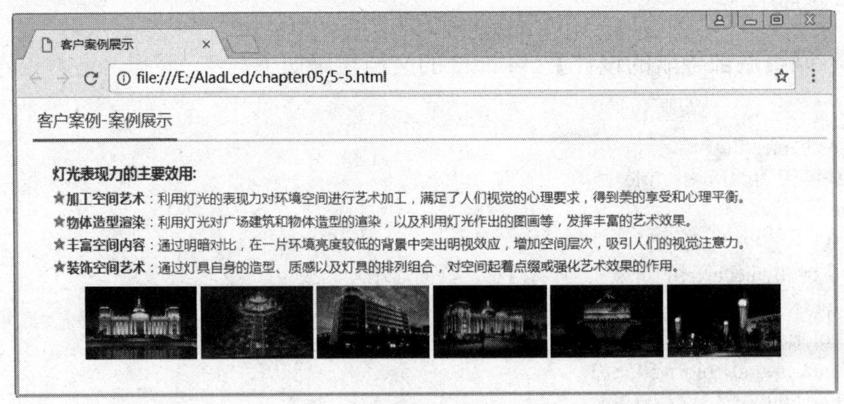

图5-12 首次加载时的客户案例展示页面

图 5-13　单击小图时的客户案例展示页面

【知识要点】无序列表、伪类选择器、伪元素选择器、链接伪类和 CSS 样式。

【实训目标】掌握用 CSS 样式和属性选择器控制页面文本和图像显示效果的方法。

5.5.1　任务分析

1. 页面结构分析

本例中的客户案例展示页面是网站三级页面主体内容的右侧局部页面部分，盒子中有标题和展示内容。展示内容又分成三部分，分别是包含四个列表项的无序列表、一排超链接小图和作为链接目标的大图。

2. CSS 样式分析

网站三级页面主体内容的右侧局部页面放在一个宽度为 800px、高度自动的 div 盒子中。标题用<h3>定义，标题下方的横线由标题所在 div 盒子的下边框和标题的下边框组成。

展示内容的四行文本是无序列表的四个列表项，每个列表项前用:before 伪元素选择器插入小图像。

一行小图是超链接，大图初始状态下不显示，设置成 display:none。当单击小图时，显示对应的大图，该功能通过:target 实现，此时设置大图为 display:block。

5.5.2　任务完成

根据上面的分析，创建网页文件和外部样式文件，完成客户案例展示页面的设计。

1. 创建页面文件

(1) 启动 HBuilder，在当前项目中新建一个 HTML5 文档，文件名为 5-5.html。

(2) 在 HBuilder 编辑区编辑文件，页面文件结构代码如下。

```
<head>
  <meta charset="utf-8">
  <title>客户案例展示</title>
  <link href="css/5-5.css" rel="stylesheet" type="text/css"/>
</head>
<body>
  <div id="content-right">
    <div class="tt">
          <h3>客户案例-案例展示</h3>
    </div>
       <div class="works_show">
          <h4>灯光表现力的主要效用:</h4>
          <ul>
           <li><b>加工空间艺术</b>: 利用灯光的表现力对环境空间进行艺术加工满足了人们视觉上的
             心理要求，得到美的享受和心理平衡。</li>
           <li><b>物体造型渲染</b>: 利用灯光对广场建筑和物体造型的渲染，以及利用灯光做出的图
             画等，发挥丰富的艺术效果。</li>
          <li><b>丰富空间内容</b>: 通过明暗对比，在一片环境亮度较低的背景中突出明视效应，增
           加空间层次，吸引人们的视觉注意力。</li>
          <li><b>装饰空间艺术</b>: 通过灯具自身的造型、质感以及灯具的排列组合，对空间起着点
           缀或强化艺术效果的作用。</li>
       </ul>
       <div>
           <a href="#tp1"><img src="img/works_1.jpg" class="tp-small"></a>
           <a href="#tp2"><img src="img/works_2.jpg" class="tp-small"></a>
           <a href="#tp3"><img src="img/works_3.jpg" class="tp-small"></a>
           <a href="#tp4"><img src="img/works_4.jpg" class="tp-small"></a>
           <a href="#tp5"><img src="img/works_5.jpg" class="tp-small"></a>
           <a href="#tp6"><img src="img/works_6.jpg" class="tp-small"></a>
       </div>
       <div>
           <p id="tp1"> <img src="img/works_1.jpg" class="tp-big"> </p>
           <p id="tp2"> <img src="img/works_2.jpg" class="tp-big"> </p>
           <p id="tp3"> <img src="img/works_3.jpg" class="tp-big"> </p>
           <p id="tp4"> <img src="img/works_4.jpg" class="tp-big"> </p>
           <p id="tp5"> <img src="img/works_5.jpg" class="tp-big"> </p>
           <p id="tp6"> <img src="img/works_6.jpg" class="tp-big"> </p>
       </div>
     </div>
   </div>
</body>
```

2. 创建 CSS 样式文件

创建外部样式文件，在当前项目的 css 文件夹中新建一个 CSS 文件，文件名为 5-5.css，样式代码如下。

(1) 页面的统一样式。

```
*{
  padding:0;
  margin:0;
  }
body{
  font-family: "微软雅黑"; /*字体为"微软雅黑"*/
  font-size:13px;          /*文字大小为 12px*/
  color:#333;              /*文字颜色为灰色*/
}
```

(2) 客户案例展示局部页面上外层盒子的样式。

```
#content-right{
  width:800px;
  height:auto;
}
```

(3) 标题的样式，标题盒子的样式.tt，标题样式 h3。

```
#content-right .tt{
    height:40px;
    width:785px;
    margin-left:15px ;                      /*左外边距为 15px*/
    border-bottom:2px solid #D6D6D6;     /*下边框样式，用下边框实现水平线效果*/
}
#content-right h3{
   font-weight:500;
   font-size:16px ;
   border-bottom:2px solid #0091D8;  /*下边框样式，实现标题下面的横线效果*/
   width:140px;                      /*标题空间长度为 140px*/
   padding:10px 0 9px 5px;           /*内边距上、右、下、左分别是 10px、0、9px、5px*/
}
```

(4) 展示内容的盒子样式和标题样式。

```
.works_show{
  width:780px;
  height:auto;
  margin:20px 0px 20px 20px;
  text-align:center;
}
.works_show h4{
  font-size:14px;
  font-weight:600 ;
```

```
    margin:5px 0px 0px 15px;
    text-align:left;
}
```

(5) 无序列表的样式，在列表项之前插入小图片。

```
.works_show ul{
    list-style:none;
    padding:2px 15px 10px 15px ;
    text-align:left;
}
.works_show ul li{
    padding:5px 0px 0px 1px ;
}
.works_show ul li:before{
    content:url(../img/star_red.gif);   /*在列表项内容前插入图片*/
    margin-right: 1px;
}
```

(6) 小图的样式。

```
.works_show .tp-small{      /*设置小图的样式*/
    width:111px;
    height:70px;
}
```

(7) 大图的样式，初始不显示。

```
.works_show  p{
    display:none;           /*大图所在段不显示，即大图不显示*/
    }
.works_show .tp-big{        /*设置大图的样式*/
    width:460px;
    height:270px;
}
```

(8) 设置选取当前活动的目标元素，单击小图时显示对应的大图。

```
.works_show :target{display:block;}/*链接到的内容显示*/
```

3. 浏览网页

在Chrome浏览器中浏览该网页，显示效果如图5-12和图5-13所示。

【说明】若页面上的一行小图用JavaScript语言设置自右向左移动，效果会更好。实现小图移动的关键代码如下所示，其他代码不变，完整代码请参考5-5-1.html。

```
<div>
    <marquee onmouseover="this.stop()" onmouseout="this.start()">
        <a href="#tp1"><img src="img/works_1.jpg" class="tp-small"></a>
        <a href="#tp2"><img src="img/works_2.jpg" class="tp-small"></a>
```

```
            <a href="#tp3"><img src="img/works_3.jpg" class="tp-small"></a>
            <a href="#tp4"><img src="img/works_4.jpg" class="tp-small"></a>
            <a href="#tp5"><img src="img/works_5.jpg" class="tp-small"></a>
            <a href="#tp6"><img src="img/works_6.jpg" class="tp-small"></a>
        <marquee>
    </div>
```

5.6　本章小结

本章介绍了常用的 CSS3 选择器，包括新增的 3 种属性选择器、伪类选择器、伪元素选择器和链接伪类等各种选择器的功能和用法，并结合实例介绍了应用各种选择器对页面元素进行样式定义的方法。

5.7　练习题

1. 用属性选择器对不同标题设置不同样式，如图 5-14 所示。

图 5-14　练习题 1 效果图

2. 设计如图 5-15 所示的表格，奇数行加背景色#EEEEEE，第一行加背景色#AAAAAA。

A	B	C	D	E
11	12	13	14	15
21	22	23	24	25
31	32	33	34	35
41	42	43	44	45
51	52	53	54	55
61	62	63	64	65

图 5-15　练习题 2 效果图

3. 在每个列表项之前插入图片，显示效果如图 5-16 所示。

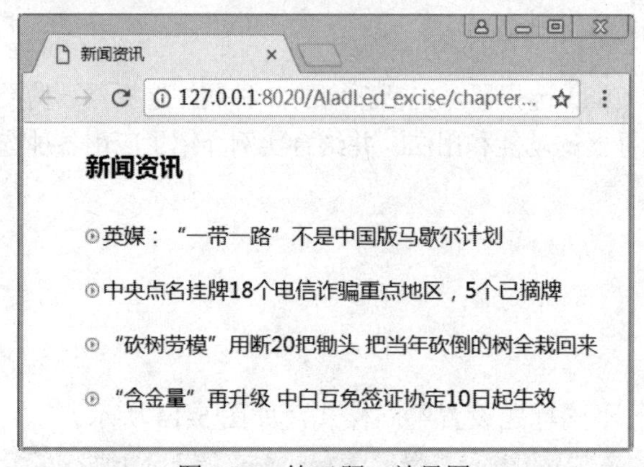

图 5-16　练习题 3 效果图

第 6 章

CSS盒子模型

盒子模型是网页布局的基础，具有各种属性及其设置方法，只有掌握了盒子模型的特征和规律，才能更好地控制网页中各个元素的显示效果。本章将具体介绍盒子的各种外观属性、背景属性及其设置方法。

本章的学习目标：

- 理解盒子模型的概念。
- 掌握盒子模型宽度和高度属性的意义及其设置方法。
- 掌握盒子模型边框属性的意义及其设置方法。
- 掌握盒子模型边距属性的意义及其设置方法。
- 掌握盒子模型背景颜色和背景图像的设置方法。
- 掌握 CSS3 渐变背景的设置方法。
- 掌握综合应用盒子属性制作页面的方法。

6.1 盒子模型简介

盒子模型是 CSS 中的一个重要概念，文档中的每个元素都被描绘为矩形盒子。一个盒子包括 content(实际内容)、padding(内边距)、border(边框)和 margin(外边距)，如图 6-1 所示。

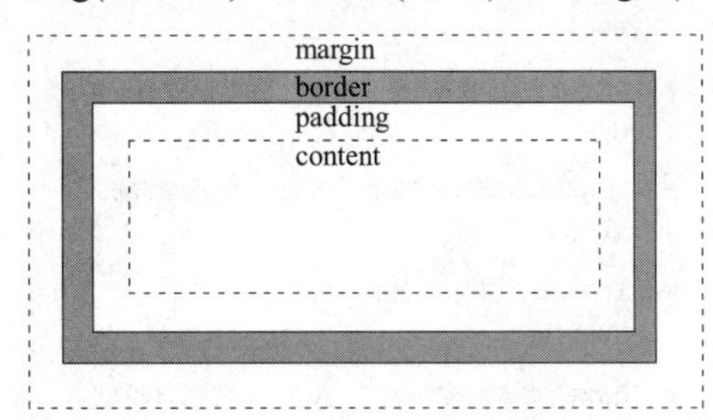

图 6-1　盒子模型

1. content(实际内容)

盒子的 content 部分显示文本和图像。

如果指定高度大于显示内容所需的高度，多余的高度会产生类似内边距一样的效果；如果元素内容的高度大于元素框的高度，浏览器的具体行为则取决于 overflow 属性。

2. padding(内边距)

盒子的内边距是内容与边框之间的区域，内边距是透明的，取值不能为负，受盒子的 background 属性的影响。

3. border(边框)

盒子的边框是围绕元素内容和内边距的一条或多条线。边框由粗细、样式和颜色三部分组成。

4. margin(外边距)

盒子的外边距是指元素外额外的空白，通常是指不能放置其他元素的区域，而且在这个区域中可以看到父元素的背景(padding 所带的是本身的背景而非父元素的背景)。margin 经常取负值，以实现定位功能。

6.2 盒子的外观属性

6.2.1 案例分析

【案例展示】首页-企业新闻局部页面。

使用盒子模型的基本知识设计网站首页-企业新闻局部页面，本例文件 6-2.html 在浏览器中的显示效果如图 6-2 所示。

图 6-2　首页-企业新闻局部页面

【知识要点】盒子模型的宽度、高度、内边距、边框和外边距。

【学习目标】掌握盒子属性的设置方法。

6.2.2　盒子模型的宽和高

网页是由多个盒子排列而成的，每个盒子都有固定的大小，在 CSS 中使用宽度属性 width 和高度属性 height 对盒子的大小进行控制。

语法：width : auto | length | %

　　　height : auto | length | %

参数如下。

- auto：浏览器计算实际的宽度(高度)。
- length：自定义元素的宽度(高度)，常用的取值单位为像素(px)。
- %：定义基于父元素宽度(高度)的百分比宽度(高度)。

【例 6-2-1】盒子模型的宽度和高度，本例在浏览器中的浏览效果如图 6-3 所示，页面文件 6-2-1.html 的关键代码如下。

```
<head>
  <meta charset="utf-8">
  <title>盒子模型的宽度和高度</title>
  <style>
  .box1{
    width:200px;                /*宽度 200px*/
    height:100px;               /*高度 100px*/
    padding:10px;               /*内边距 10px*/
    margin:20px;                /*外边距 20px*/
    border:3px solid #333;      /*边框为 3px 的浅黑色实线*/
    }
  </style>
</head>
<body>
      <div class="box1"> 自然界没有风风雨雨，大地就不会春华秋实。</div>
</body>
```

1. 两种盒子模型

盒子的实际宽度和高度与盒子采用的模型有关。

- 在 W3C 模型中，width/height=content

盒子的实际宽度/高度= content + border + padding

- 在 IE 模型中，width/height=content+padding+border

盒子的实际宽度/高度= width

盒子所占的空间=盒子的实际宽度/高度+margin

在图 6-1 所示的盒子模型中，默认采用 W3C 模型，如图 6-4 所示。

实际宽度=200+10*2+3*2=226px

实际高度=100+10*2+3*2=126px

所占空间宽度=226+20*2=266px

所占空间高度=126+20*2=166px

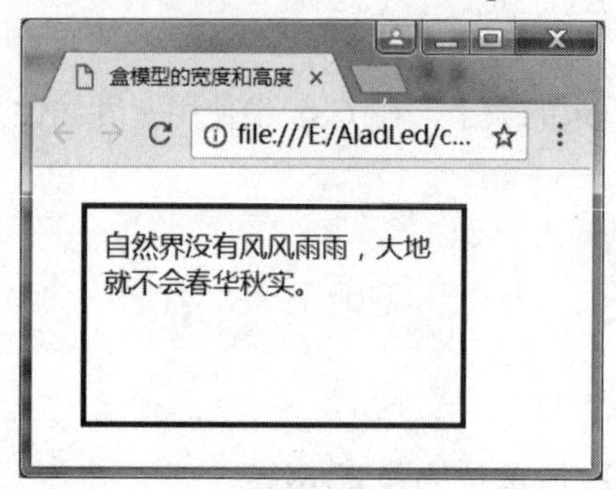

图 6-3　盒子模型的宽度和高度

图 6-4　例 6-2-1 的盒子模型

2. box-sizing 属性

盒子采用何种模型，可以用 box-sizing 属性来设置。

1) 设置标准的盒子模型(默认值)

```
box-sizing:content-box;
```

标准的盒子模型的 width 和 height 只包括内容(content)的宽度和高度，不包括 border、padding 和 margin，这些都在盒子的外部。

盒子所占空间宽度=width+左右内边距之和+左右边框宽度之和+左右外边距之和

盒子所占空间高度=height+左右内边距之和+左右边框宽度之和+左右外边距之和

2) 设置 IE 模型

```
box-sizing:border-box;
```

在这种模型下设置盒子的宽度和高度时，包括 content+padding+border，但是不包括 margin。

3. 应用范围

盒子的宽度和高度适用于块级(block)元素和行级(inline-block)元素，对于行内元素无效。

【例 6-2-2】块级元素与行级元素在宽度和高度上的区别，本例在浏览器中的浏览效果如图 6-5 所示，页面文件 6-2-2.html 的关键代码如下。

```
<head>
  <meta charset="utf-8">
  <title>行级元素的宽和高</title>
  <style>
    .box2{
      width:200px;                /*宽度 200px*/
      height:100px;               /*高度 100px*/
      border:1px solid #333 ;     /*边框为 1px 的浅黑色实线*/
      background:#EEE;            /*浅灰色背景*/
      margin:10px ;               /*外边距为 10px*/
```

```
    }
  </style>
</head>
<body>
  <div class="box2">这是块级元素(div)</div>
  <span class="box2">这是行级元素(span)</span>
</body>
```

【说明】span 是行级元素，设置的宽度和高度无效。

4. 元素类型及元素类型转换

(1) 从布局角度分析，文档中的元素都可以划归为块级元素和行级元素两种类型，具体分析如下。

- 块级元素，块级元素的宽度为100%，始终占据一行。<h1>~<h6>、<p>、<ul>、<ol>、<li>、<table>、<div>和<body>等元素都是块级元素。
- 行级元素，行级元素没有高度和宽度，行级元素前后没有换行符，没有固定的形状，显示时只占据内容的大小。<a>、<img>、<strong>、<b>、<em>、<i>、<span>和表单元素等都是行级元素。

(2) 进行页面布局时，有些情况下需要对元素类型进行转换。如果希望行级元素具有块级元素的某些特性(如设置宽高)，或者如果需要块级元素具有行级元素的某些特性(如不独占一行排列)，可以使用 display 属性对元素的类型进行转换。

display 属性常用的属性值及含义如下：

- display:inline，元素将显示为行级元素(行级元素默认的 display 属性值)
- display:block，元素将显示为块级元素(块级元素默认的 display 属性值)
- display:inline-block，元素将显示为行内块级元素，可以对其设置宽高和对齐等属性，但是该元素不会独占一行。
- display:none，元素将被隐藏，该元素及其所有内容不再显示，也不占用文档中的空间。

下面通过一个示例来演示 display 属性的用法和效果，如例 6-2-3 所示。

【例 6-2-3】设置行级元素按块级元素显示，本例页面 6-2-3.html 的浏览效果如图 6-6 所示。

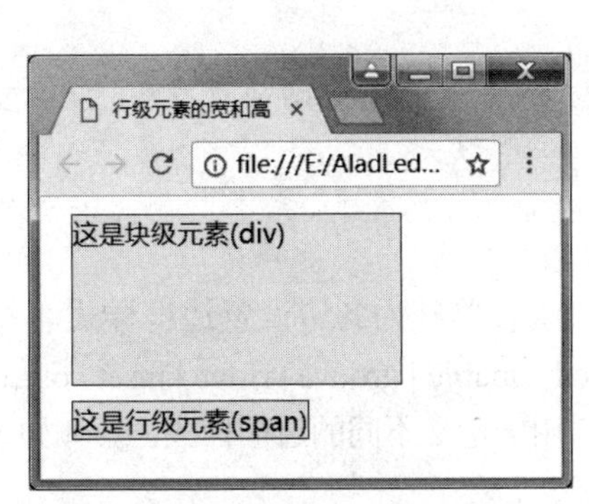

图 6-5　行级元素的宽度和高度

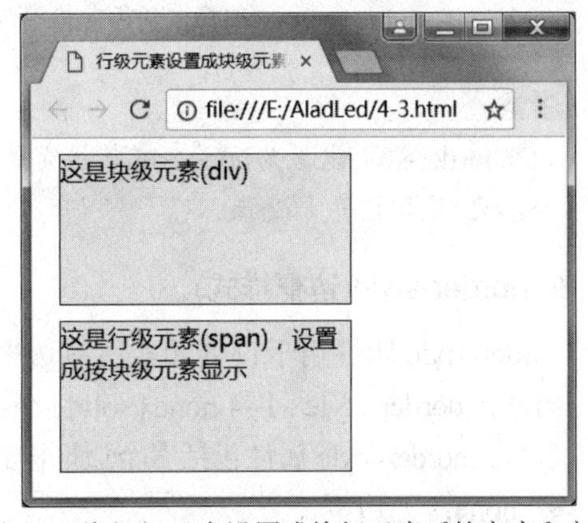

图 6-6　将行级元素设置成块级元素后的宽度和高度

修改例 6-2-2 中的样式定义，在.box2 中添加一行定义 display 属性的代码，设置元素类型显示为块级元素，即可为 span 元素设置宽度和高度，代码如下，浏览效果如图 6-6 所示。

```
display:block;                /*块级元素显示*/
```

6.2.3 盒子边框属性

在网页设计中，经常需要给元素设置边框的显示效果。CSS 边框属性包括边框宽度、边框样式、边框颜色、圆角边框和边框投影等。

1. border-width(边框宽度)

border-width 属性为元素的所有边框设置宽度，或者单独为各个边框设置宽度。

语法：border-width :1~4 medium | thin | thick | length

参数如下。

- medium：定义中等的边框(默认)。
- thin：定义细的边框。
- thick：定义粗的边框。
- length：自定义边框的宽度，常用取值单位为 px。

说明：使用 border-width 属性设置四条边的边框宽度时，必须采用上、右、下、左的顺时针顺序。省略时采用值复制的原则，即如果只有一个值，将用于四条边框；如果有两个值，则用于上下/左右边框；如果有三个值，则第一个用于上边框，第二个用于左边框和右边框，第三个用于下边框。这样的写法称为值复制。

例如，设置段落的边框宽度。

```
p{borer-width:thin; }                /*四边都是细的边框*/
p{borer-width:2px thick; }           /*上下边框宽度为 2px，左右是粗的边框*/
```

可以通过属性border-top-width、border-right-width、border-bottom-width和border-left-width分别设置各条边框的宽度。

又如：

```
border-left-width:3px;          /*左边框宽度为 3px*/
```

注意：

如果border-style设置为none，本属性无效。如果边框样式是 none，边框宽度实际上会重置为 0。不允许指定负宽度值。

2. border-style(边框样式)

border-style 属性用于设置元素所有边框的样式，或者单独为各边设置边框样式。

语法：border-style : 1~4 none | solid | dashed | dotted | double | groove | ridge | inset | outset

参数：border-style 属性包括多个边框样式的参数，用于定义不同的边框样式，具体如下。

- none：无边框。
- solid：边框为单实线。

- dashed：边框为虚线。
- dotted：边框为点线。
- double：边框为双实线。
- groove：根据 border-color 的值画 3D 凹槽。
- ridge：根据 border-color 的值画棱形边框。
- inset：根据 border-color 的值画 3D 凹边。
- outset：根据 border-color 的值画 3D 凸边。

说明：使用 border-style属性设置四条边框的样式时，必须采用上、右、下、左的顺时针顺序。省略时采用值复制的原则，使用方法和border-width相同。

例如，设置段落的边框样式。

```
p{border-style:solid; }                    /*四边都是实线*/
p{border-style:dashed solid; }             /*上下边虚线，左右边实线*/
p{border-style:solid dashed double; }  /*上边实线，左右边虚线，下边双实线*/
```

可以通过属性border-top-style、border-right-style、border-bottom-style和border-left-style分别设置各条边框的样式。

例如：

```
border-top-style:solid;              /*上边框为实线*/
```

注意：

如果 border-width 不大于 0，本属性无效。

3. border-color(边框颜色)

border-color属性用于设置四条边框的颜色，可设置一个元素的所有边框中可见部分的颜色，或者为四条边框分别设置不同的颜色。

语法：border-color :1~4 color

参数：color 的取值有如下几种。

- 预定义的颜色值，如 blue、gray、red 和 yellow 等。
- 十六进制值#RRGGBB。
- RGB 代码 rgb(r,g,b)。

说明：使用border-color属性设置四条边框的颜色时，只设置 1 个、2 个、3 个和 4 个值，使用值复制的原则与边框宽度、边框样式的设置相同。

例如，设置段落的边框颜色。

```
p{border-color:#CCC; }                    /*四条边框的颜色都是灰色*/
p{border-color:#CCC #FF0000; }           /*上下边灰色，左右边红色*/
```

可以通过属性border-top-color、border-right-color、border-bottom-color 和border-left-color 分别设置各条边框的颜色。

例如：

```
border-right-color:#999;            /*右边框灰色*/
```

注意：

如果 border-width 不大于 0 或 border-style 设置为 none，本属性无效。

【例6-2-4】设置边框的样式，本例在浏览器中的显示效果如图6-7所示，页面文件6-2-4.html的关键代码如下。

```
<head>
<meta charset="utf-8">
<title>边框设置</title>
<style>
    .box4{
     width:200px;                    /*宽度为200px*/
     height:100px;                   /*高度为100px*/
     border-width:1px 2px 5px ;      /*上、右、下、左边框宽度分别为1px、2px、5px、2px*/
     border-style:dotted solid double; /*上、右、下、左边框样式分别为点线、实线、双实线、实线*/
     border-color: #333 green;       /*上、右、下、左边框颜色分别为黑色、绿色、黑色、绿色*/
     }
</style>
</head>
<body>
  <p class="box4">勤劳一日,可得一夜安眠；勤劳一生,可得幸福长眠。</p>
</body>
```

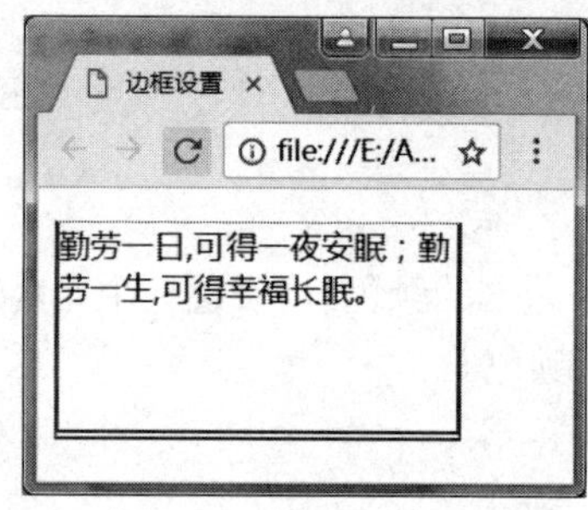

图 6-7　边框样式设置

注意：

定义边框样式时，需要把 border-style 属性的声明放到 border-color 属性之前，元素必须在改变颜色之前获得边框。

4. border(边框综合属性设置)

用复合属性 border-top、border-right、border-bottom 和 border-left 设置一条边框的样式。

语法：border-top: border-width border-style border-color

说明：上面是上边框的复合样式，其他各边框的设置方法与此相同。

例如：

```
border-bottom:2px solid #999;              /*下边框样式为2px的灰色实线*/
```

用 border 属性设置四条边框共同的样式。

语法：border:border-width border-style border-color　　　　/*四条边框的样式*/

例如：

```
border:1px solid green;              /*四条边框都是 1px 的绿色实线*/
```

【例 6-2-5】边框样式综合设置，在例 6-2-4 中，修改.box4 中定义的边框样式，用复合属性进行设置，代码如下。

```
.box4{
      width:200px;                     /*宽度为 200px*/
      height:100px;                    /*高度为 100px*/
      border-top:1px dotted #333;      /*上边框 1px，点线，黑色*/
      border-right:2px solid green;    /*右边框 2px，实线，绿色*/
      border-bottom: 5px double #333;  /*下边框 5px，双实线，黑色*/
      border-left:2px solid green;     /*左边框 2px，实线，绿色*/
   }
```

5. border-radius(圆角边框)

在网页设计中，经常需要设置圆角边框，运用 CSS3 中的 border-radius 属性能实现圆角边框的效果。

语法：border-radius:1~4 length |% / 1~4 length |%

参数如下。

- length：自定义圆角半径的大小，常用取值单位为 px。
- %：以百分比定义圆角半径的大小。
- /前的参数表示圆角的水平半径，/后的参数表示圆角的垂直半径，两个参数之间用“/”隔开。如果只有一个参数，则水平半径和垂直半径相同。

说明：在上面的语法格式中，四个属性值按顺序设置盒子的左上角、右上角、右下角和左下角四个圆角半径。属性值遵循值复制的原则，可以设置 1~4 个值，具体如下。

- 水平半径参数和垂直半径参数只有一个值，则四个角的圆角半径设置相同的值。
- 水平半径参数和垂直半径参数有两个值，则第一个值设置左上和右下的圆角半径，第二个值设置右上和左下的圆角半径。
- 水平半径参数和垂直半径参数有三个值，则第一个值设置左上的圆角半径，第二个值设置右上和左下的圆角半径，第三个值设置右下的圆角半径。
- 水平半径参数和垂直半径参数有四个值，则第一个值设置左上的圆角半径，第二个值设置右上的圆角半径，第三个值设置右下的圆角半径，第四个值设置左下的圆角半径。

【例 6-2-6】设置图片的边框为圆角，本例在浏览器中的显示效果如图 6-8 所示，页面文件 6-2-6.html 的关键代码如下。

```
<head>
   <meta charset="utf-8">
   <title>圆角边框</title>
   <style>
```

```
    img{
      width:150px;                      /*宽度为 150px*/
      border:3px solid #B8860B;         /*边框为 3px 的棕黄色实线*/
      border-radius:30px;               /*圆角半径为 30px*/
    }
    </style>
</head>
<body>
    <img src="img/pic1.jpg" >
</body>
```

【说明】上面代码中的圆角半径只有一个属性值，因此四个角的圆角半径相同。因为只有一个参数，所以水平半径和垂直半径相同，都是 30px。

【例 6-2-7】为四个角设置不同的圆角边框，本例页面 6-2-7.html 的浏览效果如图 6-9 所示。

修改例 6-6 中的代码，为四个角设置不同的圆角半径，代码如下。

```
border-radius: 20px 60px/10px 40px;
```

【说明】上面代码中，设置左上和右下圆角的水平半径为 20px、垂直半径为 10px，右上和左下圆角的水平半径为 60px、垂直半径为 40px。

图 6-8　圆角边框

图 6-9　四角不同的圆角边框

6. box-shadow(盒子阴影)

在网页制作中，有时需要为盒子添加阴影效果。CSS3 的 box-shadow 属性实现了向边框添加一个或多个阴影。

语法：box-shadow: h-shadow v-shadow blur spread color inset

参数如下。

- h-shadow：水平阴影的位置，允许负值，必需。
- v-shadow：垂直阴影的位置，允许负值，必需。
- blur：模糊距离，可选。
- spread：阴影的尺寸，可选。
- color：阴影的颜色，可选。
- inset：将外部阴影(outset)改为内部阴影，可选。

说明：box-shadow 向边框添加一个或多个阴影。多个阴影时由逗号分隔，每个阴影由 2~4

个长度值、可选的颜色值以及可选的 inset 参数规定。省略长度的值是 0。

【例 6-2-8】制作投影按钮，本例在浏览器中的显示效果如图 6-10 所示，页面文件 6-2-8.html 的关键代码如下。

```
<head>
  <meta charset="utf-8">
  <title>按钮投影</title>
  <style>
  a{
    display: block;                              /*块级元素显示*/
    width:100px;
    height:30px ;
    border:1px solid #B8860B;                    /*边框为 1px 的棕黄色实线*/
    border-radius: 3px;                          /*圆角半径为 3px*/
    box-shadow:2px 2px 2px 1px #B8860B;   /*设置向右下投影*/
    text-align:center;                           /*文本水平居中*/
    line-height:30px;                            /*行高为 30px，实现垂直居中*/
  }
  </style>
</head>
<body>
  <a>网站首页</a>
</body>
```

【说明】代码 box-shadow:2px 2px 2px 1px #B8860B;设置向右下投影，水平向右 2px，垂直向下 2px，阴影半径 2px，阴影扩展半径 1px，阴影颜色棕黄色，向外投影。

box-shadow 可以设置阴影的投射方向及添加多重阴影效果，如例 6-2-9 所示。

【例 6-2-9】制作立体按钮，本例页面 6-2-9.html 在浏览器中的显示效果如图 6-11 所示。修改例 6-2-8 中的代码，设置投影方向和双重投影，代码如下。

```
box-shadow:2px 2px 2px 1px #B8860B inset,-2px -2px 2px 1px #B8860B inset;
```

【说明】上述代码设置向内双重投影，左边框向右投影，上边框向下投影，右边框向左投影，下边框向上投影。

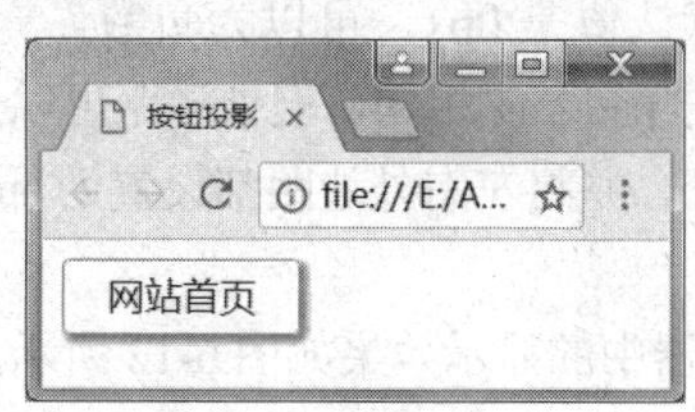

图 6-10　投影按钮

图 6-11　立体按钮

6.2.4　盒子模型的边距属性

CSS 的边距属性包括“内边距”和“外边距”两种，进行页面布局时，经常需要对盒子的内外边距进行设置。

1. padding(内边距)

内边距指的是元素内容与边框之间的距离，也常常称为内填充。内边距的设置属性有padding-top(上内边距)、padding-right(右内边距)、padding- bottom(下内边距)和 padding-lett(左内边距)，可分别设置，也可以用 padding 属性一次设置所有内边距。

语法：padding-top : auto | length
　　　padding-right : auto | length
　　　padding-bottom : auto | length
　　　padding-left : auto | length
　　　padding : 1~4 auto | length

参数如下。

- auto：浏览器自动计算内边距。
- length：内边距值，常用取值单位为 px，默认值是 0px，不能为负数。

说明：使用复合属性 padding 定义内边距时，按顺时针顺序采用值复制的原则，一个值为所有内边距、两个值为上下/左右内边距，三个值为上/左右/下内边距。

2. margin(外边距)

外边距指的是元素边框与相邻元素之间的距离。进行网页设计时，要想拉开盒子与盒子之间的距离、合理地布局网页，就需要为盒子设置外边距。外边距的设置属性有 margin-top、margin-right、margin-bottom 和 margin-left，可以分别设置，也可以用 margin 属性一次设置所有外边距。

语法：margin-top : auto | length
　　　margin-right : auto | length
　　　margin-bottom : auto | length
　　　margin-left : auto | length
　　　margin : 1~4 auto | length

参数如下。

- auto：浏览器自动计算外边距，设置为对边的值。
- length：外边距值，常用取值单位为 px，默认值是 0px，可以为负数。

说明：(1) 复合属性 margin 取 1~4 个值的情况与 padding 相同，但外边距可以使用负值，使相邻元素重叠。(2) 对块级元素应用宽度属性 width，并将左右外边距都设置为 auto，可使块级元素水平居中。

【例 6-2-10】块级元素的边距设置，本例在浏览器中的显示效果如图 6-12 所示，页面文件 6-2-10.html 的关键代码如下。

```
<head>
  <meta charset="utf-8">
  <title>块级元素的边距设置</title>
  <style>
    h3{
      text-align:center;          /*文字水平居中*/
```

```
        }
        .box{
          width:820px;
          height:auto;                  /*高度按实际内容的高度显示*/
          margin:10px auto;             /*上下外边距为 10px，左右水平居中*/
          border:2px solid #333 ;       /*边框为 2px 的浅黑色实线*/
         }
        p{
          padding:20px;                 /*内边距为 20px*/
          margin:10px;                  /*外边距为 10px*/
          border:2px solid #333 ;       /*边框为 2px 浅黑色的实线*/
        }
    </style>
</head>
<body>
    <div   class="box">
      <h3>企业简介</h3>
      <p>公司成立于 2008 年，是一家专业照明亮化工程公司，公司拥有国家一级工程施工资质， 同时也
        是一家集市政路灯、户外亮化、照明工程设计、LED 室内外灯具销售及施工为一体的大型专业
        化"照明工程"公司。</p>
      <p>公司现有员工中专及以上学历的占 66.9%，中级工程师占 32.8%，高级工程师占 11.2%。现已形成
        一支技术精湛，富有敬业、创新精神的专业技术型人才队伍。</p>
    </div>
</body>
```

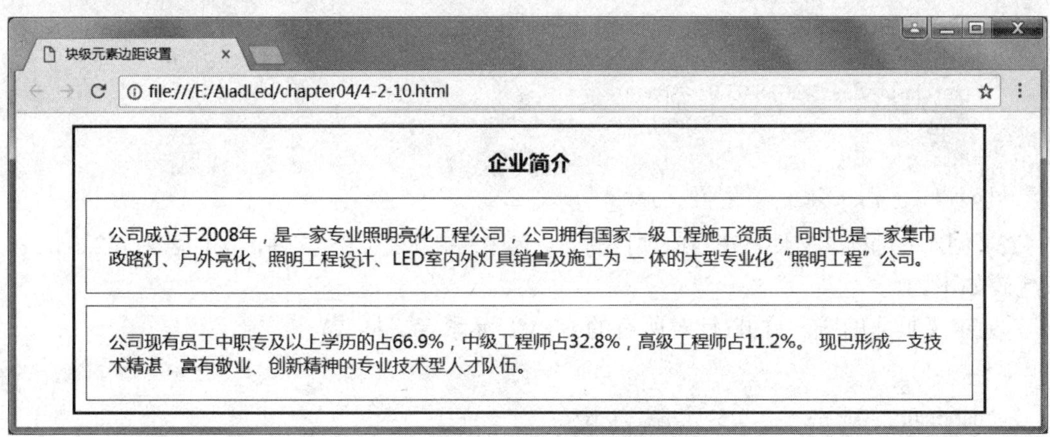

图 6-12　块级元素的边距设置

【说明】(1) 两个元素垂直相遇时，外边距合并，在例 6-2-10 中，两个段落之间的外边距是 10px 而不是 20px。(2) 对块级元素应用宽度属性 width，并将左右外边距都设置为 auto，可使块级元素水平居中，图 6-12 中的 div 分区水平居中。

6.2.5　案例制作

【案例：首页-企业新闻】在 HBuilder 中制作该页面的过程如下。

(1) 创建项目，把需要的图片文件复制到 img 文件夹中。如果已建项目，把图片素材复制到已建项目的 img 文件夹中即可。

(2) 创建网页结构文件，在当前项目中创建 HTML5 网页文件，文件名为 6-2.html，关键代码如下。

```
<head>
   <meta charset="utf-8">
   <title>首页-企业新闻</title>
   <link href="css/6-2.css" type="text/css" rel="stylesheet">
</head>
<body>
   <div class="main_center">
      <h3>企业新闻</h3>
      <ul>
         <li><a href="#">因应智慧汽车概念，ADB 智能 LED 头灯系统发展迅速，ADB 智能 LED 头灯兴起
           </a></li>
   <span class="date">2018-03-30</span>
         <li><a href="">LED 灯具国内业务市场研讨会 LED 灯具国内业务 2017-4-6</a></li>
   <span class="date">2018-03-03</span>
         <li><a href="">车用、MiniLED 等新产品助力，亿光&荣创看好营运服务工作.</a></li>
   <span class="date">2018-03-03</span>
         <li><a href="">OLED 照明市场的机会与挑战 -- LEDinside</a></li>
   <span class="date">2018-03-03</span>
         <li><a href="">江苏加快半导体照明产业发展，2020 年规模将达 1200 亿.</a></li>
   <span class="date">2018-03-03</span>
         <li><a href="">智能照明进入高速发展，工业及商业为最大应用场景.</a></li>
   <span class="date">2018-03-03</span>
      </ul>
   </div>
</body>
```

(3) 创建外部样式文件，在当前项目的 css 文件夹中新建 CSS 文件，文件名为 6-2.css，样式代码如下。

① 定义页面的统一样式(针对所有的 HTML 元素定义样式)。

```
*{
   margin:0;                  /*外边距为 0px*/
   padding:0;                 /*内边距为 0px*/
   box-sizing:border-box;     /*盒子的宽度值和高度值包含元素的内边距和边框*/
   }
body{                        /*设置页面的整体样式*/
   font-family: "微软雅黑"; /*字体为"微软雅黑"*/
   font-size:13px;           /*文字大小为 13px*/
   color:#333;               /*文字颜色为灰色*/
}
```

② 定义企业新闻盒子的样式。

```
.main_center{
  width:390px;
  border-left:3px solid #DDD ;              /*左边框为 3px 的浅灰色实线*/
  border-right:3px solid #DDD ;             /*右边框为 3px 的浅灰色实线*/
  margin-bottom:10px;                       /*下外边距为 10px*/
  float:left;
  padding:0px 20px;                         /*上、下内边距为 0px，左、右内边距为 20px*/
  margin-top:20px ;                         /*上外边距为 20px*/
  margin-left:20px;
}
```

③ h3 标题的样式。

```
h3{
  font-size:16px;
  color:#545861;
  font-weight:500;                          /*文字粗细为 500*/
  margin-bottom:12px ;                      /*下外边距为 120px*/
}
```

④ 定义新闻列表的样式。

```
.main_center ul li{                     /*列表项的样式*/
  border-top:1px dotted #999999;        /*上边框为 1px 的灰色点线*/
  padding:5px 0px;                      /*上、右、下、左内边距依次为 5px、0px、5px、0px*/
  white-space:nowrap;                   /*强制文本不能换行*/
  overflow:hidden;                      /*隐藏溢出文本*/
  text-overflow:ellipsis;               /*溢出文本被裁剪，显示省略标记*/
  line-height:19px;                     /*行高为 19px*/
}
.main_center ul li:before{              /*在列表项内容前插入三角图标*/
  content:url(../img/triangle-icon-blue.jpg);
  padding-right:4px;
}
```

⑤ 定义日期的样式。

```
.main_center.date{
  color:#999999;
  display:block;                 /*块级元素*/
  margin:0 0 10px 10px;          /*上、右、下、左外边距依次为 0px、0px、10px、10px*/
}
```

⑥ 定义无序列表中超链接的样式。

```
ul a{
  text-decoration:none;             /*文本无修饰*/
  color:#333333;
}
```

```
ul a:hover{
    color:red;
    text-decoration:underline;          /*加下画线*/
}
```

(4) 在浏览器中浏览网页，显示效果如图 6-2 所示。

【案例说明】(1) 本例中企业新闻模块左右两侧的竖线，是通过设置“class=main_center”的 div 盒子的左右边框实现的。(2) 每条新闻上面的点线，是通过设置无序列表项 li 的上边框实现的。(3) 通过定义各个元素的内外边距，实现布局的美化。

6.3 背景属性

在网页设计中，经常使用单一纯色或图像作为元素的背景来丰富页面的视觉效果。

6.3.1 案例分析

【案例展示】网站头部设计。

使用 CSS 文本、图片和背景的知识，设计网站头部局部页面，本例文件 6-3.html 在浏览器中的显示效果如图 6-13 所示。

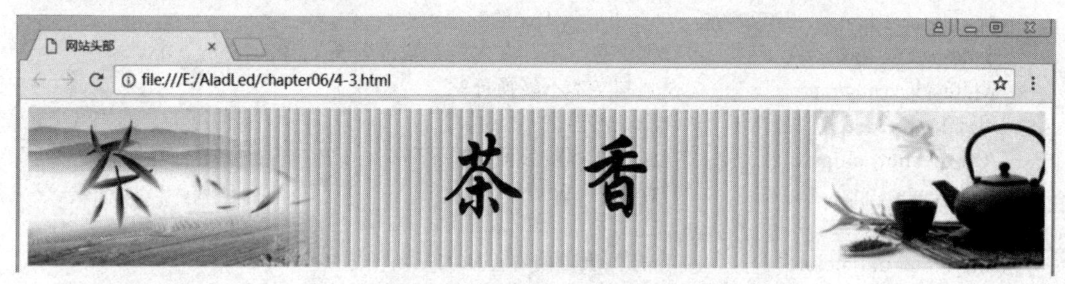

图 6-13　网站头部局部页面

【知识要点】盒子背景颜色、背景图片、渐变背景的设置。

【学习目标】掌握盒子背景属性的设置方法。

6.3.2 background 属性

background 用于设置元素盒子的背景属性。可以设置如下属性。

- background-color：设置背景颜色。
- background-image：设置背景图像。
- background-repeat: 设置如何平铺背景图像。
- background-position: 设置背景图像的位置。
- background-size: 设置背景图像的尺寸。
- background-origin: 设置背景图像的定位区域。
- background-clip：设置背景的绘制区域。

- background-attachment：设置背景图像是否固定或随页面滚动。

设置背景时建议使用 background 属性，而不是分别使用单个属性，因为这个属性在较老的浏览器中能够得到更好的支持，而且需要键入的字母也更少。下面逐个介绍这些属性的用法。

1. background-color(背景颜色)

语法: background-color: color | transparent

参数如下。

- color：指定颜色，可使用预定义的颜色值、十六进制值# RRGGBB 或 RGB 代码 rgb(r,g,b)。
- transparent：默认值，即背景透明，此时子元素会显示其父元素的背景。

说明：background-color 不能继承，如果一个元素没有指定背景色，背景就是透明的，显示其父元素的背景。

【例 6-3-1】背景颜色设置，本例在浏览器中的显示效果如图 6-14 所示，页面文件 6-3-1.html 的关键代码如下。

```
<head>
  <meta charset="utf-8">
  <title>背景颜色设置</title>
  <style>
    h3{
    text-align:center;                              /*文字水平居中*/
      }
    body{
      background-color: #EEEEEE;          /*背景颜色*/
    }
    p{
      border:5px dotted #333;                  /*边框是 5px 的浅黑色点线*/
      padding:20px;                                /*内边距为 20px*/
      background-color:rgb(220,230,230); /*背景颜色*/
    }
  </style>
</head>
<body>
  <h3>企业简介</h3>
  <p>公司成立于 2008 年，是一家专业照明亮化工程公司，公司拥有国家一级工程施工资质，同时也是一
    家集市政路灯、户外亮化、照明工程设计、LED 室内外灯具销售及施工为一体的大型专业化"照明
    工程"公司。</p>
</body>
```

【说明】(1) 标题文本没有设置背景色，默认为透明背景(transparent)，显示其父元素的背景颜色。(2) 背景颜色设置包括元素盒子的内边距和边框。

2. background-image(背景图像)

语法：background-image : url(url) | none

参数如下。

- url：表示要插入背景图片的路径。
- none：表示不加载图片。

【例 6-3-2】背景图像设置，本例文件 6-3-2.html 的浏览效果如图 6-15 所示。

在例 6-3-1 的基础上，修改 CSS 样式，代码如下。

```
<style>
    h3{
      text-align: center;                    /*文字水平居中*/
      }
   body{
     background-image:url(img/bg1.jpg);    /*设置背景图像*/
    }
   p{
    border:5px dotted #333;                /*边框是 5px 的浅黑色点线*/
    padding:20px;                          /*内边距为 20px*/
    }
</style>
```

【说明】当背景图像的大小小于应用该背景的盒子时，背景自动沿水平和垂直方向平铺。

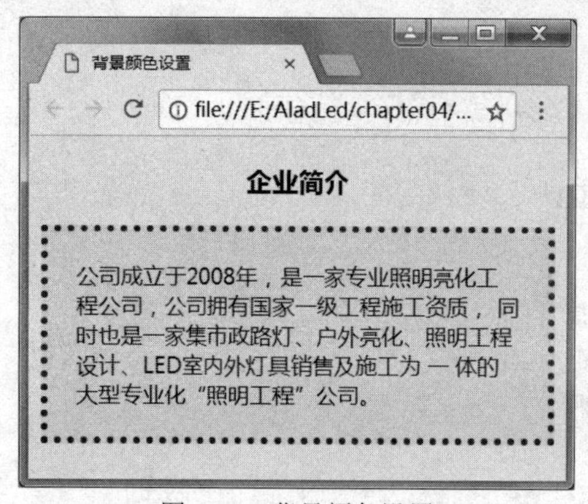

图 6-14　背景颜色设置

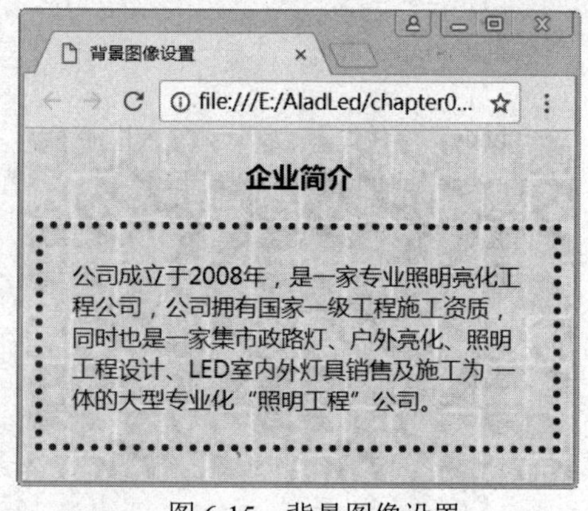

图 6-15　背景图像设置

3. background-repeat(设置背景平铺)

默认情况下，背景图像会自动沿着水平和垂直两个方向平铺，如果不希望图像平铺，或者只沿着一个方向平铺，可以通过 background-repeat 属性来控制。

语法：background-repeat : repeat | no-repeat | repeat-x | repeat-y

参数如下。

- repeat：沿水平和垂直两个方向平铺(默认值)。
- no-repeat：不平铺(图像位于元素的左上角，只显示一幅)。
- repeat-x：只沿水平方向平铺。
- repeat-y：只沿垂直方向平铺。

【例 6-3-3】设置背景图像不平铺，本例文件 6-3-3.html 的浏览效果如图 6-16 所示。

在例 6-3-2 的基础上，修改<body>标签的 CSS 样式，代码如下。

```
body{
    background-image: url(img/bg2.jpg);     /*设置背景图像*/
    background-repeat: no-repeat;              /*背景不平铺*/
  }
```

【说明】设置背景图像不平铺时，背景图像位于所在盒子的左上角。本例中<body>的背景图像设置为 no-repeat，背景图像位于 HTML 页面的左上角。

【例 6-3-4】设置背景图像水平平铺，本例文件 6-3-4.html 的浏览效果如图 6-17 所示。

在例 6-3-2 的基础上，修改<body>标签的 CSS 样式，代码如下。

```
body{
    background-image: url(img/bg2.jpg);     /*设置背景图像*/
    background-repeat:repeat-x;              /*背景水平平铺*/
}
```

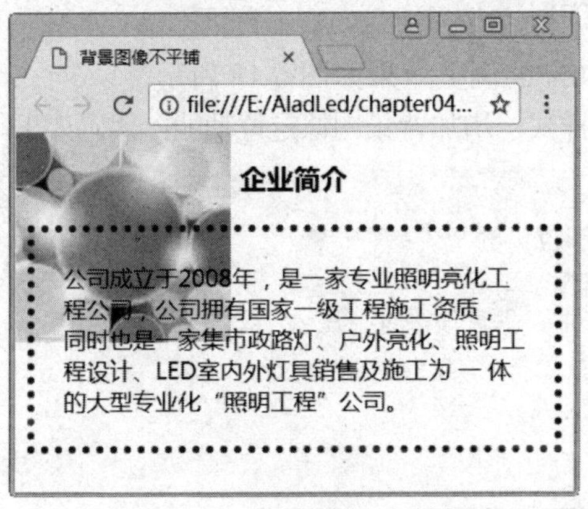

图 6-16　背景图像不平铺

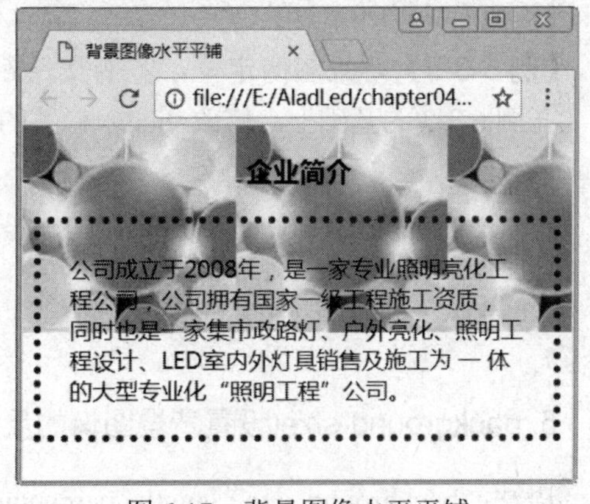

图 6-17　背景图像水平平铺

4. background-position(设置背景位置)

在网页中设置背景图像时，默认以元素盒子的左上角为基准点开始显示背景。可以使用 CSS 的 background-position 属性设置背景图像的起始位置。

语法：background-position:length | length 或 background-position:position | position

参数如下。

- length：百分比或者由数字和单位标识符组成的长度值。
- position：top、center、bottom、left、center 和 right 之一。

说明：利用百分比和长度来设置图片位置时，都要指定两个值，并且这两个值都要用空格隔开。一个代表水平位置，另一个代表垂直位置。

设置背景定位有以下 3 种方法。

(1) 使用关键字指定背景图像在元素盒子中的对齐方式。

水平方向值：left、center、right。垂直方向值：top、 center、 bottom。

两个关键字的顺序任意，若只有一个值，则另一个默认为 center。

例如，设置背景在盒子顶部中间显示。

```
background-position:center top;
```

(2) 使用长度进行背景定位，最常用的长度单位是像素(px)，直接设置图像左上角在元素盒子中的位置。

例如，设置背景在距盒子左侧 30px、距顶部 50px 的位置开始显示。

```
background-position:30px 50px;
```

(3) 使用百分比进行背景定位，其实是将背景图像按百分比指定的位置和元素的百分比位置对齐。

例如，设置背景与盒子的左上角对齐显示。

```
background-position:0% 0%;
```

又如，设置背景与盒子的中央对齐显示。

```
background-position:50% 50%;
```

【例 6-3-5】背景图像定位，本例文件 6-3-5.html 的浏览效果如图 6-18 所示。

在例 6-3-3 的基础上，修改<body>标签的 CSS 样式，增加背景图像定位功能，代码如下。

```
body{
  background-image:url(img/bg03.jpg);   /*设置背景图像*/
  background-repeat:no-repeat;          /*背景不平铺*/
  background-position:50% top;          /*背景水平居中、垂直顶端对齐显示*/
}
```

5. background-size(设置背景图像的尺寸)

语法：background-size : length | percentage | cover | contain

参数如下。

- length：设置背景图像的高度和宽度。第一个值设置宽度，第二个值设置高度。如果只设置一个值，则第二个值会被设置为“auto”。
- percentage：以父元素的百分比来设置背景图像的宽度和高度。第一个值设置宽度，第二个值设置高度。如果只设置一个值，则第二个值会被设置为“auto”。
- cover：把背景图像扩展至足够大，以使背景图像完全覆盖背景区域。背景图像的某些部分也许不会显示在元素盒子中。
- contain：把背景图像扩展至最大尺寸，以使其宽度和高度完全适应内容区域。元素盒子的某些区域可能没有背景图像。

【例 6-3-6】设置背景图像大小，本例文件 6-3-6.html 的浏览效果如图 6-19 所示。

在例 6-3-3 的基础上，修改<body>标签的 CSS 样式，设置背景图像大小，代码如下。

```
body{
  background-image: url(img/bg03.jpg);   /*设置背景图像*/
  background-repeat:no-repeat;           /*背景不平铺*/
```

```
    background-size:cover;                    /*设置背景大小完全覆盖背景区域*/
}
```

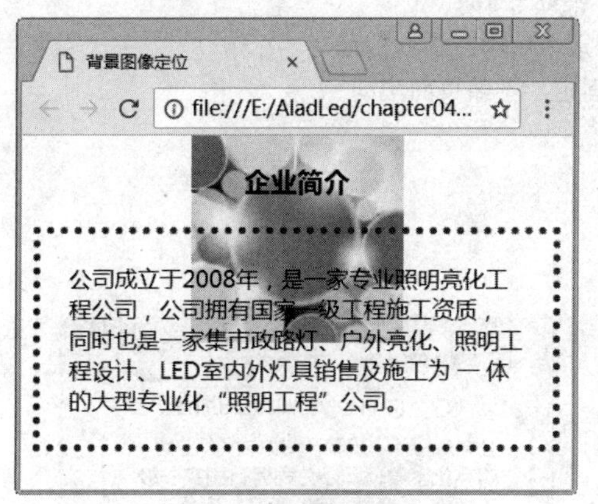

图 6-18　背景图像定位显示

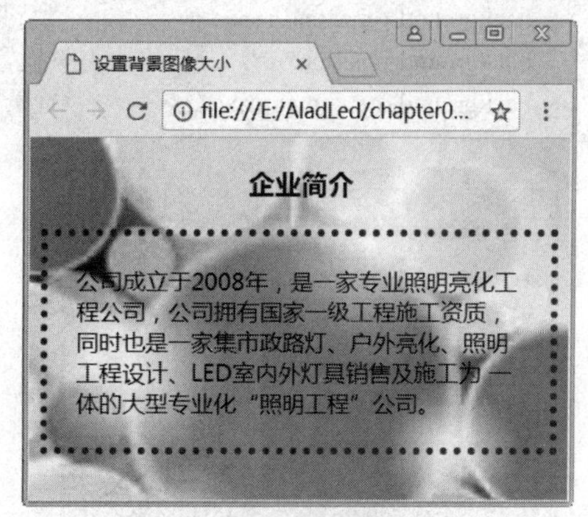

图 6-19　设置背景图像大小

6. background-clip(设置背景图像的显示区域)

语法：background-clip : border-box | padding-box | content-box

参数如下。

- border-box：设置背景图像覆盖到盒子边框。
- padding-box：设置背景图像覆盖到盒子内边距。
- content-box：设置背景图像覆盖到内容区域。

【例 6-3-7】设置背景图像的显示区域，本例文件 6-3-7.html 的浏览效果如图 6-20 所示。

在例 6-3-1 的基础上，修改<p>标签的 CSS 样式，设置背景图像覆盖到盒子边框，CSS 代码如下。

```
p{
    border:5px dotted #333;                    /*边框是 5px 的浅黑色点线*/
    padding:20px;                              /*内边距为 20px*/
    background-image:url(img/bg2.jpg);         /*设置背景图像*/
    background-clip:border-box;                /*背景图像覆盖到盒子边框*/
}
```

7. background-attachment(设置背景图像是否固定或随页面滚动)

语法：background-attachment : scroll | fixed

参数如下。

- scroll：默认值。背景图像会随着页面的滚动而移动。
- fixed：背景图像固定，当页面滚动时背景图像不会移动。

【例 6-3-8】设置背景图像是否固定或随页面滚动，本例文件 6-3-8.html 的浏览效果如图 6-21 所示。

在例 6-3-5 的基础上，修改<body>标签的 CSS 样式，设置背景图像固定，代码如下。

```
body{
    background-image:url(img/bg2.jpg);      /*设置背景图像*/
    background-repeat:no-repeat;             /*背景不平铺*/
    background-position:50% top;             /*设置背景水平居中、垂直顶端对齐显示*/
    background-attachment:fixed;             /*背景图像固定，不随页面滚动*/
}
```

图 6-20　设置背景图像显示区域

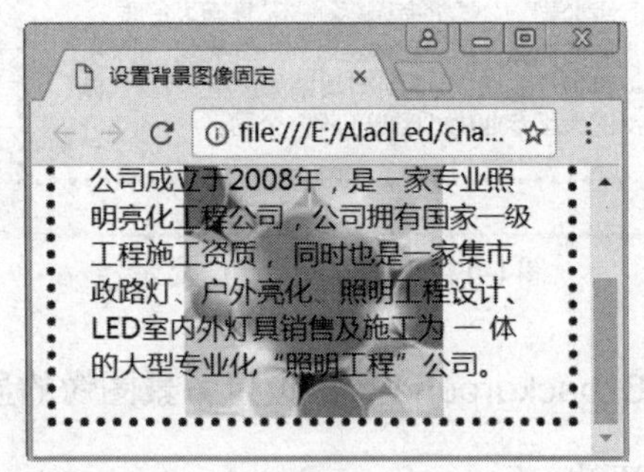

图 6-21　设置背景图像固定

8. background-origin(设置背景图片的定位区域)

语法：background-origin : border-box | padding-box | content-box

参数如下。

- border-box：设置背景从边框开始绘制。
- padding-box：设置背景在边框内部绘制(不包括边框)。
- content-box：设置背景从内容区域绘制。

说明：background-origin 相当于 position，规定了图片开始绘制的区域，也就是规定图片的左上角从什么地方开始，其他不管。

9. background(设置背景的复合属性)

在 CSS 中，background 属性是复合属性，可以将背景相关的样式综合定义在复合属性 background 中。使用 background 属性综合设置背景样式的语法格式如下。

```
background : [background-color] [background-image] [background-repeat][background-position][background-size][background-clip] [background-attachment]
```

在上面的语法格式中，各个样式顺序任意，对于不需要的样式可以省略。

【例 6-3-9】用复合属性实现例 6-3-8 的显示效果，并增加背景颜色，本例文件 6-3-9.html 的浏览效果如图 6-21 所示。

在例 6-3-8 的基础上，修改<body>标签的 CSS 样式，代码如下。

```
body{
    background:#DDDDDD url(img/bg2.jpg) no-repeat 50% top fixed;
}
```

10. 设置多重背景图像

CSS3中增强了背景图像的功能，允许在一个盒子里显示多个背景图像，使背景图像的效果更容易控制。通过 background-image、background-repeat、background-position 和 background-size 等属性，通过提供多个属性值可以实现多重背景图像效果，各属性值之间用逗号隔开。

【例 6-3-10】设置多重背景图像，本例在浏览器中的显示效果如图 6-22 所示，页面文件 6-3-10.html 的关键代码如下。

```
<head>
  <meta charset="utf-8">
  <title></title>
  <style>
    .d1{
      width:600px;
      height:385px;
      background:url(img/sun.png),url(img/car.png),url(img/bg3.jpg);
      background-repeat: no-repeat;
      background-position:300px -30px,100px 260px,left bottom;
      background-size:200px 200px,300px 100px,600px 385px;
    }
  </style>
</head>
<body>
  <div class="d1">
  蓝天，白云，绿草，豪车......
  </div>
</body>
```

图 6-22　多重背景图像设置

【说明】background 属性中应用的背景图片，将按出现顺序从上到下层叠显示。

6.3.3 CSS 渐变背景

CSS 渐变是CSS3中新增的<image>类型。使用 CSS 渐变可以在两种颜色间产生平滑的渐变效果，用它代替图片，可以加快页面的载入时间、减小带宽占用。同时，因为渐变是由浏览器直接生成的，它在页面缩放时的效果比图片更好，因此可以更灵活、便捷地调整页面布局。CSS3的渐变属性主要有线性渐变和径向渐变两种。

1. 线性渐变

在线性渐变过程中，指定颜色从起始颜色开始沿着渐变方向按顺序过渡到结束颜色。

语法：background : linear-gradient(direction | angle, color1 [position1],…,colorn [positionn])

参数如下。

- direction：to 加 left、right、top 和 bottom 等关键词，表示渐变方向。
- angle：渐变角度，单位为 deg，指水平线与渐变线之间的角度，以顺时针方向旋转。0deg 表示创建从底部到顶部的垂直渐变，90deg 表示创建从左到右的水平渐变。
- color：颜色值，用于设置渐变颜色，其中 color1 表示起始颜色，colorn 表示结束颜色。起始颜色和结束颜色之间可以添加多个颜色值，各颜色值之间用“，”隔开。
- position：颜色停止位置，一般使用百分比位置。

说明：不设置渐变角度时，默认为 180deg，等同于 to bottom；不设置颜色停止位置时，颜色自动均匀地隔开。

【例 6-3-11】设置渐变背景，本例文件 6-3-11.html 的浏览效果如图 6-23 所示。

在例 6-3-1 的基础上，修改 CSS 样式，为<body>和<p>设置渐变背景，CSS 代码如下。

```
<style>
  h3{
    text-align: center;                                   /*文字水平居中*/
    }
  body{
    width:96%;
    height:240px;
    background: linear-gradient(to top,#fff,#0FF);        /*向上的渐变背景*/
     }
  p{
    width:260px;
    border:5px dotted #333;                               /*边框是 5px 的浅黑色点线*/
    padding:20px;                                         /*内边距为 20px*/
    background:linear-gradient(90deg,#FF0,#FFF 80%,#FF0); /*向右的渐变背景*/
    margin:10px auto;
  }
</style>
```

【说明】在 background:linear-gradient(90deg,#FF0,#FFF 80%,#FF0);设置的渐变颜色中，第一个和最后一个颜色没有指定位置，位置值 0%和 100%将分别自动分配给第一个和最后一个颜色。中间的颜色指定 80%的位置，指到该位置结束，把剩下的部分留给底部。

2. 重复线性渐变

语法：background : repeating-linear-gradient(direction | angle, color1 [position1],……, colorn [positionn])

参数：参考线性渐变的参数。

【例 6-3-12】设置重复线性渐变，本例文件 6-3-12.html 的浏览效果如图 6-24 所示，关键代码如下。

```
<head>
  <meta charset="utf-8">
  <title></title>
  <style>
    .d1{
      border:1px solid #333;
      margin:5px ;
      width:200px;
      height:100px;
      background:repeating-linear-gradient(-45deg, red, red 5px, white 5px, white 10px);
    }
    .d2{
      border:1px solid #333;
      margin:5px ;
      width:200px;
      height:100px;
      background: repeating-linear-gradient(0deg, blue, white 10%, #0FF 20%);
  }
</style>
</head>
<body>
  <div class="d1"></div>
  <div class="d2"></div>
</body>
```

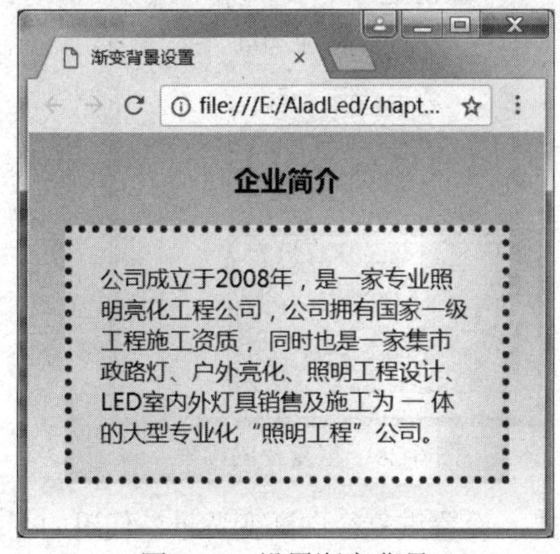

图 6-23　设置渐变背景

图 6-24　重复线性渐变

3. 径向渐变

径向渐变是网页中另一种常用的渐变，在径向渐变过程中，起始颜色会从中心位置开始，依据椭圆或圆形形状进行扩张渐变。

语法：background : radial-gradient([shape] [center],color1[position1],…, colorn[positionn])

参数如下。

- shape：定义形状，取值为 circle(圆形)或 ellipse(椭圆形)。默认值是 ellipse。
- center：渐变的中心位置，使用 at 加上关键字或参数值来定义径向渐变的中心位置。圆心的横坐标取值可以是百分数、像素值、left、center 和 right；圆心的纵坐标值可以是百分数、像素值、top、center 和 bottom。省略参数时，默认为 center。
- color：参考线性渐变中的参数说明。
- position：参考线性渐变中的参数说明。

【例 6-3-13】设置径向渐变，本例文件 6-3-13.html 的浏览效果如图 6-25 所示。

在例 6-3-12 的基础上，修改.d1 和.d2 的 CSS 样式，设置径向渐变背景，关键代码如下。

.d1 背景：

```
background:radial-gradient(ellipse at 50% 50%, red, yellow 10%, #1E90FF 50%, white);
```

.d2 背景：

```
background:radial-gradient(circle at left top, red, white 10%, #1E90FF 50%, white);
```

【说明】.d1 定义了椭圆形径向渐变，渐变中心位置在盒子中心，实现红、黄、蓝、白四色径向渐变。.d2 定义了圆形径向渐变，渐变中心位置在盒子左上角，实现红、白、蓝、白四色径向渐变。

4. 重复径向渐变

语法：background:repeating-radial-gradient([shape][center],color1[position1],…, colorn[positionn])

参数：参考径向渐变相关参数的讲解。

【例 6-3-14】设置重复径向渐变，本例文件 6-3-14.html 的浏览效果如图 6-26 所示。

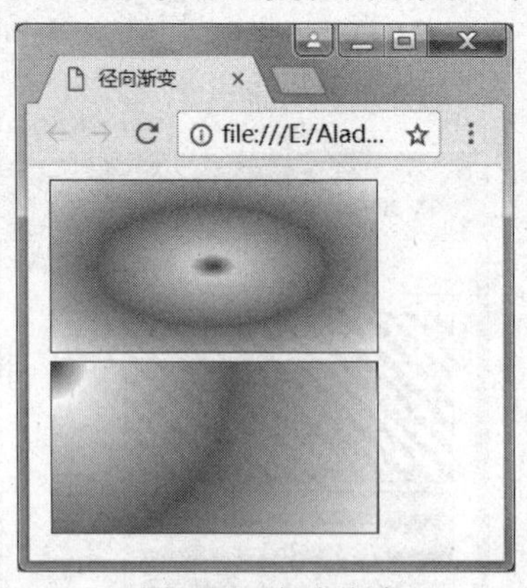

图 6-25　径向渐变

图 6-26　重复径向渐变

在例 6-3-13 的基础上，修改.d1 和.d2 的 CSS 样式，设置重复径向渐变背景，代码如下。

.d1 背景：

```
background:repeating-radial-gradient(ellipse, red , yellow 5%, #1E90FF 10%, white 20%);
```

.d2 背景：

```
background:repeating-radial-gradient(circle at top, red, white 5%, #1E90FF 10%, white 15%);
```

【说明】在.d1 定义中，省略了渐变中心位置的定义，默认为盒子中心。在.d2 定义，定义渐变中心位置时，只有一个参数，默认横坐标是 center。

6.3.4　背景和图像不透明度设置

在进行网页制作时，如果希望背景或图像有滤镜(模糊)效果，可以通过设置不透明度来实现。CSS 通过引入 RGBA 模式和 opacity 属性，对背景与图片进行不透明度设置。

1. RGBA 模式

RGBA 是 CSS3 新增的颜色模式，是 RGB 颜色模式的延伸，在红、绿、蓝三原色的基础上添加了不透明度参数。

语法：

```
rgba(r,g,b,a)
```

参数如下。

- r：红色值，取值 0~255 | 0%~100%。
- g：绿色值，取值 0~255 | 0%~100%。
- b：蓝色值，取值 0~255 | 0%~100%。
- a：alpha 透明度。取值为 0.0(完全透明)和 1.0(完全不透明)之间的数字。

例如：

```
background:rgba(144,238,144,0.5);    /*半透明的青苹果绿*/
border:2px solid rgba(0,0,0,0.3);       /*边框粗细为 2px、实线、黑色、0.3 透明度*/
```

说明：rgba()只作用于元素的颜色或背景色。设置了 rgba 透明的元素的子元素不会继承透明效果。

2. opacity 属性

在 CSS3 中，可以使用 opacity 属性设置元素呈现出透明效果。

语法：opacity : value

参数如下。

value：不透明度的值，取值为 0.0(完全透明)和 1.0(完全不透明)之间的数字。

例如：

```
div{opacity:0.6; } /*定义 div 元素的不透明度为 0.6*/
```

说明：opacity 作用于元素以及元素内所有内容的透明度。

【例 6-3-15】设置透明度，本例文件 6-3-15.html 的浏览效果如图 6-27 所示，关键代码如下。

.d1 样式的背景设置：

```
background:linear-gradient(to right, rgba(255,255,255,0), rgba(255,255,255,1)) , url(img/bg4.jpg);
```

.d2 样式的背景设置：

```
background:url(img/bg4.jpg);
```

.d3 样式的背景设置：

```
background:url(img/bg4.jpg);
opacity:0.5;
```

图 6-27　透明度设置效果

6.3.5　案例制作

【案例：网站头部设计】6-3.html 的文档代码如下。

```
<head>
  <meta charset="utf-8">
  <title>网站头部</title>
  <style>
    div{
      width:1000px;
      height:150px;
      background:url(img/bg16.png) 0 0, repeating-linear-gradient(90deg,#fff,#84f14d 1%);/*多重背景设置*/
      background-repeat: no-repeat;
      margin: 0 auto;   /*实现左右居中显示*/
    }
    .img2{
      height:150px;
      float:right;
      }
    p{
      font-family: "华文行楷";
      font-size:90px;
      margin-top:20px;
```

```
            margin-left:400px;
            float:left;
        }
    </style>
</head>
<body>
    <div>
        <p>茶 香</P>
        <img src="img/bg17.jpg" class="img2">
    </div>
</body>
```

6.4 实训

【实训任务】设计爱德照明网页头部和导航局部页面。本例文件 6-4.html 在 Chrome 浏览器中的显示效果如图 6-28 所示。

图 6-28　网页头部和导航局部页面

【知识要点】盒子模型的基本属性、背景颜色以及背景图像的各种属性和设置方法。

【实训目标】掌握盒子模型各属性的功能，并能通过定义盒子模型的各个属性来美化页面；掌握背景颜色和背景图像的定义方法，并能对页面元素进行背景设计。

6.4.1　任务分析

1. 页面结构分析

根据页面效果图和经验分析得出，页面整体内容可以放在一个盒子中进行布局，包括网页头部、导航和网页正文等，本例只设计网页头部和导航局部页面。

在网页头部设置背景颜色和背景图片，背景图片上方的左侧显示网站 Logo，右侧显示超链接文本，中部显示网站主题“照明材料”。导航部分是到其他页面的超链接。

2. CSS 样式分析

(1) 整个页面的布局通过盒子模型实现，外层盒子 body 的宽度为 1050px，左右居中。在 body 中，自上而下地放置头部(header)、导航(nav)。

(2) 为网页头部同时设置了背景颜色和背景图像，并对背景图像进行了定位显示。背景图像上方的网站 Logo 居左显示，“官方微信”“管理员登录”“会员注册”超链接文本用一个 div 放置居右显示，“照明材料”所在的盒子通过设置外边距实现合理布局。

(3) 为导航部分设置了线性渐变的背景，nav 的宽度和 body 的宽度相同，用 CSS 定义导航样式。

6.4.2 任务实现

1. 创建页面文件

(1) 启动 HBuilder，把需要的图片资料复制到当前项目的 img 文件夹中。

(2) 在当前项目中新建一个 HTML5 文档，文件名为 6-4.html，页面文件结构代码如下。

```
<head>
   <meta charset="utf-8">
   <title>网页头部和导航</title>
   <link href="css/6-4.css" type="text/css" rel="stylesheet" />
</head>
<body>
   <header>
       <img class="header-left" src="img/logo.png" >
       <div class="header-right">
           <a href="#"><img src="img/wechat1.png"/>官方微信</a> <span style="color:#930">|</span>
           <a href=" " target="_blank">管理员登录</a> <span style="color:#930">|</span>
           <a href=" " target="_blank">会员注册</a>
       </div>
      <div class="header-text">照明材料</div>
    </header>
<nav>
      <a href=" ">首页</a>
      <a href="#">产品中心</a>
      <a href="#">工程案例</a>
      <a href="#">新闻动态</a>
      <a href="#">招商加盟</a>
      <a href="#">关于我们</a>
      <a href="#">联系方式</a>
  </nav>
  </body>
```

2. 创建 CSS 样式文件

创建外部样式文件，在当前项目的 css 文件夹中新建一个 CSS 文件，文件名为 6-4.css，样式代码如下。

(1) 整个页面 body 的样式，宽度为 1050px，左右居中，并定义文本的字体、大小和颜色。

```
*{  padding:0;   margin:0; }
body{                              /*设置页面的整体样式*/
   width:1050px;                    /*宽度为 1050px*/
   margin:0 auto;                  /*页面左右居中对齐*/
   font-family: "微软雅黑";        /*字体为"微软雅黑"*/
   font-size:13px;                 /*文字大小为 13px*/
   color:#333;                     /*文字颜色为灰色*/
   position:relative               /*相对定位*/
}
```

(2) 网页头部的CSS样式，设置背景颜色和背景图像，背景图像离顶部50px。

```
header {
   height:250px;                                /*高度为 250px*/
   background-color:#FFFFEE ;                   /*背景颜色*/
   background-image:url(../img/banner.jpg);     /*背景图像*/
   background-repeat: no-repeat;                /*背景图像不平铺*/
   background-position: center 50px;          /*背景图像位置，左右居中，离顶部 50px*/
   }
```

(3) 网站Logo、官方微信、管理员登录和会员注册超链接的样式定义。

```
.header-left{
   height:50px;                 /*高为 50px*/
      }
.header-right{
   width:250px;
   height:50px;
   line-height:50px;            /*行高为 50px*/
   float:right;                 /*向右浮动*/
   }
.header-right img{
   width:25px;
   height:21px;
   }
.header-right a{               /*普通链接和访问过的链接的样式*/
   text-decoration:none;       /*文本无修饰*/
   color:#111111;
   }
```

(4) 头部文本“照明材料”的CSS样式，通过外边距设置显示位置。

```
.header-text{
   font-size:40px;
   color:#4FAC00;
   margin-top:10px;
   margin-left:150px;
}
```

(5) 导航栏样式，定义高度、上下边框和渐变背景。

```
nav {
    margin-bottom:5px;
    height:36px;
    background-image:linear-gradient(0deg,#9cf,#fff 60%,#9cf 100%);
    border-bottom:1px solid #DBEAEE;
    border-top:1px solid #DBEAEE;
}
```

(6) 导航栏中超链接的样式，把超链接标签<a>转换成inline-block元素后，设置宽度和高度，通过设置行高、内边距、外边距和文本居中等属性，实现合理的布局效果。

```
nav a{
    display:inline-block;            /*行内级联元素*/
    width:90px;
    height:36px;
    line-height:36px;             /*行高 36px，实现上下垂直居中*/
    padding:0px 8px 0px 8px;  /*上、右、下、左内边距依次为 0px、8px、0px、8px*/
    margin:0 10px 0 20px;        /*上、右、下、左外边距依次为 0px、10px、0px、20px*/
    text-decoration:none;          /*链接无修饰*/
    text-align:center;              /*文本居中对齐*/
    font-family:tahoma;
    font-size:14px;
    color:#333;
    font-weight:bold;              /*字体加粗*/
}
```

3. 浏览网页

在 Chrome 浏览器中浏览网页，效果如图 6-28 所示。

6.5 本章小结

本章全面讲述了盒子模型的各种属性及其设置方法。首先，介绍了盒子模型的基本概念。接下来，介绍了盒子的各种外观属性及其设置方法，包括盒子的宽高、边框属性、边距属性等。之后，介绍了盒子的背景属性及其设置方法，包括背景颜色、背景图像、渐变背景等。最后，通过案例制作，演示了如何在网页中灵活设置元素盒子的各种属性以达到合理的显示效果。

6.6 练习题

1. 使用盒子模型的属性，设计如图 6-29 所示的首页联系方式局部页面。
2. 使用 CSS 对页面中的元素进行修饰，制作完成后的效果如图 6-30 所示。

图 6-29　首页联系方式局部页面

图 6-30　相框制作

3. 使用 CSS 对页面中的元素进行修饰，制作完成后的效果如图 6-31 所示。
4. 使用 CSS 设计如图 6-32 所示的图形。

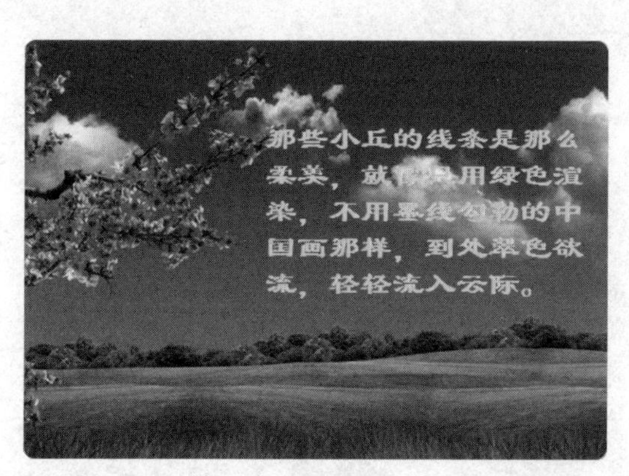

图 6-31　背景设置

图 6-32 图形设计

5. 使用 CSS 设计如图 6-33 所示的播放按钮。

图 6-33　设计播放按钮

第 7 章 网页布局设计

传统网页是采用表格进行布局的，但这种方式已经逐渐淡出设计舞台，取而代之的是符合Web 标准的 DIV+CSS 布局方式。另外，HTML5 中又新增了网页结构布局标签，更方便了页面的布局设计。本章将详细介绍网页布局技术及实际应用。

本章的学习目标：

- 理解布局标签+CSS 的页面布局方式，掌握对页面进行分块的技术。
- 掌握结构元素的使用，使页面分区更明确。
- 理解元素的浮动，能够为元素设置浮动样式。
- 熟悉清除浮动的方法，能够使用不同方法清除浮动。
- 掌握元素的定位，能够为元素设置常见的定位模式。
- 掌握典型的 CSS 布局，能够使用 CSS 布局样式。

7.1 网页布局标签

除了传统的 div 以外，HTML5 中新增了网页结构布局标签，包括 header、nav、article、footer 等标签，它们进一步方便了页面布局设计。

7.1.1 布局标签+CSS 布局的优点

布局标签+CSS布局是一种网页布局方法，是目前应用最广泛的网页布局方法。把网页用布局标签和CSS布局后，可以使网页的内容(页面结构)与表现(CSS)相分离，这样代码会更简洁，有利于增强用户的体验。

布局标签+CSS布局不仅是设计方式的转变，而且也是设计思想的转变，这一转变为网页设计带来了许多便利。采用布局标签+CSS布局方式的优点如下：

- 布局标签用于搭建网页结构，CSS 用于创建网页表现，将表现与内容分离，便于大型网站的协作开发和维护。
- 缩短了网站的改版时间，设计者只要简单地修改 CSS 文件就可以轻松地改版网站。
- 强大的字体控制和排版能力，使设计者能够更好地控制页面布局。

- 使用只包含结构化内容的HTML代替嵌套的标签，可以提高搜索引擎对网页的索引效率。
- 可以同时对多个网页的格式进行更新。

7.1.2 页面分块

使用布局标签+CSS布局页面时，首先对页面在整体上用div及其他网页结构布局标签进行分块，然后对各个块进行CSS定位，最后在各个块中添加相应的内容。

div以及新增的页面结构布局标签可以嵌套，可以实现更为复杂的页面排版。

【例7-1-1】未嵌套的div布局效果如图7-1所示，页面代码如下，CSS样式定义部分请参考配套源码。

```
<body>
  <header>此处显示"header"的内容</header>
  <div id="main">此处显示 id "main"的内容</div>
  <footer>此处显示"footer"的内容</footer>
</body>
```

以上代码中用header、div和footer标签对页面进行分割，它们之间是并列关系，没有嵌套。在页面布局结构中以垂直方向顺序排列。而在实际工作中，这种布局方式并不能满足工作需要，经常会遇到div之间的嵌套。

【例7-1-2】嵌套的div布局效果如图7-2所示，页面代码如下，CSS样式定义部分请参考配套源码。

```
<body>
<div id="container">
    <header>此处显示"header"的内容</header>
    <div id="main">
        <div id="mainbox">此处显示 id= "mainbox"的内容</div>
        <div id="sidebox">此处显示 id ="sidebox"的内容</div>
    </div>
    <footer>此处显示"footer"的内容</div>
  </div>
</body>
```

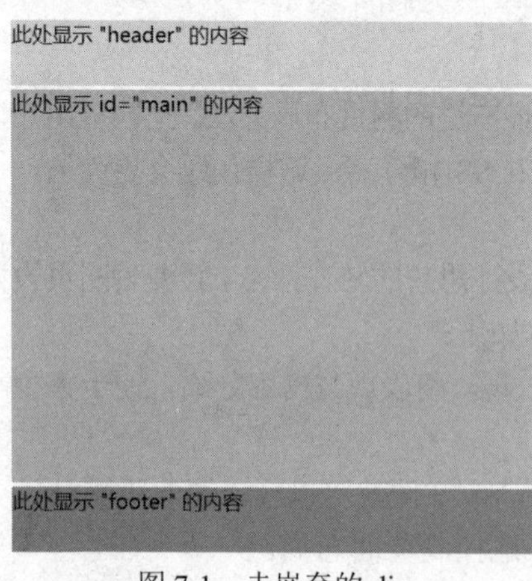

图7-1　未嵌套的div

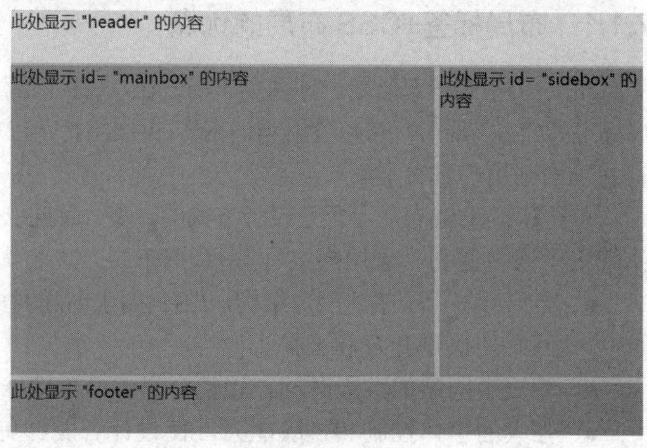

图7-2　嵌套的div

在本例中，id="container"的div作为存放其他元素的容器，嵌套了其他所有元素。id="main"的div容器内嵌套了id="mainbox"和"sidebox"的两个div。

7.1.3　页面结构标签

HTML5中新增了用于网页结构定义的标签，包括header、nav、article、aside、section、footer、figure和figcaption等。这使得在网页结构上定义与使用标签更加语义化，让搜索引擎以及工程师能够更加迅速地理解当前网页的整个重心所在。

1. header标签

header标签用于定义文档的页眉(介绍信息)，可以包含所有通常放在页面头部的内容，一般用来放置整个页面或页面内某个内容区块的标题，也可以包含网站的Logo图片、搜索表单或其他相关内容。基本语法格式如下：

```
<header>
<hn>网页主题</hn>
...
</header>
```

2. nav标签

nav标签用来将具有导航性质的链接划分在一起，使代码结构在语义化方面更加准确，同时对屏幕阅读器等设备的支持也更好。其中的导航元素可以链接到站点的其他页面或者当前页的其他部分。一个HTML页面中可以包含多个nav元素，作为页面整体或不同部分的导航。

例如，在nav元素内部嵌套无序列表ul来定义网页上的导航，代码如下。

```
<nav>
  <ul>
    <li><a href="#">网站首页</li>
    <li><a href="#">产品中心</li>
    <li><a href="#">工程案例</li>
...
  </ul>
</nav>
```

nav标签可以用来定义传统的导航栏、侧边栏导航、页内导航、翻页操作等。

需要注意的是，并不是所有的链接组都要被放进nav元素，只需要将主要的和基本的链接放进nav元素即可。

3. article标签

article标签用于定义文档、页面或应用程序中与上下文相关的独立部分，经常被用于定义一篇日志、一条新闻或用户评论等。article元素通常使用多个section元素进行划分，一个页面中article元素可以出现多次。

例如，用article标签定义一段文本，页面代码如下。

```
<body>
<article>
  <h3>article 标签定义与用法</h3>
  <p>article 标签定义外部的内容，外部内容可以是来自外部的新闻提供者的一篇新的文章，或是来自博
    客的文本，或是来自论坛的文本。抑或来自其他外部源内容。
  </p>
</article>
</body>
```

4. aside 标签

aside 标签用来定义当前页面或文章的附属信息部分。

aside 元素的用法主要有两种：一种是被包含在 article 元素中作为主要内容的附属信息部分，其中的内容可以是与当前文章有关的资料、名词解释等；另一种是在 article 元素之外用作页面或站点全局的附属信息部分。最典型的是侧边栏，其中的内容可以是友情链接，博客中的其他文章列表、广告单元等。

5. section 标签

section 标签用于对网站或应用程序中页面上的内容进行分块，section 元素通常由内容和标题组成。section 最好嵌套在 article 中使用。

section 元素并非普通的容器元素，当容器需要被直接定义样式或通过脚本定义行为时，推荐使用 div。

如果 article 元素、aside 元素或 nav 元素更符合使用条件，那么不要使用 section 元素。另外，没有标题的内容区块不要使用 section 元素定义。

下面通过案例对 article、aside 和 section 标签的用法进行演示。

【例 7-1-3】使用 article、aside 和 section 标签设计显示文章内容的局部页面，本例文件在浏览器中的显示效果如图 7-3 所示，页面代码如下，CSS 样式定义请参考配套源码。

```
<body>
  <article id="con">
    <section >
        <h1>标题</h1>
        <p>文章主要内容<br/><br/><br/><br/><br/></p>
     </section>
    <aside id="ad1">其他相关文章</aside>
  </article>
  <aside id="ad2">右侧菜单<br/><br/><br/><br/><br/><br/><br/><br/><br/></aside>
</body>
```

【说明】上述代码中定义了两个 aside 元素，其中第 1 个 aside 元素位于 article 元素中，用于添加文章的其他相关信息，第 2 个 aside 元素用于定义页面的侧边栏内容。

在HTML5中，article元素可以看作一种特殊的section元素，它比section元素更具独立性，即section元素强调分段或分块，而article元素强调独立性。如果一块内容相对来说比较独立，应该使用article元素；但是如果想要将一块内容分成多段，应该使用section元素。

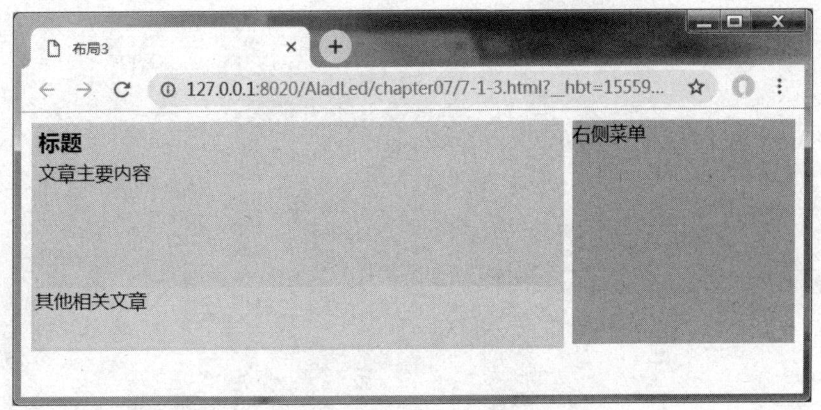

图 7-3　使用 aside 标签的效果

6. footer 标签

footer标签用于定义页面或区域的底部，可以包含所有通常放在页面底部的内容。在HTML5开发中使用 footer 标签时，把它当作普通 div 标签对待即可，只不过它一般用于网站底部布局。

一个页面中可以包含多个 footer 元素，但最好只使用一个 footer 元素。另外，也可以在 article 元素或 section 元素中添加 footer 元素。

7. figure 和 figcaption 标签

在 HTML5 中，figure 标签用于定义独立的流内容(图像、图表、照片和代码等)，一般指一个单独的单元。figure 元素的内容应该与主内容相关，但如果被删除，也不会对文档流产生影响。figcaption 标签用于为 figure 元素组添加标题，一个 figure 元素内最多允许使用一个 figcaption 元素，该元素应该放在 figure 元素的第一个或最后一个子元素的位置。

【例 7-1-4】figure 和 figcaption 标签的用法。本例文件在浏览器中的显示效果如图 7-4 所示，页面文件 7-1-4.html 的关键代码如下。

```
<head>
  <meta charset="utf-8">
  <title>新闻详情页面</title>
  <style>
    body{                              /*设置页面的整体样式*/
        font-family: "微软雅黑";   /*字体为"微软雅黑"*/
        font-size:13px;                /*文字大小为 13px*/
       color:#333;                     /*文字颜色为灰色*/
     }
    hgroup{                            /*分组标题的样式*/
       text-align: center;
     }
    h4{
      font-size:14px;
      font-weight:600 ;
      margin:10px 0;
```

```
        }
        h5{
            font-size:13px;
            font-weight:500 ;
            color: #999;
            margin:10px 0;
        }
        figure{                          /*设置标签 figure 的样式*/
            margin:15px 30px;
        }
        </style>
</head>
<body>
    <hgroup>
        <h4>上海国际汽车灯具展 2018：ADB 智能 LED 头灯兴起</h4>
        <h5>2018-03-30 12:33 </h5>
    </hgroup>
    <p>第四届上海国际汽车灯具展览会(ALE)于 2018 年 3 月 28-29 日在上海汽车会展中心成功举办。根据
    集邦咨询 LED 研究中心(LEDinside)统计，共有约 180 家汽车灯具产业厂商参展，囊括驱动 IC、封装、
    模块、车灯等领域。</p>
      <figure>
            <figcaption>因应智慧汽车概念，ADB 智能 LED 头灯系统发展迅速</figcaption>
            <img src="img/led_inside.jpg"/>
            <p>OSRAM 展出多种 ADB 模块及灯具，以及使用单颗高像素 LED 打造的 μAFS 车灯。</p>
    </figure>
    <p>随着 LED 器件的渗透率提高和智慧汽车概念的普及，多家厂商推出搭配 ADB 系统的 LED 车灯，
      集成摄影头，可检测到其他车辆或障碍，控制 LED 并形成多个阴影区，以防止眩光。</p>
</body>
```

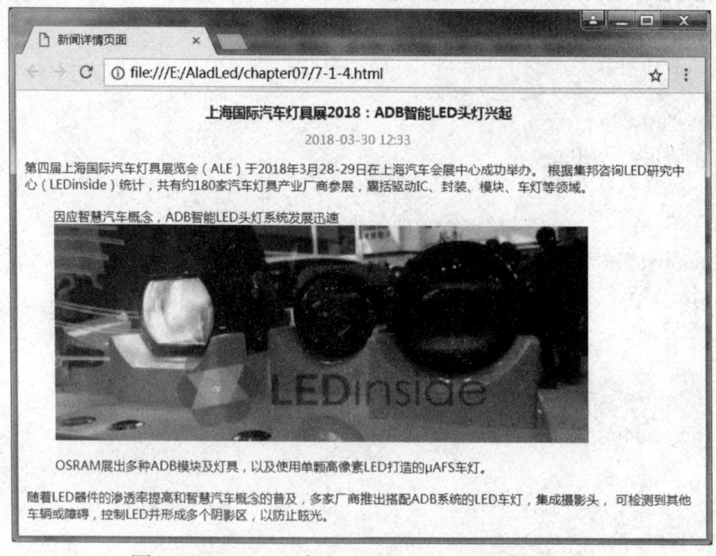

图 7-4　figure 元素和 figcaption 元素效果展示

【说明】figcaption 标签用来定义文章的标题。

hgroup 标签用于将多个标题(主标题和副标题或子标题)组成一个标题组，通常它与 h1~h6 元素组合使用。

7.2 浮动与定位

7.2.1 案例分析

【案例展示】爱德照明网站首页的整体布局结构设计。

用盒子模型的定位与浮动知识设计爱德照明网站的首页整体布局结构，本例文件 7-2.html 在浏览器中的显示效果如图 7-5 所示。

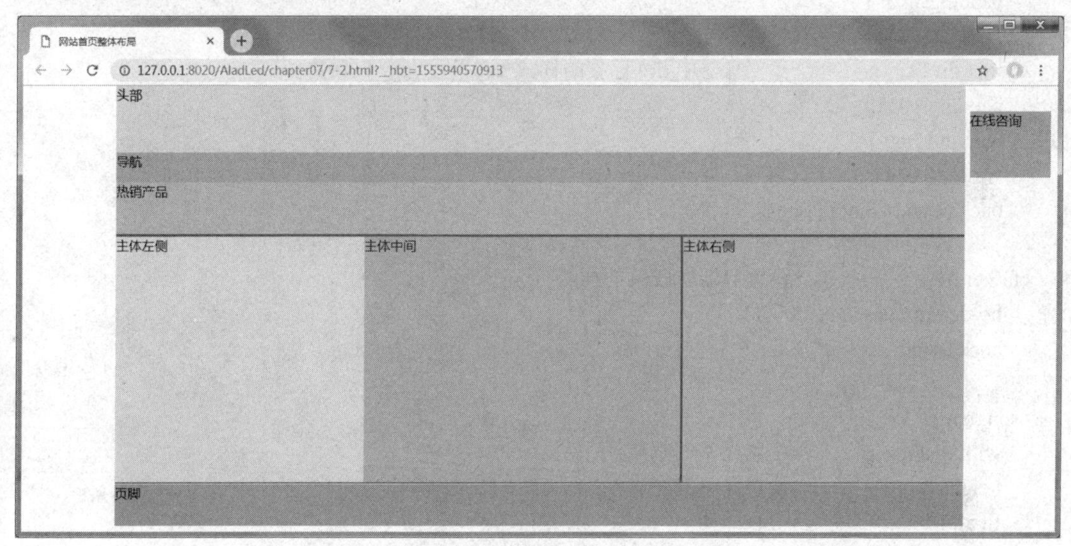

图 7-5　爱德照明网站的首页整体布局结构

【知识要点】定位属性、定位方式、浮动与清除浮动。

【学习目标】掌握使用盒子模型的定位与浮动知识实现各种排版需求。

7.2.2 元素的浮动

浮动(float)是使用率较高的一种定位方式。浮动元素可以向左或向右移动，直到它的外边距边缘碰到包含块的内边距边缘或另一个浮动元素的外边距边缘为止。任何元素都可以浮动，用 float 属性可定义元素向哪个方向浮动。

语法：float : none | left | right

参数如下。

- none：对象不浮动。
- left：对象浮在左边。
- right：对象浮在右边。

说明：float 属性的值指出对象是否浮动及如何浮动。

【例 7-2-1】向右浮动元素。本例文件中页面布局的初始状态如图 7-6 所示，“盒子 1”向右浮动后的结果如图 7-7 所示。页面文件 7-2-1.html 的关键代码如下所示。

```
<head>
<title>向右浮动</title>
<style type="text/css">
body{
  margin:15px;
  font-family:Arial; font-size:12px;
  }
.father{                    /*设置容器的样式*/
  background-color:#ffff99;
  border:1px solid #111111;
  padding:5px;
  }
.father div{                /*设置容器中 div 标签的样式*/
  padding:10px;
  margin:15px;
  border:1px dashed #111111;
  background-color:#90baff;
  }
.father p{                  /*设置容器中段落的样式*/
  border:1px dashed #111111;
  background-color:#ff90ba;
  }
.son_one{
  width:100px;          /*设置元素的宽度*/
  height:100px;         /*设置元素的高度*/
  float:right;          /*向右浮动*/
}
.son_two{
  width:100px;          /*设置元素的宽度*/
  height:100px;         /*设置元素的高度*/
}
.son_three{
  width:100px;          /*设置元素的宽度*/
  height:100px;         /*设置元素的高度*/
}
</style>
</head>
<body>
  <div class="father">
    <div class="son_one">盒子 1</div>
    <div class="son_two">盒子 2</div>
    <div class="son_three">盒子 3</div>
  <p>浮动的框可以向左或向右移动，直到它的外边缘碰到包含框或另一个浮动框的边框为止。由于浮动
  框不在文档的普通流中，因此文档的普通流中的块框表现得就像浮动框不存在一样。
```

```
    </p>
  </div>
</body>
```

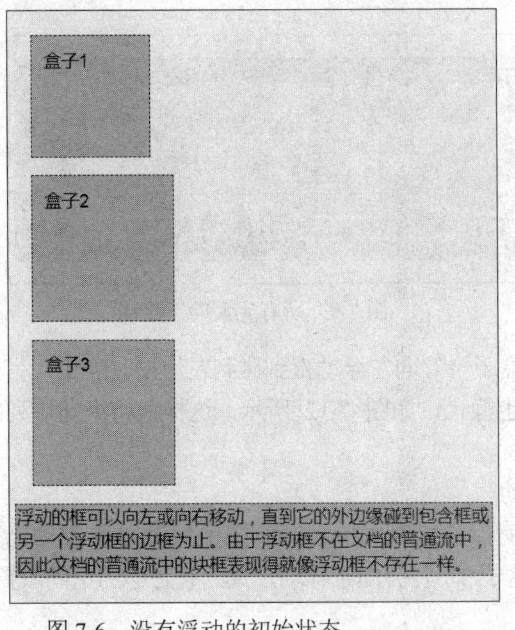

图 7-6　没有浮动的初始状态

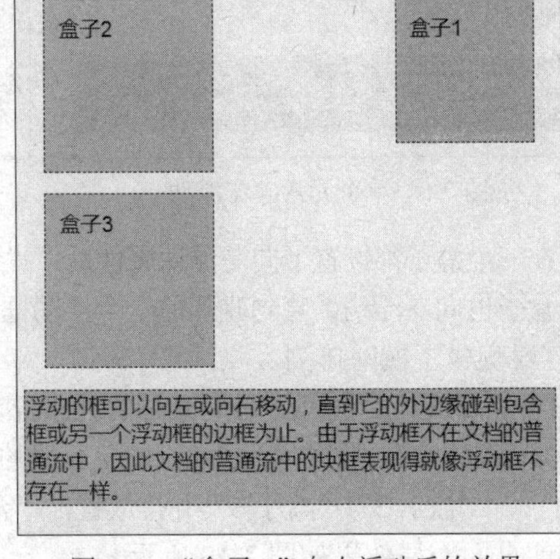

图 7-7　“盒子 1”向右浮动后的效果

【说明】本例中首先定义了一个类名为.father 的父容器，然后在其内部又定义了 3 个并列关系的 div 容器。当给其中类名为.son_one 的 div(“盒子 1”)增加“float:right;”属性后，“盒子 1”便脱离文档流向右移动，直到它的右边缘碰到包含框的右边缘。

【例 7-2-2】向左浮动元素。修改例 7-2-1 中的 CSS 样式，首先将“盒子 1”向左浮动，页面 7-2-2.html 的布局如图 7-8 所示。

修改“盒子 1”的 CSS 定义，实现“盒子 1”向左浮动，代码如下。

```
.son_one{
  width:100px;          /*设置元素的宽度*/
  height:100px;         /*设置元素的高度*/
  float:left;           /*向左浮动*/
}
```

然后所有元素向左浮动，本例中的所有元素向左浮动，页面的布局效果如图 7-9 所示。实现“盒子 1”“盒子 2”“盒子 3”向左浮动，在 CSS 样式中，增加样式定义代码如下。

```
.son_one,.son_two,.son_three{    /*三个盒子的样式*/
  float:left;                    /*向左浮动*/
}
```

【说明】本例中如果只将“盒子 1”向左浮动，该元素会脱离文档流向左移动，直到它的左边缘碰到包含框的左边缘，如图 7-8 所示。由于“盒子 1”不再处于文档流中，因此它不占据空间，实际上覆盖在“盒子 2”上，把“盒子 2”中的内容挤了出来。

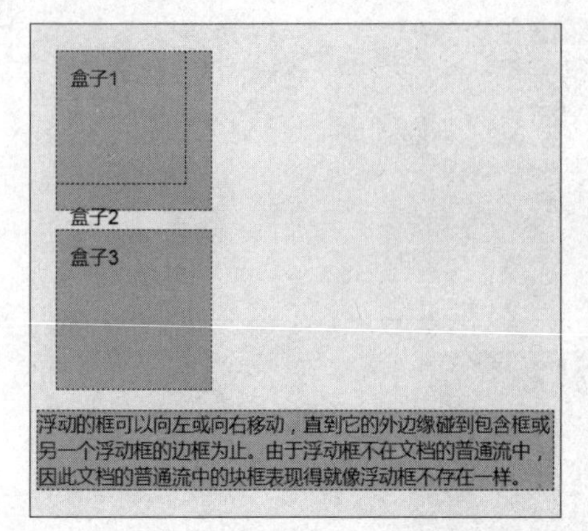

图 7-8　单个元素向左浮动

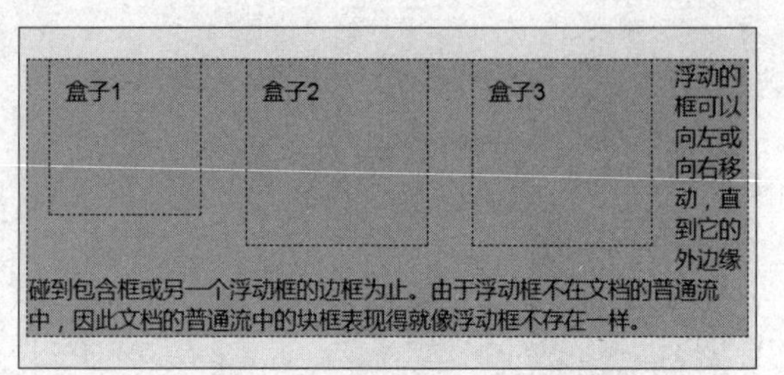

图 7-9　所有元素向左浮动

在三个盒子都设置了向左浮动属性后，“盒子 1”向左浮动直到碰到左边框时静止，另外两个盒子也向左浮动，直到碰到前一个浮动框也静止，如图 7-12 所示，这样就将纵向排列的div容器变成了横向排列。

【例 7-2-3】父容器空间不够时的元素浮动。

修改例 7-2-2，将类名为.father 的父容器的宽度设置为 300px，此时无法容纳 3 个浮动元素“盒子 1”“盒子 2”“盒子 3”并排放置，“盒子 3”将会向下移动，直到有足够的空间放置，本例的页面布局效果如图 7-10 所示。

为了看清盒子之间的排列关系，去掉父容器中段落的样式定义及结构代码。

修改类名为.father 的父容器的样式定义，修改后的 CSS 定义代码如下：

```
.father{              /*设置容器的样式*/
  background-color:#ffff99;
  border:1px solid #111111;
  padding:5px;
  width:330px;   /*父容器的宽度不够，导致浮动元素“盒子 3”向下移动*/
  float:left;        /*向左浮动*/
  }
```

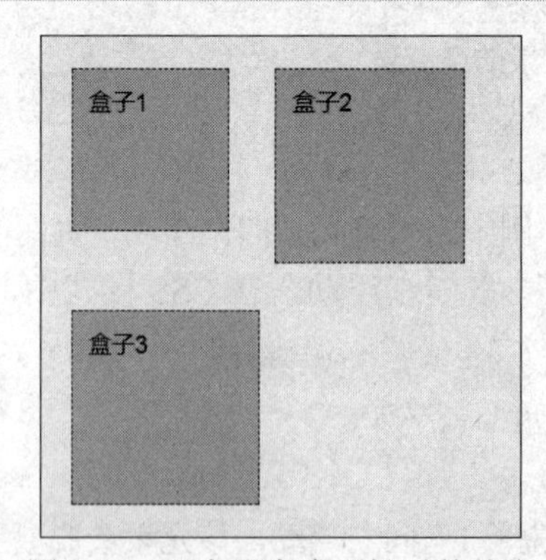

图 7-10　父容器宽度不够时的状态

当父容器空间不够且浮动元素的高度彼此不同时，它们在向下移动后可能会被其他浮动元素“挡住”。

【例 7-2-4】父容器空间不够、浮动元素的高度彼此不同的情况。本例的页面布局效果如图 7-11 所示。

修改例 7-2-3 中“盒子 1”的高度，修改后的 CSS 样式代码如下。

```
.son_one{
    width:100px;        /*设置元素的宽度*/
    height:140px;       /*设置元素的高度*/
    float:left;         /*向左浮动*/
}
```

【说明】浮动元素的高度不同，导致“盒子 3”向下移动时被“盒子 1”“挡住”。

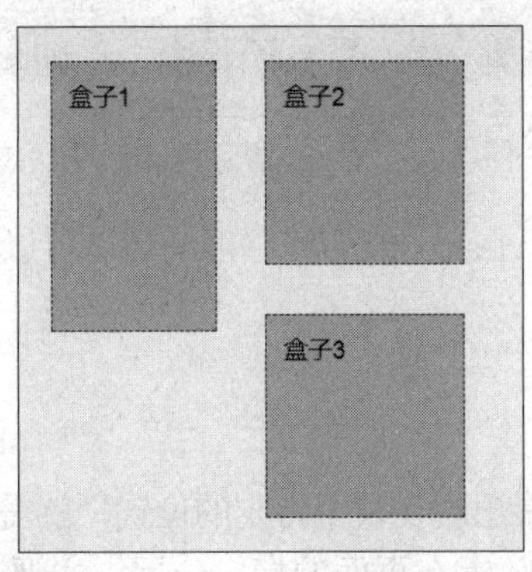

图 7-11　父容器宽度不够且浮动元素高度不同时的布局效果

7.2.3　清除浮动

浮动盒子不属于文档流中的标准流。当元素浮动之后，就会脱离标准文档流，漂浮在标准流的上面，不再占据标准文档流中的空间。这时文档中的标准流就会占据浮动元素原来的位置，导致页面出现错位。

另外，在进行页面布局时，当容器的高度设置为 auto 且容器的内容中有浮动元素时，容器的高度不能自动伸长以适应内容的高度，这也会使得内容溢出到容器之外而导致页面出现错位，这种现象称为浮动溢出。

为了防止因元素浮动导致的错位现象，需要进行清除浮动处理。

语法：clear : none | left | right | both

参数如下。

- none：允许两边都可以有浮动对象。
- both：不允许有浮动对象。
- left：不允许左边有浮动对象。
- right：不允许右边有浮动对象。

【例 7-2-5】清除浮动示例。在例 7-2-2 中，将“盒子 1”“盒子 2”“盒子 3”设置为向左浮动后，未清除浮动时的段落文字便填充在“盒子 3”后面的空隙中，如图 7-9 所示。修改例 7-2-2，对段落<p>设置清除浮动，本例的页面布局效果如图 7-12 所示。

设置段落样式中清除浮动的 CSS 代码如下：

```
.father p{       /*设置容器中段落的样式*/
    border:1px dashed #111111;
    background-color:#ff90ba;
    clear:both;
}
```

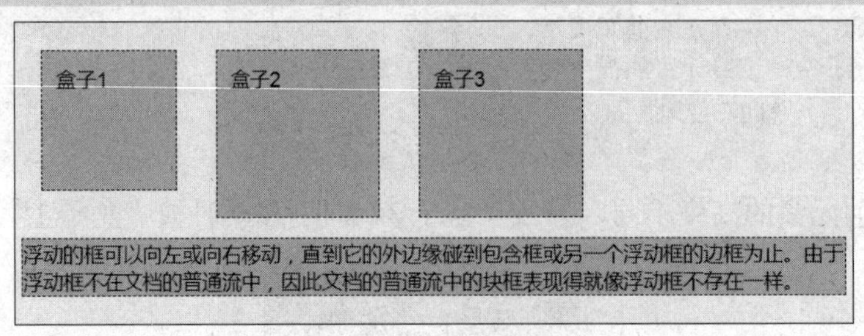

图 7-12　对<p>清除浮动后的状态

【说明】在对段落设置了“clear:both;”清除浮动后，可以将段落之前的浮动全部清除，使段落按照正常的文档流显示。

7.2.4　定位属性

制作网页时，如果希望元素出现在某个特定的位置，就需要使用定位属性对元素进行精确定位。元素的定位就是将元素放置在页面的指定位置，主要包括定位模式和边偏移两部分。

1. 定位模式

在 CSS 中，position 属性用于定义元素的定位模式，基本语法格式如下。

```
position : static | relative | absolute | fixed
```

参数如下。

- static：默认值。没有定位，元素出现在正常的流中。
- relative：相对定位，相对于原文档流的位置进行定位。
- absolute：绝对定位，相对于上一个已经定位的父元素进行定位。
- fixed：固定定位，相对于浏览器窗口进行定位。

2. 边偏移

定位(position)模式仅仅用于定义元素以哪种方式定位，并不能确定元素的具体位置。在 CSS 中，通过边偏移属性 top、bottom、left 或 right 来精确定义定位元素的位置，对这些属性的具体解释如表 7-1 所示。

表 7-1　边偏移设置方式

边偏移属性	描　述
top	顶端偏移量，定义元素相对于父元素上边线的距离
bottom	底部偏移量，定义元素相对于父元素下边线的距离
left	左侧偏移量，定义元素相对于父元素左边线的距离
right	右侧偏移量，定义元素相对于父元素右边线的距离

从表 7-1 可以看出，边偏移可以通过 top、bottom、left 和 right 属性进行设置，取值可以是像素值或百分比，示例如下。

```
position:relative;    /*相对定位*/
left:50px;            /*距左边线 50px*/
top:30px;             /*距顶部边线 30px*/
```

7.2.5　定位方式

1. 静态(static)定位

静态定位是元素的默认定位方式，当 position 属性的取值为 static 时，可以将元素定位于静态位置。所谓静态位置，就是各个元素在 HTML 文档流中默认的位置。

任何元素在默认状态下都会以静态定位方式来确定自己的位置，所以当没有定义 position 属性时，并不说明元素没有自己的位置，而是遵循默认值显示在静态位置。在静态定位状态下，无法通过边偏移属性(top、bottom、left 或 right)来改变元素的位置。

【例 7-2-6】静态定位示例。如图 7-13 所示，元素在自己本来的位置，页面文件 7-2-6.html 的代码如下。

```
<html>
  <head>
  <meta charset="utf-8">
  <title>元素的静态定位</title>
  <style type="text/css">
    .father{
      width:300px;
      height:200px;
      background:#ccc;
      border:1px solid #000;
      margin:10px auto;
     padding:5px;
    }
    .child01, .child02{
      width:100px;
      height:50px;
      background:#ff0;
      border:1px solid #000;
    }
    .child01{
      position:static;          /*静态定位*/
      }
    </style>
  </head>
  <body>
    <div class="father">
      <div class="child01">我静态定位</div>
```

```
        <div class="child02">我没有定位</div>
      </div>
    </body>
</html>
```

2. 相对(relative)定位

相对定位是将元素相对于本身的位置进行定位。对元素设置相对定位后，可以通过边偏移属性来改变元素的位置，但是它在文档流中的位置仍然保留。

【例 7-2-7】相对定位示例。修改例 7-2-6，让第一个 div 向本身的右下方移动。本例的显示效果如图 7-14 所示，修改后的代码如下。

```
.child01{
    position:relative;             /*相对定位*/
    left:150px;                    /*距左边线 150px*/
    top:100px;                     /*距顶部边线 100px*/
  }
```

通过. child01 样式对第一个 div 设置相对定位后，让它相对于自身的默认位置进行偏移，向右偏移 150px，向下偏移 100px。

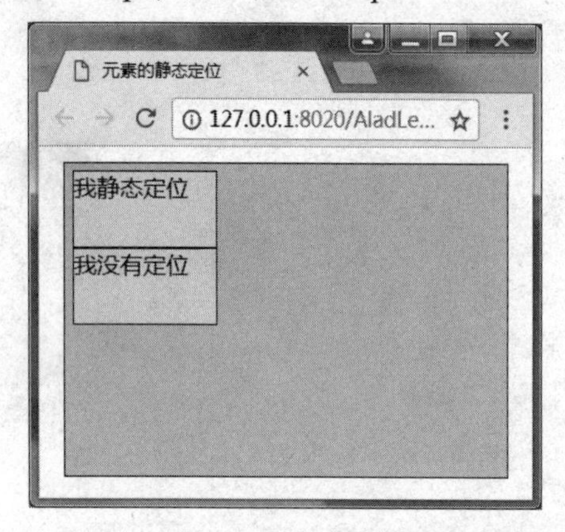

图 7-13　静态定位

图 7-14　相对定位

3. 绝对(absolute)定位

绝对定位是将元素依据最近的已经定位(绝对、固定或相对定位)的父元素进行定位，若所有父元素都没有定位，则依据 body 根元素(浏览器窗口)进行定位。

【例 7-2-8】绝对定位示例，修改例 7-2-7，将. child01 的定位模式设置为绝对定位，将代码更改为如下所示。

```
.child01{
  position:absolute;             /*绝对定位*/
  left:150px;                    /*距左边线 150px*/
  top:100px;                     /*距顶部边线 100px*/
}
```

保存 HTML 文件 7-2-8.html，刷新页面，效果如图 7-15 所示。

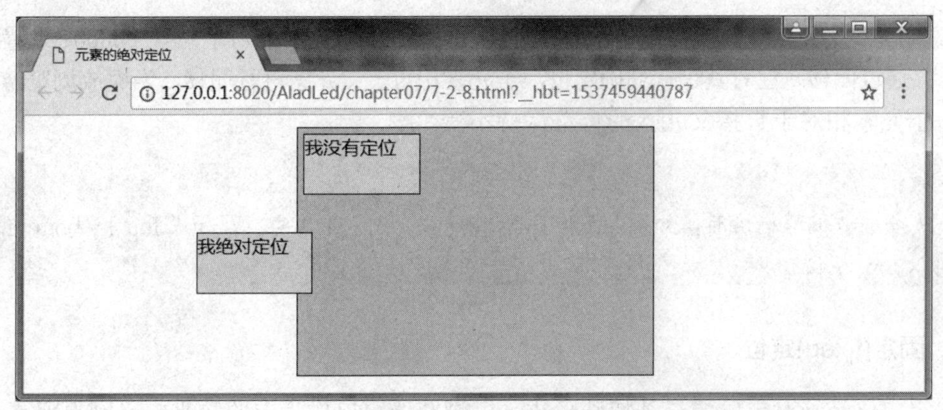

图 7-15　绝对定位效果

在图 7-15 中，设置为绝对定位的元素 child01，依据浏览器窗口进行定位。这时 child02 占据 child01 的位置，即 child01 脱离标准文档流的控制，不再占据标准文档流中的空间。

当改变浏览器的大小时，绝对定位的元素 child01 会随着浏览器的大小变化而移动位置。

在网页设计中，一般需要子元素相对于直接父元素的位置保持不变，即子元素依据直接父元素绝对定位。这种情况下，可将直接父元素设置为相对定位，但不对其设置偏移量，然后再对子元素应用绝对定位，并通过偏移属性对其进行精确定位。这样父元素既不会失去其空间，同时还能保证子元素依据直接父元素而准确定位。

【例 7-2-9】绝对定位示例。修改例 7-2-8，对 father 进行相对定位，绝对定位的 child01 会依据直接父元素 father 进行绝对定位，本例的显示效果如图 7-16 所示。修改后的代码如下。

```
.father{
    width:300px;
    height:200px;
    background:#ccc;
    border:1px solid #000;
    margin: 10px auto;
    padding:5px;
    position: relative;
}
```

图 7-16　绝对定位效果

【说明】对父元素设置相对定位，但不对其设置偏移量。同时，对子元素 child01 设置绝对定位，并通过偏移属性对其进行精确定位。子元素相对于父元素进行偏移，当缩放浏览器的窗口时，子元素相对于直接父元素的位置保持不变。

注意：

定义多个边偏移属性时，如果 left 和 right 相冲突，则以 left 为准；如果 top 和 bottom 相冲突，则以 top 为准。

4. 固定(fixed)定位

固定定位是绝对定位的一种特殊形式，以浏览器窗口作为参照物来定义网页元素。

当对元素设置固定定位后，元素将脱离标准文档流的控制，始终依据浏览器窗口来定义自己的显示位置。不管滚动条如何滚动，也不管浏览器窗口的大小如何变化，元素都会始终显示在浏览器窗口的固定位置。

【例 7-2-10】固定定位示例。修改例 7-2-8，将 child01 的定位模式设置为固定定位，更改代码为如下所示。

```
.child01{
    position:fixed;              /*固定定位*/
    left:10px;                   /*距浏览器左侧 10px*/
    top:100px;                   /*距浏览器顶部 100px*/
  }
```

浏览网页 7-2-10.html，效果如图 7-17 所示。当改变浏览器的大小时，child01 的位置不变。

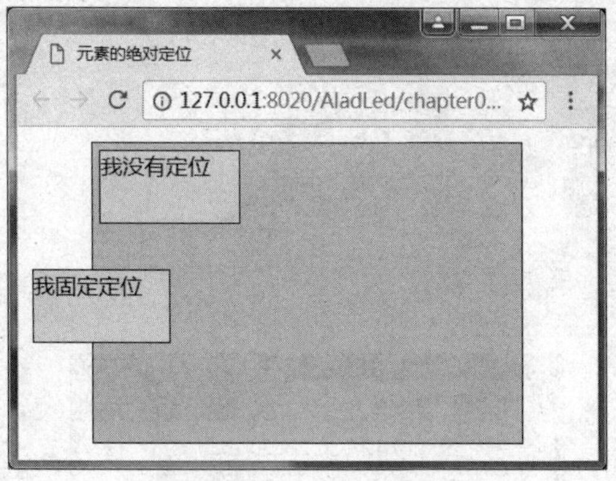

图 7-17　固定定位效果

5. z-index(层叠等级属性)

当对多个元素同时设置定位时，定位元素之间有可能会发生重叠现象，如图 7-17 所示。

在 CSS 中，要想调整重叠定位元素的堆叠顺序，可以对定位元素应用 z-index 层叠等级属性，取值可为正整数、负整数和 0。z-index 的默认属性值是 0，取值越大，定位元素在层叠元素中就越居上。

7.2.6　overflow 属性

overflow 属性是 CSS 中的重要属性。当盒子内的元素超出盒子自身的大小时，内容就会溢出。如果想要规范溢出内容的显示方式，就需要使用 overflow 属性，基本语法格式如下。

overflow : visible | hidden | auto | scroll

参数如下。

- visible：溢出内容不会被修剪，呈现在元素框之外(默认值)。
- hidden：溢出内容会被修剪，并且被修剪的内容是不可见的。
- auto：在需要时产生滚动条，即自适应所要显示的内容。
- scroll：溢出内容会被修剪，并且浏览器会始终显示滚动条。

【例 7-2-11】overflow 属性示例。本例在浏览器中的显示效果如图 7-18 所示，页面文件 7-2-11.html 的关键代码如下。

```
<head>
  <meta charset="utf-8">
  <title>overflow 属性 1</title>
  <style type="text/css">
    div{
      width:120px;
      height:140px;
      padding:5px;
      background:#F99;
      border:1px solid #000000;
      overflow:visible;                    /*溢出内容呈现在元素框之外*/
    }
  </style>
</head>
<body>
  <div>
  当盒子内的元素超出盒子自身的大小时，内容就会溢出，如果想要规范溢出内容的显示方式，就需要使
    用 overflow 属性，它用于规范元素中溢出内容的显示方式。
  </div>
<body>
```

【说明】在例 7-2-11 中，通过“overflow:visible;”样式，定义溢出的内容不会被修剪，而呈现在元素框之外。一般而言，并没有必要设定 overflow 的属性为 visible，除非想覆盖它在其他地方设定的值。

如果希望溢出的内容被修剪，且不可见，可将 overflow 属性的值定义为 hidden。修改例 7-2-11，将代码更改为：overflow: hidden; /*溢出内容被修剪，且不可见*/。保存 HTML 文件为 7-2-12.html，刷新页面，效果将如图 7-19 所示。

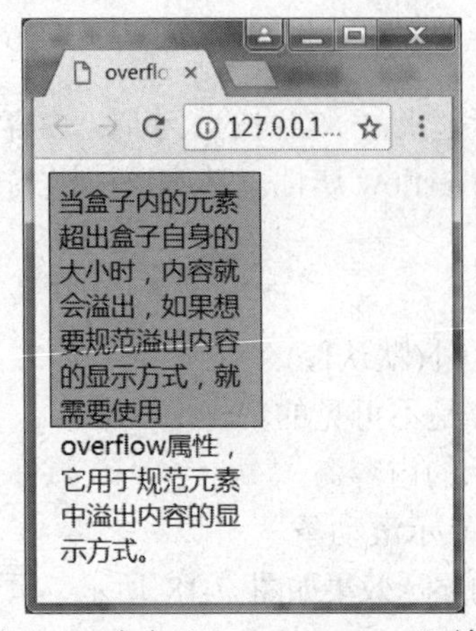

图 7-18 定义“overflow:visible”效果

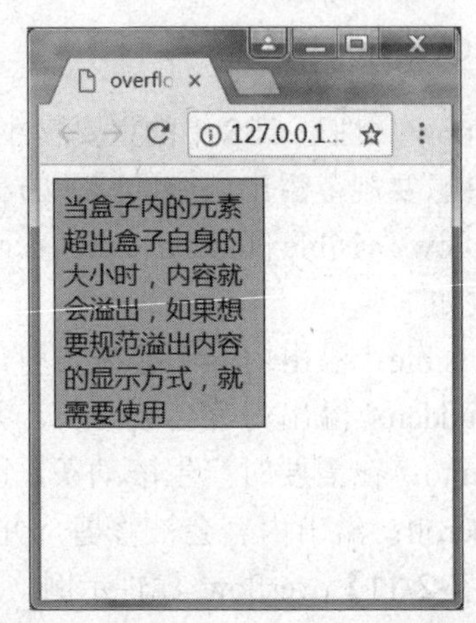

图 7-19 定义“overflow: hidden”效果

如果希望元素框能够自适应内容的多少，在内容溢出时，产生滚动条，否则，不产生滚动条，可以将overflow属性的值定义为auto。修改例7-2-11，将代码更改为：overflow:auto; /*根据需要产生滚动条*/。保存HTML文件为7-2-13.html，刷新页面，效果将如图7-20所示。元素框的右侧产生了滚动条，拖动滚动条即可查看溢出的内容。当盒子中的内容减少时，滚动条就会消失。

当定义 overflow 属性的值为 scroll 时，元素框中会始终存在滚动条。接下来，修改例 7-2-11，将代码更改为：overflow:scroll;/*始终显示滚动条*/。保存 HTML 文件为 7-2-14.html，刷新页面，效果将如图 7-21 所示。在图 7-21 中，元素框中出现了水平和垂直方向的滚动条。与“overflow:auto;”不同，当定义“overflow:scroll;”时，不论元素是否溢出，元素框中水平和垂直方向的滚动条始终都存在。

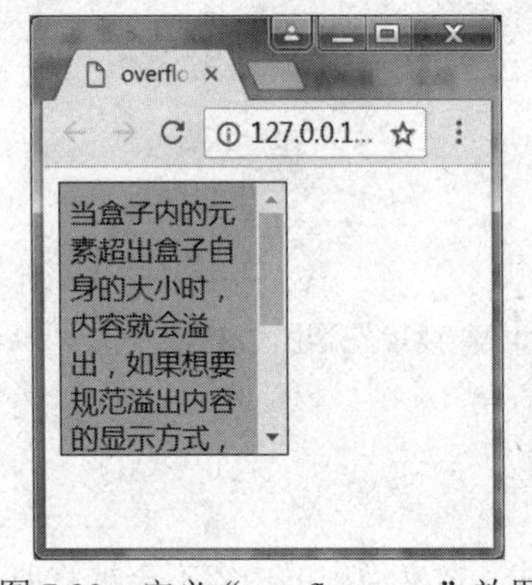

图 7-20 定义“overflow:auto”效果

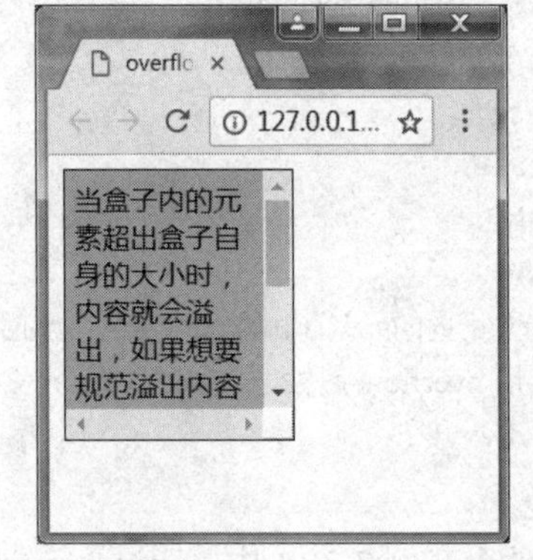

图 7-21 定义“overflow:scroll”效果

7.2.7 案例制作

制作完成爱德照明网站的首页整体布局结构。

1. 布局规划

爱德照明网站的整体结构分成头部、导航、页面主体和页脚四部分，自上向下排列。头部通过<header>标签定义，导航链接由<nav>元素定义，主体内容由<div id="content">标签定义，页面的底部区域由<footer>标签定义。其中，在 id="content"的盒子中又嵌套了两个盒子，分别是 id="hotproduct "和 id="main"的两个 div，而在 id="main"的盒子中又嵌套了三个自左而右排列的盒子。

另外，首页上还有固定显示的在线咨询。

2. 网页结构文件

在当前文件夹中，新建一个名为 7-2.html 的网页文件，代码如下。

```
<head>
  <meta charset="utf-8">
  <title>网站首页整体布局</title>
  <link href="css/7-2.css" type="text/css" rel="stylesheet" >
</head>
<body>
  <header>头部</header>
  <nav>导航</nav>
  <div id="content">
      <div id="hotproduct">热销产品<br/><br/><br/></div>
        <div id="main">
              <div class="main_left"> 主体左侧</div>
              <div class="main_center">主体中间</div>
             <div class="main_right">主体右侧</div>
        </div>
  </div>
  <footer>页脚</footer>
  <div class="online_zx"> 在线咨询</div>
</body>
```

3. 外部样式表

在文件夹 css 下新建一个名为 7-2.css 的样式表文件，代码如下。

```
*{                              /*针对所有的 HTML 元素定义样式*/
  margin:0px;                   /*外边距为 1px*/
  padding:0;                    /*内边距为 0px*/
  box-sizing:border-box;        /*盒子的宽度值和高度值包含元素的内边距和边框*/
  }
body{                           /*设置页面的整体样式*/
  width:1050px;                 /*宽度 1050px*/
  margin:0 auto;                /*页面自动居中对齐*/
}
header{                         /*头部样式*/
  height:80px;                  /*高度为 80px*/
  background-color:#99FFFF;     /*背景颜色*/
}
nav {                           /*导航栏样式*/
  height:36px;
  background-color:#90BAFF;
```

```
}
/*网页中部内容样式*/
#content{
  height:auto;                    /*自动默认高度*/
  background-color: #008B8B;
}
#content  #hotproduct{            /*首页中部-热销产品样式*/
  height:auto;
  background-color:#FFCC00;
}
/*首页中部-主体部分样式*/
#content  #main{
  clear: both;                    /*清除两侧浮动*/
  height:300px;
}
/*定义主体部分的左、中、右三块*/
#main .main_left,#main .main_center,#main .main_right{
  margin:3px 0px;
  height:295px;
  position:relative;              /*相对定位*/
}
#main .main_left{
  width:307px;
  float:left;          /*向左浮动*/
  background-color:#FFFF00;
}
#main .main_center{
  width:390px;
  float:left;          /*向左浮动*/
  background-color:#84F14D;
}
#main .main_right{
  width:350px;
  float:right;            /*向右浮动*/
  background-color:#99CCFF;
}
footer{                          /* footer 样式  */
  clear:both;                    /*清除两侧浮动*/
  height:50px;
  background:#AAAAAA;
}
.online_zx{                      /*在线咨询样式*/
  width:100px;
  height:80px;
  position:fixed;
  top:30px;
  right:10px;
  background-color:#00FFFF;
}
```

4. 浏览网页

在浏览器中浏览制作完成的页面，页面的显示效果如图 7-5 所示。

【案例说明】 (1) 页面主体宽度为 1050px，其中的 .main_left、.main_center 和.main_right 三个 div，自左而右在一行上排列。.main_left 和.main_center 设置向左浮动，.main_right 设置向右浮动，三个 div 总宽度为 1047px，在.main_center 和.main_right 中间留下 3px 的空隙，防止出现 bug 造成页面布局错位。(2) 对于页脚盒子 footer，必须设置 clear:both;属性，否则会出现 footer 被其他 div 遮挡住的现象。

7.3 典型的 CSS 布局

网页设计师为了让页面外观与结构分离，会使用 CSS 样式来规范布局。使用 CSS 样式规范布局可以让代码更加简洁和结构化，使站点的访问和维护更加容易。

网页设计的第一步是设计版面布局，就像传统的报纸杂志一样，根据内容的需要对页面进行分块，进行排版布局。本节将结合目前较为常用的 CSS 布局样式，向读者进一步讲解布局的实现方法。

7.3.1　两列布局

许多网站都有一些共同的特点，即页面顶部放置大的导航或广告条，右侧(或左侧)是链接或图片，另一侧放置主要内容，页面底部放置版权信息等，如图 7-22 所示的布局就是经典的两列布局。

图 7-22　经典的两列布局

一般情况下，此类页面布局的两列都有固定的宽度，而且从内容上很容易区分主要内容区域和侧边栏。页面布局整体上分为上、中、下三个部分，即 header 区域、main 区域和 footer 区域。其中的 main 区域又包含 mainbox 区域(主要内容区域)和 sidebox 区域(侧边栏)，布局示意图如图 7-23 所示。

分析图 7-22 所示的页面结构，header 和 footer 区域的宽度是 100%，main 区域的宽度固定，在页面上左右居中。页面结构如图 7-23 所示，页面结构的设计详见 7-3-1.html。

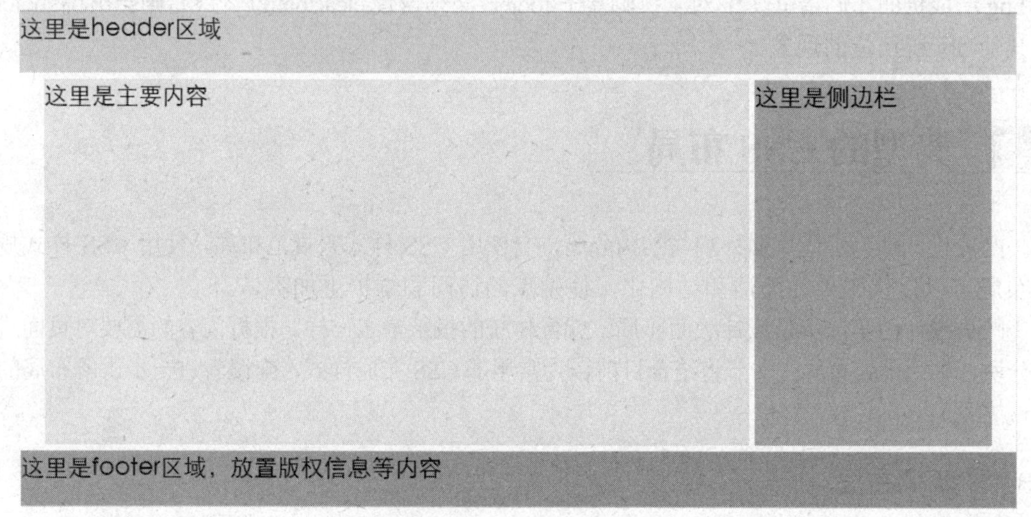

图 7-23　两列布局

【例 7-3-1】宽度固定的三行两列布局。首先，页面分成上、中、下三部分，即 header 区域、main 区域和 footer 区域，而中间的 main 区域又被 id="mainbox"的 div 和 id="sidebox"的 div 分成两块。本例在浏览器中的显示效果如图 7-23 所示，页面文件 7-3-1.html 的关键代码如下。

```
<head>
  <meta charset="utf-8">
  <title>三行两列宽度固定布局</title>
  <style type="text/css">
    * {
      margin:0;
      padding:0;
    }
    body {      /*设置页面全局参数*/
      font-family:"华文细黑";
      font-size:20px;
    }
    header {      /*设置页面头部信息区域*/
      height:50px;
      width:100%;
      background:#99FFFF;
      margin-bottom:5px;
    }
    # main{    /*设置页面中部区域*/
```

```
            width:800px;
            height:300px;
            margin:5px auto;
        }
        #mainbox {      /*设置页面主内容区域*/
            float:left;
            width:595px;
            height:300px;
            background:#CCFFFF;
        }
        #sidebox {      /*设置侧边栏区域*/
            float:right;
            width:200px;
            height:300px;
            background:#99CCFF;
        }
        footer {      /*设置页面底部区域*/
            width:100%;
            height:50px;
            background:#66CCFF;
        }
    </style>
</head>
<body>
    <header>这里是 header 区域</header>
    <div id="main">
        <div id="mainbox">这里是主要内容</div>
        <div id="sidebox">这里是侧边栏</div>
    </div>
<footer>这里是 footer 区域，放置版权信息等内容</footer>
</body>
```

【说明】

(1) 本例中，header 区域和 footer 区域的宽度是 100%，main 区域的宽度固定。

(2) 一些页面结构中，页面所有区域的宽度都固定，即 header 区域、footer 区域和 main 区域的宽度相同且宽度固定。如例 7-1-2 中的页面结构，在进行页面设计时，首先使用 id="container" 的 div 容器将所有内容包裹起来。在 container 内部， header 容器、id="main"的 div 容器和 footer 容器把页面分成三个部分，中间的 main 再被 id="mainbox"的 div 容器和 id="sidebox"的 div 容器分成两块，页面结构如图 7-2 所示。

(3) 需要注意的是，在例 7-3-1 所设计的页面结构中，并不能满足实际情况的需要。例如，当 mainbox 中的内容过多时，在浏览器中就会出现内容溢出错位的情况，如图 7-24 所示。

对于高度和宽度都固定的容器，当内容超过容器所容纳的范围时，可以使用 CSS 样式中的 overflow 属性将溢出的内容隐藏或者设置滚动条。

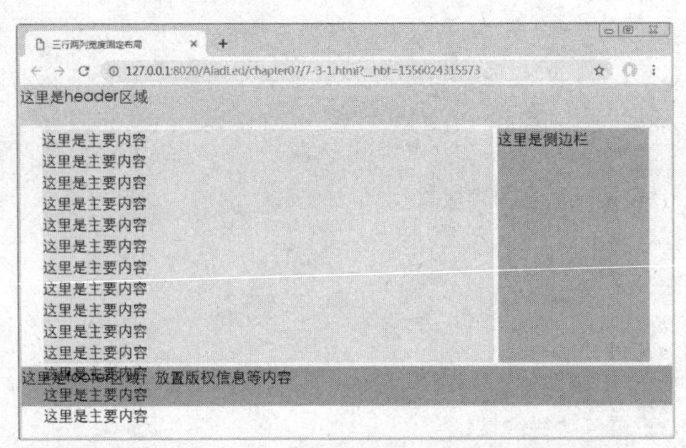

图 7-24　mainbox 中内容溢出时的情况

如果要真正解决这个问题，就要使用高度自适应的方法，即当内容超过容器高度时，容器能够自动地伸展。要实现这种效果，就要修改 CSS 样式的定义，删除样式中容器的高度属性，并对其后的元素清除浮动。

【例 7-3-2】 使用高度自适应的方法进行宽度固定的三行两列布局。在 7-3-1.html 的基础上，删除 CSS 样式中 main、mainbox 和 sideBox 的高度，并且为 footer 设置清除浮动属性。本例文件 7-3-2.html 在浏览器中的显示效果如图 7-25 所示。

修改 main、mainbox、sideBox 和 footer 的 CSS 定义，代码如下：

```
#main {   /*设置页面的中部区域*/
    width:800px;
    margin:5px auto;
  }
#mainbox{   /*设置页面的主内容区域*/
    float:left;
    width:595px;
    background:#CCFFFF;
    margin-bottom:5px;
    }
#sidebox {    /*设置侧边栏区域*/
    float:right;
    width:200px;
    background:#99CCFF;
    margin-bottom:5px;
  }
  footer {            /*设置页面的底部区域*/
    clear:both;       /*清除浮动的影响*/
    width:100%;
    height:50px;
    background:#66CCFF;
  }
```

【说明】

(1) 因为在 CSS 样式定义中，没有定义 main、mainbox 和 sidebox 的高度，所以在容器内部添加内容时，容器高度会根据内容的多少自动调节，不会出现溢出容器之外的现象。

(2) 因为没有定义 main、mainbox 和 sidebox 的高度，并且设置了 mainbox 和 sidebox 的浮动效果，所以 mainbox 和 sidebox 脱离了文档流。这时，必须对其后的内容 footer 设置清除浮动属性，否则 footer 会被 mainbox 和 sidebox 遮挡住。

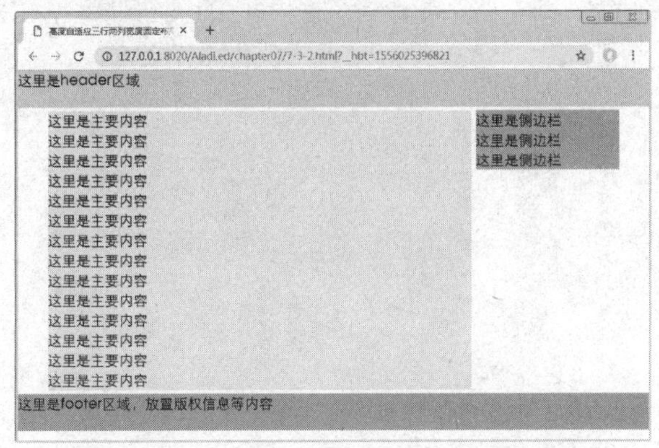

图 7-25　高度自适应三行两列布局

7.3.2　三列布局

三列布局在网页设计中更为常用，如图 7-26 所示。对于这种类型的布局，浏览者的注意力最容易集中在中间栏的信息区域，其次才是左右两侧的信息。

图 7-26　经典的三列布局

三列布局与两列布局非常相似，在处理方式上可以利用两列布局结构的方式进行处理，如图 7-27 所示的就是由三个独立的列组合而成的三列布局。

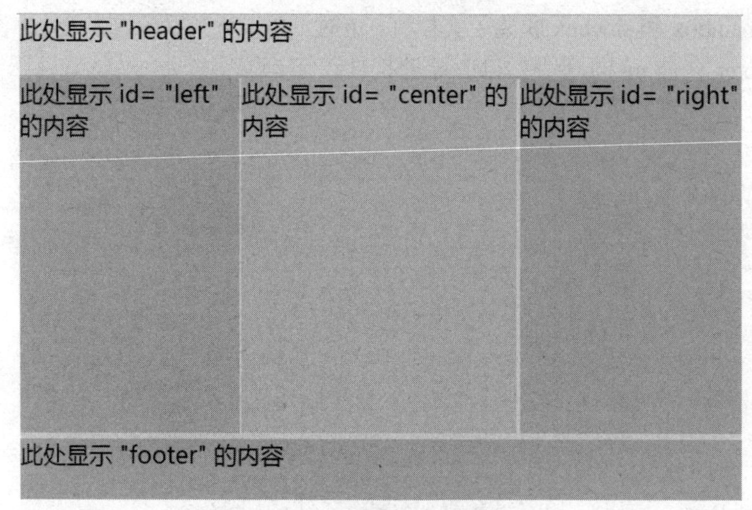

图 7-27　三列布局示意图

【例 7-3-3】设计图 7-27 所示的三列布局的页面结构。

首先使用 id="container"的 div 容器将所有内容包裹起来。在 container 内部，header 容器、id="main"的 div 容器和 footer 容器把页面分成三个部分，中间的 main 区域再被 id="left"的 div 容器、id="center"的 div 容器和 id="right"的 div 容器分成三块，页面结构如图 7-27 所示。本例文件 7-3-3.html 的页面代码和 CSS 样式代码如下。

```
<head>
  <meta charset="utf-8">
  <title>布局 2</title>
  <style>
    *{margin: 0px;}
    body{
        font-family: "微软雅黑";
        font-size:20px;
    }
    #container{
      width:620px;   /*页面宽度*/
      height:auto;
      background-color:#BBBBBB;
      margin:0 auto;
    }
    header{
      height:50px;
      background-color: #99FFFF;
      margin-bottom:3px;
    }
     #main{
       height:300px;
```

```
            background-color:#DDDDDD;
        }
        #main #left{
          width:190px;
          height:295px;
          background-color:#90BAFF;
          float:left;
        }
        #main #center{
        width:235px;
          height:295px;
          background-color:#99CCFF;
          margin:0 2px;
          float:left;
        }
        #main #right{
          width:190px;
          height:295px;
          background-color:#90BAFF;
          float: right;
        }
        footer{
          clear:both;
          height:50px;
          background-color:#66CCFF;
        }
    </style>
</head>
<body>
    <div id="container">
      <header>此处显示"header"的内容</header>
      <div id="main">
          <div id="left">此处显示 id="left"的内容</div>
            <div id="center">此处显示 id="center"的内容</div>
            <div id="right">此处显示 id="right"的内容</div>
      </div>
      <footer>此处显示"footer"的内容</footer>
    </div>
</body>
```

【说明】例 7-3-3 中，页面宽度固定，三列布局中并列的三个块宽度也都固定。有时，在进行网页设计时，需要设计能随时适应屏幕宽度的页面结构，设计人员可以利用负边距原理实现两列定宽、中间自适应的三列结构。这里负边距指的是将某个元素的 margin 属性值设置成负值，对于使用负边距的元素，可以将其他容器“吸引”到身边，从而解决页面布局的问题，如例 7-3-4 所示的页面结构设计方法。

【例 7-3-4】两列定宽、中间自适应的三列结构。页面中 id="container"的 div 容器包含了主要内容区域(mainBox)、次要内容区域(submainBox)和侧边栏(sideBox)。如果对浏览器窗口进行缩放，可以看到中间列自适应宽度的效果。

7-3-4.html 的页面代码和 CSS 样式代码如下。

```
<head>
<title>两列定宽、中间自适应的三列结构</title>
<style type="text/css">
* {
   margin:0;
   padding:0;
}
body {
   font-family:"宋体";
   font-size:18px;
   color:#000;
}
header {
   height:50px;
   background:#99FFFF;
}
#container {
   overflow:auto;                  /*溢出自动伸展*/
}
#mainBox {
   float:left;
   width:100%;
   background:#DDDDDD;
   height:200px;
}
#content {
   height:200px;
   background:#99CCFF;
   margin:0 210px 0 310px;    /*右外边距空白为 210px，左外边距空白为 310px*/
}
#submainBox {
   float:left;
   height:200px;
   background:#90BAFF;
   width:300px;
   margin-left:-100%;           /*margin-left 为-100%，正好使左栏位于页面左侧*/
}
#sideBox {
   float:left;
   height:200px;
   width:200px;
   margin-left:-200px;          /*左浮动 200px，大小为本身的宽度 200px*/
   background:#90BAFF;
}
footer {
```

```
    clear:both;
    height:50px;
    background:#66CCFF;
  }
  </style>
  </head>
  <body>
  <header>这里是 header 区域</header >
  <div id="container">
    <div id="mainBox">
            <div id="content">主要内容区域——常用的 CSS 布局</div>
     </div>
            <div id="submainBox">次要内容区域——常用的 CSS 布局</div>
    <div id="sideBox">这里是侧边栏</div>
  </div>
  <footer>这里是 footer 区域，放置版权信息等内容</footer >
  </body>
```

【说明】本例中的主要内容区域(mainBox)中又包含具体的内容区域(content)，设计思路是利用 mainBox 的浮动特性，将宽度设置为 100%，再结合 content 的左右外边距所留下的空白，利用负边距原理将次要内容区域(submainBox)和侧边栏(sideBox)“吸引”到身边。

7.3.3　三列自适应布局

7.3.2 节讲解的示例中左右两列的宽度都是固定的，能否将其中一列或两列都变成自适应结构，设计成三列自适应布局呢？下面首先介绍三列自适应结构的特点，如下所示。

- 三列都设置为自适应宽度。
- 中间列的主要内容首先出现在网页中。
- 可以允许任意一列的内容为最高。

下面演示如何实现三列自适应结构。

【例 7-3-5】三列自适应结构。三列自适应结构的页面效果如图 7-28 所示。对浏览器窗口进行缩放，可以看到三列自适应宽度的效果。将浏览器的窗口缩小时，本例文件 7-3-5.html 在浏览器中的显示效果如图 7-29 所示。

在例 7-3-4 的基础上，修改 content、submainBox 和 sideBox 元素的 CSS 定义，代码如下。

```
#content {
  height:200px;
  background:#99CCFF;
  margin:0 31% 0 31%;      /*设置外边距左右距离为自适应*/
}
#submainBox {
  float:left;
  height:200px;
  background:#90BAFF;
  width:30%;               /*设置宽度为 30%*/
  margin-left:-100%;       /*设置负边距为-100%*/
}
```

```
#sideBox {
    float:left;
    height:200px;
    width:30%;             /*设置宽度为 30%*/
    margin-left:-30%;   /*设置负边距为-30%*/
    background:#66CCFF;
}
```

【说明】要实现三列自适应结构，要从改变列的宽度入手。首先，要将 submainBox 和 sideBox 两列的宽度设置为自适应。其次，要调整左右两列有关负边距的属性值。最后，要对内容区域 content 容器的外边距进行修改。

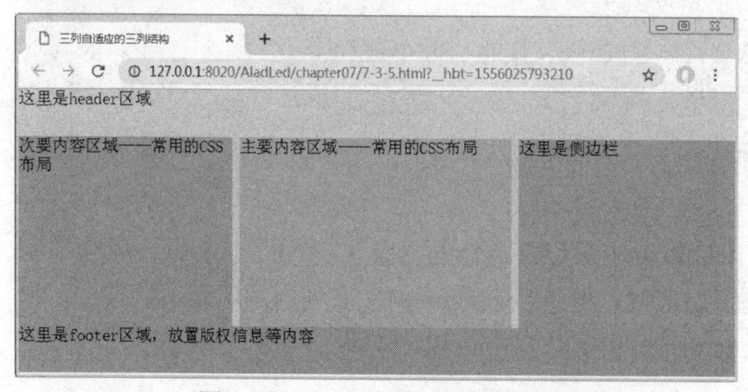

图 7-28　三列自适应结构的页面效果

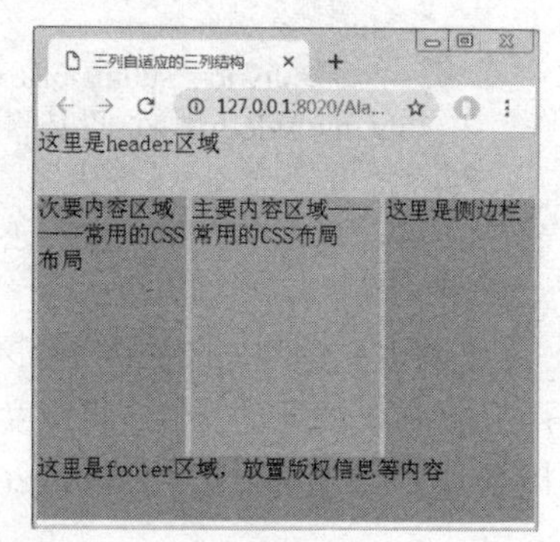

图 7-29　浏览器窗口缩小时的状态

7.4 实训

【实训任务】制作爱德照明网站的首页主体部分，本例文件 7-4.html 在浏览器中的显示效果如图 7-30 所示。

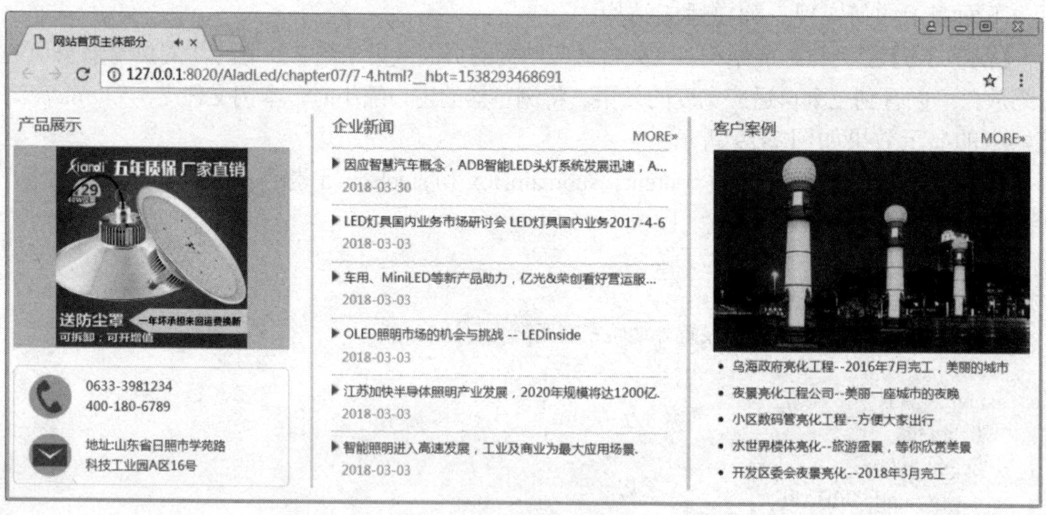

图 7-30　首页主体部分

【知识要点】盒子模型的特点及常用属性、元素的定位与浮动。

【实训目标】掌握综合使用 CSS 布局页面的技术。

7.4.1　任务分析

1. 页面结构分析

根据页面效果图和经验分析得知，页面整体内容可以放在一个 div 中，在这个 div 中再嵌套三个 div，自左向右排列。

2. CSS 样式分析

(1) 整个页面的布局通过 div 盒子实现，宽度为 1050px，左右居中。
(2) 左侧的 div 盒子向左浮动，其中嵌套放置视频的 div 和放置联系方式的 div。中间的 div 盒子也向左浮动，其中是企业新闻无序列表。右侧的 div 向右浮动，其中放置客户案例图片和客户案例无序列表项。
(3) 对超链接文本 MORE，通过绝对定位进行定位。

3. 准备素材

在“案例”文件夹下创建文件夹 media，用于存放视频文件。
将本页面需要使用的图像素材和视频文件分别存放在文件夹 img 和 media 中。

7.4.2　任务实现

1. 创建页面文件

(1) 启动 HBuilder，把需要的图片资料复制到当前项目的 img 文件夹中。
(2) 在当前项目中新建一个 HTML5 文档，文件名为 7-4.html，页面文件结构代码如下。

```
<head>
  <meta charset="utf-8" />
  <link href="CSS/7-4.css" rel="stylesheet" type="text/css">
  <title>网站首页主体部分</title>
</head>
<body>
  <div id="main">
    <div class="main_left">
    <h3> 产品展示</h3>
    <video src="dedia/led.mp4" autoplay loop></video>
    <div class="lianxi">
    <p><img src="img/telephone.jpg">0633-3981234<br/>400-180-6789</p>
    <p><img src="img/envelope.jpg">地址:山东省日照市学苑路<br/>科技工业园 A 区 16 号 </p>
    </div>
  </div>
  <div class="main_center">
    <h3>企业新闻</h3>    <a href="#" target="_blank" class="more">MORE&raquo;</a>
    <ul>
```

```
            <li><a href="#">因应智慧汽车概念，ADB 智能 LED 头灯系统发展迅速，ADB 智能 LED 头灯兴起
              </a></li>
            <span class="date">2018-03-30</span>
            <li><a href="">LED 灯具国内业务市场研讨会 LED 灯具国内业务 2017-4-6</a></li>
            <span class="date">2018-03-03</span>
            <li><a href="">车用、MiniLED 等新产品助力，亿光&荣创看好营运服务工作.</a></li>
            <span class="date">2018-03-03</span>
            <li><a href="">OLED 照明市场的机会与挑战  -- LEDinside</a></li>
            <span class="date">2018-03-03</span>
            <li><a href="">江苏加快半导体照明产业发展，2020 年规模将达 1200 亿.</a></li>
            <span class="date">2018-03-03</span>
            <li><a href="">智能照明进入高速发展，工业及商业为最大应用场景.</a></li>
            <span class="date">2018-03-03</span>
</ul>
   </div>
   <div class="main_right">
      <h3>客户案例</h3>   <a href="#" target="_blank" class="more">MORE&raquo;</a>
      <div class="imgbox">
         <img src="img/led_jgd9.jpg"/>
      </div>
      <ul>
         <li><a href="">乌海政府亮化工程--2016 年 7 月完工，美丽的城市</a></li>
         <li><a href="">夜景亮化工程公司--美丽一座城市的夜晚</a></li>
         <li><a href="">小区数码管亮化工程--方便大家出行</a></li>
         <li><a href="">水世界楼体亮化--旅游盛景，等你欣赏美景</a></li>
         <li><a href="">开发区委会夜景亮化--2018 年 3 月完工</a></li>
      </ul>
        </div>
</div>
</body>
```

2. 创建 CSS 样式文件

在 css 文件夹下新建一个名为 7-4.css 的样式表文件，代码如下:

```
*{                                    /*针对所有的 HTML 元素定义样式*/
   margin:0;                          /*外边距为 0px*/
      padding:0;                      /*内边距为 0px*/
      box-sizing:border-box;          /*盒子的宽度值和高度值包含元素的内边距和边框*/
   }
a{                                    /*设置超链接的样式*/
   text-decoration:none;              /*无修饰*/
}
body{                                 /*设置页面的整体样式*/
   width:1050px;                      /*宽度为 1050px*/
   margin:0 auto;                     /*页面自动居中对齐*/
   font-family: "微软雅黑";            /*字体为"微软雅黑"*/
   font-size:13px;                    /*文字大小为 13px*/
   color:#333;                        /*文字颜色为灰色*/
```

```
    position:relative                       /*相对定位*/
}
h3{                                         /*h3 标题的样式*/
    font-size:16px;
    color:#545861;                          /*文字颜色为浅灰色*/
    font-weight:500;                        /*文字粗细为 500*/
}
/*首页中部-主体部分样式开始*/
#main{
    clear:both;                             /*清除两侧浮动*/
}
#main .main_left,#main .main_center,#main .main_right{    /*定义主体部分的左、中、右三块*/
    padding:0px 20px;                       /*上、下内边距为 0px，左、右内边距为 20px*/
    margin-top:20px ;                       /*上外边距为 20px*/
    font-family: "微软雅黑";                 /*字体为"微软雅黑"*/
    position:relative;                      /*相对定位*/
}
#main h3{
    font-size:16px;
    color: #545861;
    font-weight:500;                        /*文字粗细为 500*/
    margin-bottom:12px ;                    /*下外边距为 12px*/
}
/*主体左侧样式开始*/
#main .main_left{
    width:307px;
    padding-left:0px;                       /*左内边距为 0px*/
    float:left;
}
#main .main_left video{
    width:285px;
    height:200px;
    background-color:#CCCCCC;
    border: 1px solid #BBBBBB;
}
/*首页联系方式盒子样式开始*/
#main .main_left .lianxi{
    width:285px;
    height: auto;
    border:1px solid #DDDDDD;
    border-radius:5px;
    margin-top:15px;
    padding:0 15px;
}
#main .main_left .lianxi p{
    height:50px;
    line-height:20px;
    margin-top:8px;
```

```
}
#main .main_left .lianxi img{
    width:43px;
    height:43px;
    float:left;
    margin-right:15px ;
}
/*首页联系方式盒子样式结束*/
/*主体左侧样式结束*/
/*主体中部样式开始--企业新闻样式*/
#main .main_center{
    width:390px;
    border-left:3px solid #DDD;             /*左边框为 3px 的浅灰色实线*/
    border-right:3px solid #DDD;            /*右边框为 3px 的浅灰色实线*/
    margin-bottom:10px;                     /*下外边距为 10px*/
    float: left;
}
#main .main_center ul li{                   /*列表项的样式*/
    border-top:1px dotted #999999;          /*上边框为 1px 的灰色点线*/
    padding:5px 0px;                        /*上、右、下、左内边距依次为 5px、0px、5px、0px*/
    white-space:nowrap;                     /*强制文本不能换行*/
    overflow:hidden;                        /*隐藏溢出文本*/
    text-overflow:ellipsis;                 /*溢出文本被修剪，显示省略号*/
    line-height:19px;                       /*行高为 19px*/
}
#main .main_center ul li:before{
    content:url(../img/triangle-icon-blue.jpg);        /*在列表项内容前插入三角图标*/
    padding-right:4px;                                 /*右内边距为 4px*/
}
#main .main_center .date{
    color:#999999;
    display:block;                          /*块级元素*/
    margin:0 0 10px 10px;                   /*上、右、下、左外边距依次为 0px、0px、10px、10px*/
}
/*主体中部样式结束*/
/*主体右侧样式开始*/
#main .main_right{
    width:350px;
    padding-right:0px ;                     /*右内边距为 0px*/
    float:right;
}
#main .main_right .imgbox{                  /*客户案例的盒子样式*/
    width:325px;
    height:200px;
    position:relative;
    overflow:hidden;
}
#main .main_right .imgbox img{              /*客户案例的图片样式*/
```

```
    width:325px;
    height:200px;
}
#main .main_right ul li{
    line-height:27px;                 /*行高为 27px*/
    margin-left:20px ;                /*左内边距为 20px*/
}
/*主体部分无序列表中超链接样式定义开始*/
#main ul a{
    text-decoration:none;             /*文本无修饰*/
    color:#333333;
}
#main ul a:link,a:visited{
    color:#333333;
}
#main ul a:hover{
    color:red;
    text-decoration: underline;       /*加下画线*/
}
/*主体部分无序列表中超链接样式定义结束*/
#main .more                           /*定义 MORE 的样式*/
{
    position:absolute;                /*绝对定位*/
    top:10px;                         /*距顶部 10px*/
    right:10px;                       /*离右边 10px*/
    text-decoration:none;             /*无修饰*/
    color:#0091D8;
}
/*首页中部-主体部分样式结束*/
```

3. 浏览网页

在 Chrome 浏览器中浏览网页，效果如图 7-30 所示。

【实训说明】

(1) 三个并列的盒子宽度固定，宽度之和比页面总宽度小 3px，通过浮动在盒子之间留下 3px 的空隙。

(2) 在 CSS 定位布局中，一般遵循“外部相对定位，内部绝对定位”的原则。

7.5 本章小结

本章首先介绍了使用页面布局标签+CSS布局、元素的浮动、不同浮动方向呈现的效果、清除浮动的常用方法，然后讲解了元素的定位属性及网页中常见的几种定位模式，最后讲解了典型的CSS布局及网页中常见的两列布局和三列布局。在本章的最后，使用CSS布局技术制作了爱德照明网站的首页主体部分。

通过本章的学习，读者应该能够熟练地运用页面布局相关知识进行网页布局，掌握浮动和定位技术，掌握典型的CSS布局方式。

7.6 练习题

1. 制作如图7-31所示的两列固定宽度的居中型页面布局。

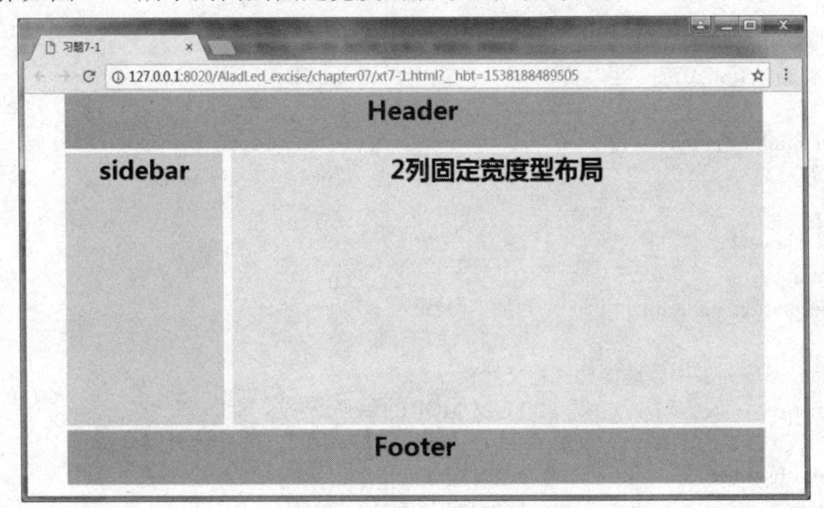

图7-31　练习题1效果图

2. 制作如图7-32所示的页面布局，页头和页脚宽度为100%，中间主体部分三列固定宽度。

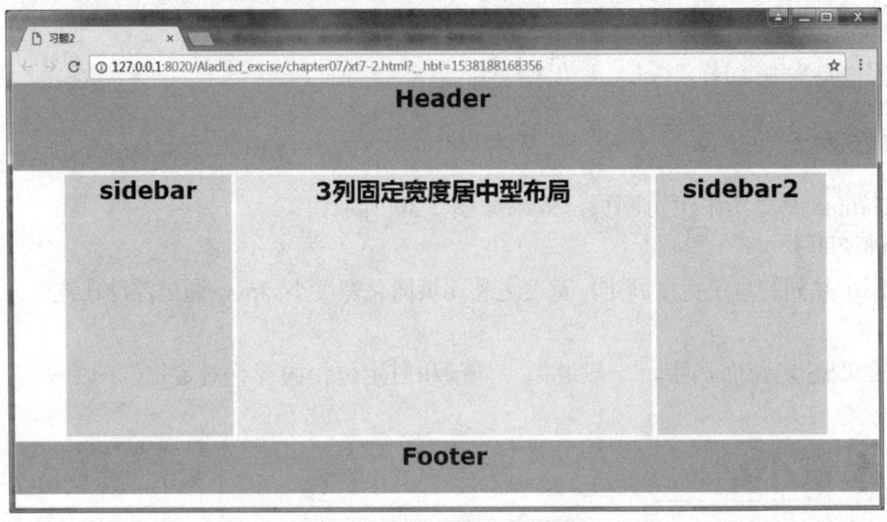

图7-32　练习题2效果图

3. 使用本章知识按照如图7-33所示的内容，完成下面的任务。

(1) 根据图7-33所示的博客页面，设计个人博客的页面结构。

(2) 模仿“杨青个人博客”首页，制作个人博客页面。

杨青个人博客一个站在w
127.0.0.1:8020/AladLed_excise/chapter07/xt1/xt7-1.html?__hbt=1538180015387
杨青个人博客
网站首页
关于我
博客日记
模板分享
学无止境
慢生活
留言
优秀个人博客
安静地做一个爱设计的女子
个人博客，属于我的小世界！
【匆匆那些年】总结个人博客经历的这四...
个人博客模板
关于我
网名：DanceSmile | 即步非烟
职业：Web前端设计师、网页设计
籍贯：四川省—成都市
邮箱：dancesmiling@qq.com
html5 个人博客模板《...
个人博客模板《show ti...
html5个人博客模板《si...
+下载模板
html5古典个人博客模...
html5个人博客模板《...
个人博客模板《早安》
搜索
点击排行
【活动作品】柠檬绿兔小白个人博客模板
个人博客模板（2014草根寻梦）
黑色质感时间轴html5个人博客模板
东轩博客，我看到了你的坚持！
最新文章
帝国cms 循环调用子栏目信息以及头条图片
阅读原文>>
我是怎么评价自己的？
个人博客模板《show time》蓝色版
120
1
2
3
4
5
6
下一页
Design by 杨青个人博客 蜀ICP备11002373号-1

图 7-33　个人博客页面

第 8 章 链接与导航

网页中的链接、列表与菜单随处可见，本章将讲解使用CSS设置链接与导航菜单的方法。

本章的学习目标：

- 理解链接的4种状态，能够根据它们所处的状态来设置其样式。
- 掌握文字链接样式的设置，能够制作不同区域的链接效果。
- 掌握图像链接样式的设置。
- 掌握纵向导航菜单的设计，能够制作网站的产品列表。
- 掌握使用CSS设置横向导航菜单的常用方法。

8.1 链接样式

8.1.1 案例分析

【案例展示】利用CSS设置链接样式的基本知识制作产品中心-景观路灯局部页面，为图片和文字设置超链接，本例文件8-1.html在浏览器中的浏览效果如图8-1所示。

图 8-1　产品中心-景观路灯局部页面

【知识要点】掌握使用 CSS 设置链接样式的常用方法。

【学习目标】超链接的 4 种状态及设置顺序。

8.1.2 设置文字链接样式

伪类中通过:link、:visited、:hover 和:active 来控制链接内容在被访问前、访问后、鼠标悬停时以及用户激活时的样式。需要说明的是，这 4 种状态的顺序不能颠倒，否则可能会导致伪类样式不能实现。

【例 8-1-1】改变文字链接的外观。对于本例文件 8-1-1.html，当鼠标未悬停时文字链接的效果如图 8-2 所示，鼠标悬停在文字链接上时的效果如图 8-3 所示。页面关键代码如下。

```
<head>
  <meta charset="utf-8">
  <title>超链接样式</title>
  <style type="text/css">
    .nav a {
        padding:8px 15px;
        text-decoration:none;
    }
    .nav a:hover {   /*鼠标悬停时样式*/
       color:#f00;
       font-size:20px;
       text-decoration:underline;
  }
  </style>
</head>
<body>
  <nav>
      <a href="#">首页</a>
      <a href="#">关于</a>
      <a href="#">客服</a>
      <a href="#">联系</a>
  </nav>
</body>
```

图 8-2 鼠标未悬停时文字链接的外观

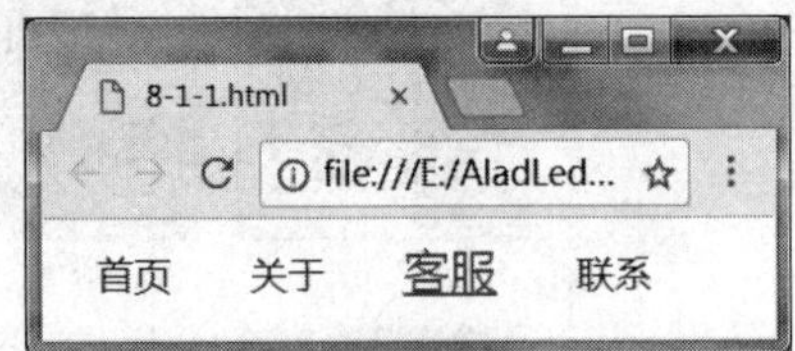

图 8-3 鼠标悬停时文字链接的外观

【例 8-1-2】制作网页中不同区域的链接效果。本例文件中，当鼠标经过导航区域时，文本变成蓝色带上画线，如图 8-4 所示。当鼠标经过“客户服务中心”文字超链接时，文本变成红色带下画线，如图 8-5 所示。本例文件 8-1-2.html 的关键代码如下。

```
<head>
    <meta charset="utf-8">
    <title>使用 CSS 制作不同区域的超链接风格</title>
    <style type="text/css">
    a:link {                            /*未访问的链接*/
        font-size:17px;
        color:#0000ff;
        text-decoration:none;
        }
    a:visited {                         /*访问过的链接*/
      color: #00ffff;
      text-decoration:none;
        }
    a:hover {                           /*鼠标经过的链接*/
      color:#cc3333;
      text-decoration:underline;        /*下画线*/
        }
    .nav {                              /*导航样式*/
      text-align:center;
      background-color:#cccccc;
        }
    .nav a:link {                       /*导航中的超链接样式*/
      color: #ff0000;
      text-decoration:underline;
      font-size:23px;
      font-family: "华文细黑";
      }
    .nav a:visited {
      color:#0000ff;
      text-decoration:none;
      }
     .nav a:hover {
      color:#00f;
      text-decoration:overline;         /*上画线*/
        }
     .footer{
      text-align:center;
      margin-top:120px;
      }
    </style>
</head>
<body>
     <h2 align="center">Led 灯网店</h2>
     <nav>
       <a href="#">首页</a>   
       <a href="#">关于</a>   
```

```
        <a href="#">客服</a>   
        <a href="#">联系</a>
    </nav>
    < footer>
        版权所有  &copy;  <a href="#">客户服务中心</a>
    </footer>
</body>
```

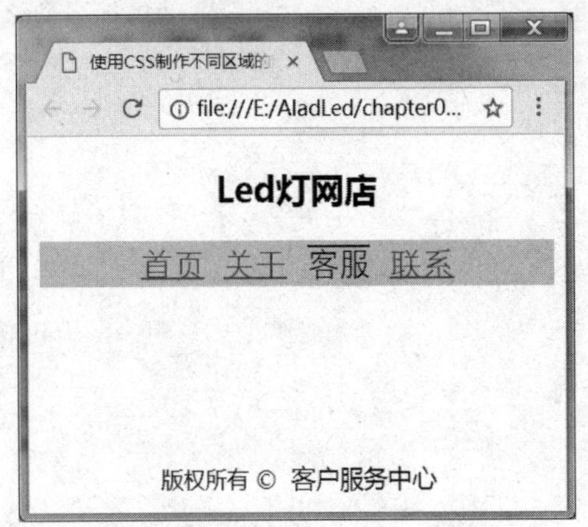

图 8-4　鼠标经过导航区域时的链接风格

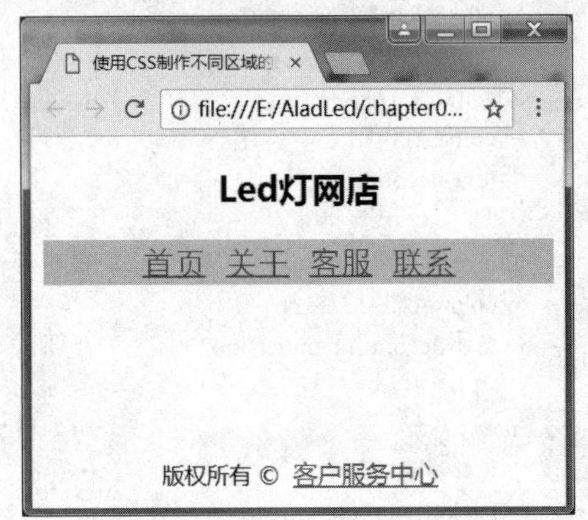

图 8-5　鼠标经过“客户服务中心”时的链接风格

【说明】

在指定超链接样式时，建议按:link、:visited、:hover 和:active 的顺序指定。如果先指定:hover 样式，然后再指定:visited 样式，则在浏览器中显示时，:hover 样式将不起作用。

页面中的导航区域用 nav 标签定义，并且分别定义了.nav a:link、.nav a:visited 和.nav a:hover 这 3 个后代选择器，因此可以使导航区域的超链接风格区别于版权区域文字的超链接风格。

8.1.3　设置图像链接样式

网页设计中对文字链接的修饰不仅限于增加边框、修改背景颜色等方式，还可以利用背景图片对文字链接进行进一步的美化。

【例 8-1-3】设置图文链接。本例文件为 8-1-3.html，当鼠标未悬停时文字链接的效果如图 8-6 所示，当鼠标悬停在文字链接上时文字链接的效果如图 8-7 所示。页面的关键代码如下。

```
<head>
    <meta charset="utf-8">
    <title>图文链接</title>
    <style type="text/css">
    .a {
        padding-left:20px;          /*设置左内边距，用于增加空白，显示背景图片*/
        font-size:20px;
        text-decoration:none;
    }
    .a:hover {
    background-image:#dddddd url(img/star.gif) no-repeat left center;   /*设置背景*/
```

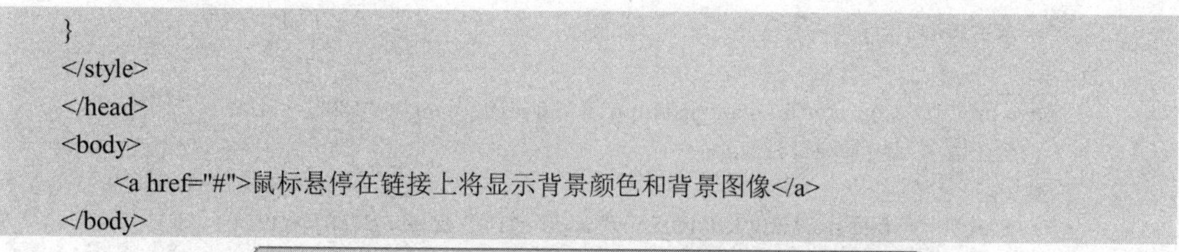

```
}
</style>
</head>
<body>
    <a href="#">鼠标悬停在链接上将显示背景颜色和背景图像</a>
</body>
```

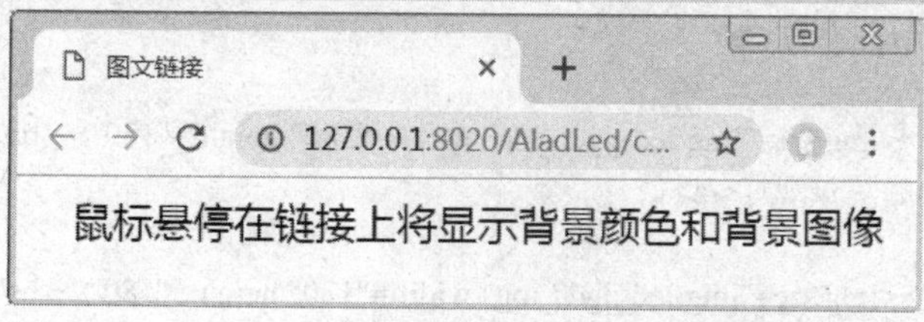

图 8-6　鼠标未悬停时图文链接的效果

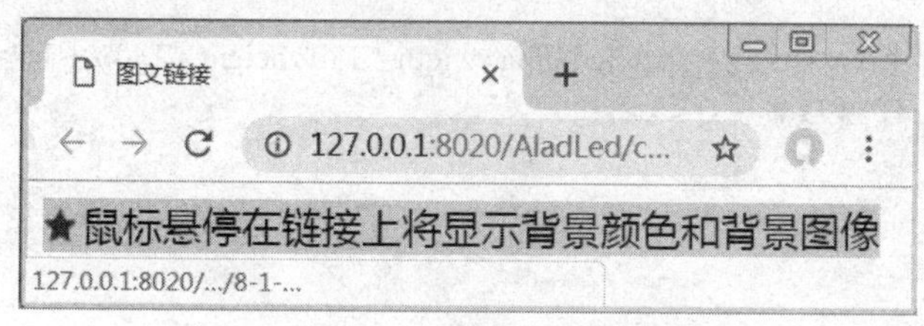

图 8-7　鼠标悬停时图文链接的效果

【说明】

本例 CSS 代码中的 padding-left:20px;用于增加容器左侧的空白，为后来显示背景图片留出空间。当触发鼠标悬停操作时，增加背景图片和背景颜色，背景图片位置在容器的左边中间。

8.1.4　案例——制作产品中心-景观路灯局部页面

1. 创建项目，准备素材

创建项目，把需要的图片文件复制到 img 文件夹中。如果已建项目，则把图片素材复制到已建项目的 img 文件夹中即可。

2. 创建网页结构文件

在当前项目中创建 HTML5 网页文件，文件名为 8-1.html。

在页面中创建无序列表，列表项目为图片和文字，为图片和文字设置超链接，代码如下。

```
<body>
  <ul>
    <li><a href=""><img src="img/led_jgd1.jpg" width="180" height="180"/><br/>
            仿古锥形广场景观灯柱</a>
    </li>
    <li><a href=""><img src="img/led_jgd2.jpg" width="180" height="180"/><br/>
        镂空方柱形景观灯柱</a>
    </li>
    <li><a href=""><img src="img/led_jgd3.jpg" width="180" height="180"/><br/>
```

```
        多头造型 LED 景观灯</a>
    </li>
    <li><a href=""><img src="img/led_jgd4.jpg" width="180" height="180"/><br/>
        莲花造型广场景观灯柱</a>
    </li>
    <li><a href=""><img src="img/led_jgd5.jpg" width="180" height="180"/><br/>
        内透光方柱景观灯</a>
    </li>
    <li><a href=""><img src="img/led_jgd6.jpg" width="180" height="180"/><br/>
        现代园林庭院景观灯</a>
    </li>
    <li><a href=""><img src="img/led_jgd7.jpg" width="180" height="180"/><br/>
        古典浮雕祥云景观灯柱</a>
    </li>
    <li><a href=""><img src="img/led_jgd8.jpg" width="180" height="180"/><br/>
        立柱仿云石 LED 景观灯</a>
    </li>
  </ul>
</body>
```

3. 外部样式表

创建外部 CSS 样式以美化图片和文字信息列表。在文件夹 css 下新建一个名为 8-1.css 的样式表文件，代码及分析如下。

用*{}定义所有元素的默认内边距和外边距为 0，使得容易控制边距并进行布局。

```
*{                    /*设置所有元素的默认样式*/
  margin:0px;
  padding:0px;
  box-sizing:border-box; /*元素的宽度和高度包括元素的边框和内边距*/
}
```

定义列表<ul>的宽度和高度，并且在浏览器中水平居中显示。

```
ul{
  width:820px;
  height:480px;
  list-style:none;         /*不显示列表项目标记符号*/
  border:1px solid #555;
  margin:10px auto;        /*外边距上下为 10px，左右为 auto*/
}
```

为了实现<li>列表项的横向排列，使用属性“float:left;”来实现，设置外边距以实现各个列表项之间以及其他元素之间的合理布局。

```
ul li{
  width:180px;
  height:210px;
```

```
    float:left;           /*向左浮动，使列表项横向排列*/
    margin:10px;          /*外边距为 10px*/
    font-size:14px ;
    text-align:center;    /*文本水平居中*/
}
```

设置图片的宽度和高度，这样在页面中就可以省略有关图片大小的代码，简化页面文件。

```
ul li img{
    width:180px;
    height:180px;
    margin:10px;
}
```

设置超链接文字的样式，去掉默认的下画线。

```
ul li a{
    text-decoration:none; /*文本无修饰*/
    color:#444;
}
```

设置当鼠标悬停在超链接文本上时，文字颜色的变化。

```
ul li a:hover {             /*鼠标悬停时的样式*/
    color:#0091D8;
}
```

设置当鼠标悬停在超链接图片上时，图片加上边框。因为设置了“box-sizing:border-box;”属性，图片边框也包括在定义的宽度和高度 180px 内，所以当鼠标指向图片时，图片会缩小到宽度和高度为 178px，出现动态效果。

```
    ul li a:hover img{              /*鼠标悬停时的图片样式*/
    border:2px solid #0091D8;       /*图片加边框*/
}
```

4. 浏览网页

在浏览器中浏览已制作完成的页面，页面的显示效果如图 8-1 所示。

8.2 纵向导航菜单的设计

8.2.1 案例分析

【案例展示】使用 CSS 设置纵向导航菜单的基本知识制作“产品中心”页面的左侧导航菜单，本例文件 8-2.html 在浏览器中的显示效果如图 8-8 所示。

图 8-8 “产品中心”页面的左侧导航

【知识要点】普通的链接导航菜单、纵向列表导航菜单。

【学习目标】掌握使用 CSS 设置纵向导航菜单的常用方法。

8.2.2 纵向导航菜单

普通的链接导航菜单的制作比较简单，主要采用将文字链接从“行级元素”变为“块级元素”的方法来实现。

【例 8-2-1】制作超链接导航菜单，当鼠标未悬停在菜单项上时的效果如图 8-9 所示，鼠标悬停在菜单项上时的效果如图 8-10 所示。

图 8-9 鼠标未悬停时的超链接导航菜单

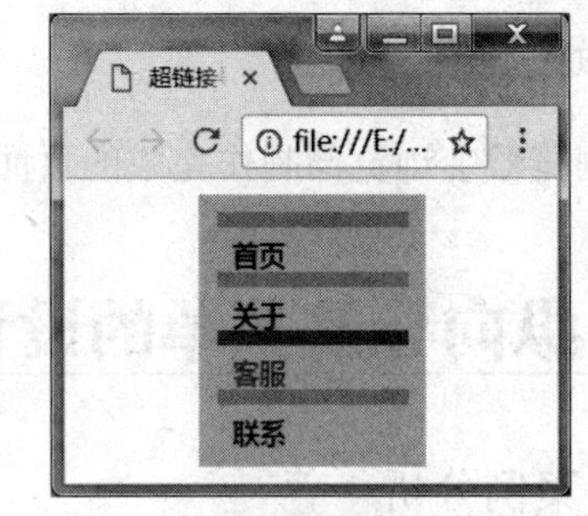

图 8-10 鼠标悬停时的超链接导航菜单

页面文件 8-2-1.html 的关键代码如下。

```
<head>
  <meta charset="utf-8">
  <title>超链接导航菜单</title>
  <style type="text/css">
```

```
        #menu {
            font-family:Arial;
            font-size:14px;
            font-weight:bold;
            width:100px;
            padding:8px;
            background:#cba;
            margin:0 auto;
            border:1px solid #ccc;
        }
        #menu a, #menu a:visited{
            display:block;
            padding:4px 8px;
            color:#333;
            text-decoration:none;
            border-top:8px solid #69f;
            height:1em;
        }
        #menu a:hover{
            color:#63f;
            border-top:8px solid #63f;
        }
    </style>
</head>
<body>
    <div id="menu">
        <a href="#">首页</a>
        <a href="#">关于</a>
        <a href="#">客服</a>
        <a href="#">联系</a>
    </div>
</body>
```

8.2.3　案例——制作产品中心页面的左侧导航

1. 网页结构

在页面中创建一个包含无序列表的 div 容器，该容器包含一个列表，其中列表又包含若干列表项，每个列表项中包含一个用于实现导航菜单的文字链接。

2. 网页结构文件

在当前文件夹中，新建一个名为 8-2.html 的网页文件，代码如下。

```
<body>
<div id="content-left">
    <ul>
```

```
            <li class="tp">产品中心</li>
            <li><a href="">LED 景观路灯</a>       <img
              src="img/triangle-icon-blue.png"/></li>
            <li><a href="">LED 射灯</a></li>
            <li><a href="">LED 霓虹灯</a></li>
            <li><a href="">LED 瓦楞灯</a></li>
            <li><a href="">LED 数码灯</a></li>
            <li><a href="">LED 点光源</a></li>
            <li><a href="">LED 墙角灯</a></li>
            <li class="yj"></li>
        </ul>
</div>
</body>
```

3. 设置容器及列表的样式

在 css 文件夹中创建外部样式文件 8-2.css，设置菜单 div 容器的样式、菜单列表及列表项的样式，代码如下。

```
*{    /*设置默认样式*/
   margin:0;
   padding:0;
}
/*二级页面中间-左侧样式*/
#content-left{
   width:250px;
   height:auto;              /*自动默认高度*/
   margin:10px;              /*外边距为 10px*/
}
/*设置左侧纵向导航菜单的样式*/
#content-left ul{
   list-style:none;          /*不显示项目列表符号*/
   width:250px;
   background:#fff;          /*白色背景*/
   border-radius:10px;       /*圆角半径为 10px */
   margin:0 auto;            /*上下外边界为 0，左右根据宽度自适应相同的值(即居中)*/
   }
#content-left ul li{         /*设置列表项的样式*/
   width:170px;              /*宽度为 170px，加上左内边距 80px，正好为 250px*/
   height:50px;
   margin-bottom:1px;        /*下外边距为 1px*/
   padding-left:80px ;       /*左内边距为 80px*/
   background:#DDDDDD ;
   font-size:14px;
   line-height:55px;         /*行高为 55px*/
   text-align:left;          /*文字左对齐*/
   }
```

```
/*需要单独控制的列表项，第一个和最后一个列表项的样式*/
#content-left ul .tp{
    font-size:18px;
    font-weight:500;
    padding:0px;                    /*内边距为 0px*/
    text-align:center;
    width:250px;
    height:65px;
    line-height:80px ;
    background: #BBB;
    border-radius:10px 0 0 0;       /*左上圆角半径为 10px，其他角为直角*/
    }
#content-left ul .yj{
    height:20px;
    border-radius:0 0 0 10px;       /*左下圆角半径为 10px，其他角为直角*/
    margin-bottom:5px ;             /*下外边距为 5px*/
    }
```

设置容器及列表的 CSS 样式之后，菜单项的显示效果并不理想，还需要进一步美化。接下来设置菜单项超链接和鼠标悬停链接的样式，代码如下：

```
#content-left ul li a:link, #content-left ul li a:visited{
    color:#333;
text-decoration:none;           /*不要下画线*/
}
#content-left ul li a:hover{
    color:#0091D8;
}
```

4. 浏览网页

在浏览器中浏览制作完成的页面，页面的显示效果如图 8-8 所示。

8.3　横向导航菜单的设计

8.3.1　案例分析

【案例展示】使用 CSS 设置横向导航菜单的基本知识制作产品列表中的分页导航按钮，本例文件 8-3.html 在浏览器中的显示效果如图 8-11 所示。

【知识要点】导航菜单的横竖转换、横向列表导航菜单。

【学习目标】掌握使用 CSS 设置横向导航菜单的常用方法。

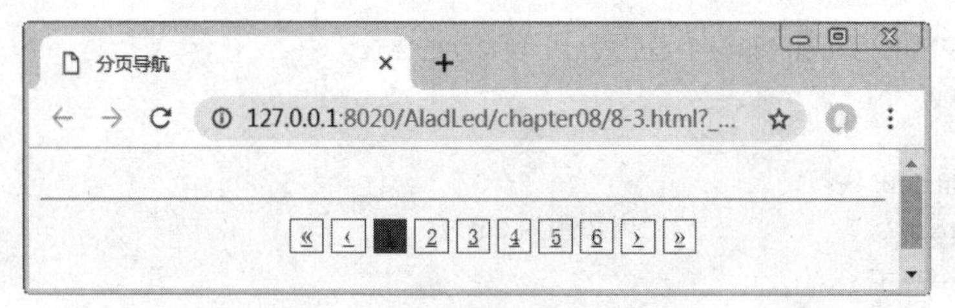

图 8-11 分页导航按钮的显示效果

8.3.2 网站主导航菜单的设计

在保持原有 HTML 结构不变的情况下，可以将纵向导航转变成横向导航，其中最重要的环节就是设置<li>标签为浮动标签。下面通过网站导航菜单的设计进行讲解。

【例 8-3-1】制作横向列表样式的导航菜单。本例文件 8-3-1.html 在浏览器中的显示效果如图 8-12 所示，当鼠标指向导航链接时的显示效果如图 8-13 所示。

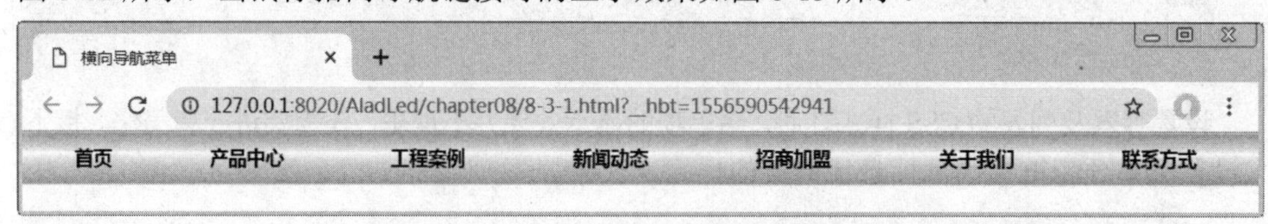

图 8-12 横向导航菜单的显示效果

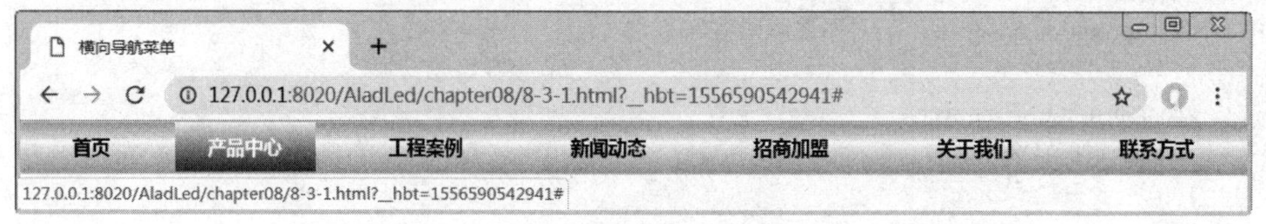

图 8-13 鼠标悬停时横向导航菜单的显示效果

(1) 首先设计网页结构文件，导航利用 HTML5 提供的<nav>标签实现，页面文件代码如下。

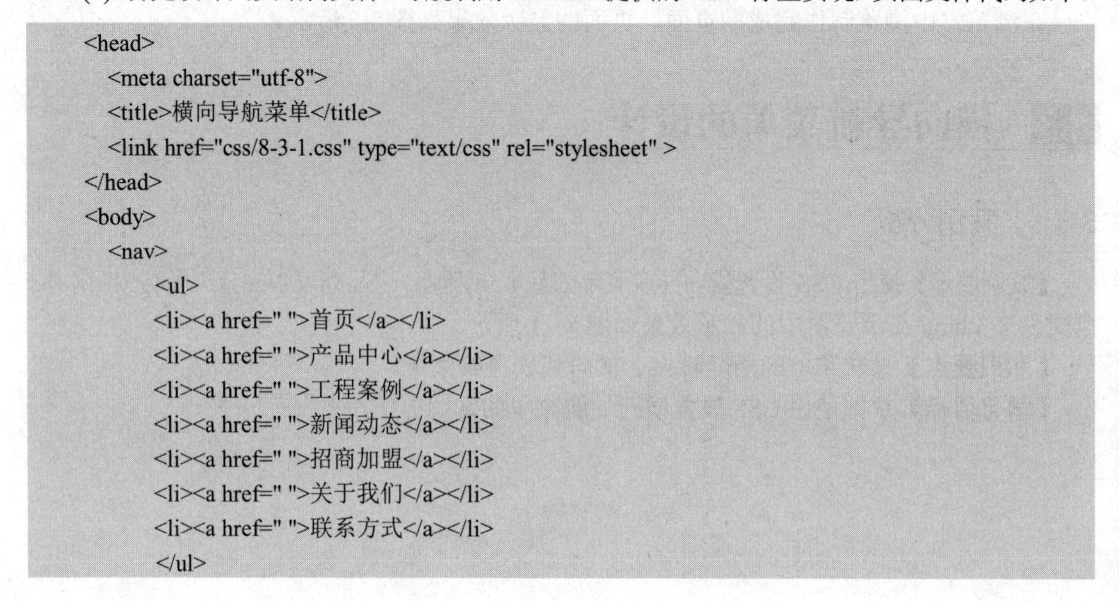

```
<head>
  <meta charset="utf-8">
  <title>横向导航菜单</title>
  <link href="css/8-3-1.css" type="text/css" rel="stylesheet" >
</head>
<body>
  <nav>
      <ul>
      <li><a href=" ">首页</a></li>
      <li><a href=" ">产品中心</a></li>
      <li><a href=" ">工程案例</a></li>
      <li><a href=" ">新闻动态</a></li>
      <li><a href=" ">招商加盟</a></li>
      <li><a href=" ">关于我们</a></li>
      <li><a href=" ">联系方式</a></li>
      </ul>
```

```
    </nav>
</body>
```

(2) 然后创建外部样式文件 8-3-1.css。

定义容器及列表的样式，代码如下。

```
* {inargin:0; padding:0;}
nav {
  margin-bottom:5px;
  text-align:center;
  width:1050px;
  height:36px;
/*定义渐变背景*/
  background-image:linear-gradient(0deg,#9cf,#fff 60%,#9cf 100%);
     border-bottom:1px solid #DBEAEE;
     border-top:1px solid #DBEAEE;
}
nav ul {                          /*设置菜单列表的样式*/
  list-style-type:none;           /*不显示项目符号*/
}
nav ul li {                       /*设置菜单列表项的样式*/
  display:inline;                 /*内联元素*/
  line-height:36px;               /*行高为 36px*/
}
```

设置菜单项超链接的样式，代码如下。

```
nav ul li   a{
  display:block;                    /*块级元素*/
  width:90px;
  height:36px;
  float:left;                       /*向左浮动*/
  padding:0px 8px 0px 8px;  /*上、右、下、左内边距依次为 0px、8px、0px、8px*/
  margin:0 10px 0 20px;     /*上、右、下、左外边距依次为 0px、10px、0px、20px*/
  text-decoration:none;     /*链接无修饰*/
  text-align:center;        /*文字居中对齐*/
  font-family:tahoma;
  font-size:14px;
  font-weight:bold;         /*字体加粗*/
}
nav ul li:nth-child(1)a{          /*设置第一个导航菜单项“首页”的宽度为 50px*/
  width: 50px;
  }
```

定义链接样式，当鼠标悬停时，变换背景和文本颜色，代码如下。

```
nav ul li a:link, nav ul li a:visited {   /*定义普通链接、访问过的链接的样式*/
  color:#333;                              /*浅黑色文字*/
}
```

```
nav ul li a:active,nav ul li a:hover {    /*激活链接和悬停链接的样式*/
  color:#FFF;                             /*白色文字*/
  background-image:linear-gradient(0deg,#36c,#9CF 60%,#fff 100%);
}
```

(3) 在 Chrome 浏览器中浏览网页，显示效果如图 8-12 和图 8-13 所示。

8.3.3 案例——制作产品中心页面的页码导航

1. 网页结构文件

在当前文件夹中，新建一个名为 8-3.html 的网页文件，关键代码如下。

```
<head>
  <meta charset="utf-8">
  <title>分页导航</title>
  <link href="css/8-3.css" type="text/css" rel="stylesheet">
</head>
<body>
   <div class="page">
      <hr>
      <ul>
            <li><a href="">&laquo;</a></li>
            <li><a href="">&#8249;</a></li>
            <li><a href="">1</a></li>
            <li><a href="">2</a></li>
            <li><a href="">3</a></li>
            <li><a href="">4</a></li>
            <li><a href="">5</a></li>
            <li><a href="">6</a></li>
            <li><a href="">&#8250;</a></li>
            <li><a href="">&raquo;</a></li>
     </ul>
  </div>
</body>
```

2. 设置容器、列表和超链接的样式

创建外部样式文件 8-3.css，设置页码导航 div 容器的样式、导航列表及列表项的样式。首先设置 div 容器和无序列表的样式。

```
.page{
clear:both;
text-align:center;
padding:15px 0 ;
}
.page ul{
margin-top:10px;                /*上外边距为 10px*/
}
```

```
.page li{
display:inline;                    /*在一行上显示*/
}
```

在设置容器及列表的CSS样式之后，导航列表项的显示效果并不理想，还需要进一步美化，接下来设置导航列表项未访问过链接及鼠标悬停链接的样式，代码如下。

```
.page  a{
display:inline-block;
width:20px;
height:20px;
border:1px solid #0091D8;
font-size:14px;
text-align:center;
line-height:20px;
font-family:"宋体";
}
.page  li:nth-child(3) a{            /*为第三个 li 元素加背景*/
   background-color:#0091D8;
}
.page  a:hover{                      /*设置鼠标悬停时的背景色*/
background-color:#DDD;
}
```

3. 浏览网页

在浏览器中浏览已制作完成的页面，页面的显示效果如图8-11所示。

8.4 实训

【实训任务】制作网站二级页面“产品中心”页面，本例文件8-4.html在浏览器中的显示效果如图8-14所示。

【知识要点】设置链接样式、列表样式与导航菜单样式。

【实训目标】掌握综合使用CSS设置链接、列表与导航菜单的方法。

8.4.1 任务分析

1. 页面结构分析

页面布局的首要任务是弄清楚网页的布局方式，分析版式结构。本例页面为两列固定布局，自上向下分成头部、主导航菜单、页面主体和页面底部四部分。主体内容包括左侧的产品中心导航列表和右侧的景观路灯展示内容。

图 8-14　产品中心页面

2. CSS 样式分析

(1) 整个页面的布局由 header、nav、div 和 footer 进行分块。

(2) 中部 div 嵌套左侧的 aside 和右侧的 div。

(3) 景观路灯用无序列表实现，将无序列表项定义为向左浮动。

(4) 翻页导航按钮用无序列表实现，将无序列表定义为在一行上显示。

3. 准备素材

将本页面需要使用的图像素材和字体文件分别存放在文件夹 img 和 font 下。

8.4.2　任务实现

根据上面的分析，创建网页文件和外部样式文件。

1. 创建页面文件

(1) 启动 HBuilder，在当前项目中新建 HTML5 文档，文件名为 8-4.html。

(2) 在 HBuilder 编辑区编辑文件，页面文件结构代码如下。

```
<!DOCTYPE html>
<html>
  <head>
    <meta charset="utf-8" />
    <link href="CSS/8-4.css" rel="stylesheet" type="text/css">
    <title>产品中心</title>
  </head>
  <body>
    <header>
          <img class="header-left" src="img/logo.png" width="100" height="50">
            <div class="header-right">
              <a href="#"><img src="img/wechat1.png"/>官方微信</a> <span style="color:#930">|
              </span>
              <a href=" " target="_blank">管理员登录</a> <span style="color:#930">|</span>
              <a href=" " target="_blank">会员注册</a>
          </div>
          <div class="header-text">照明材料</div>
     </header>
       <nav>
        <ul>
          <li><a href=" ">首页</a></li>
           <li><a href=" ">产品中心</a></li>
           <li><a href=" ">工程案例</a></li>
          <li><a href=" ">新闻动态</a></li>
          <li><a href=" ">招商加盟</a></li>
          <li><a href=" ">关于我们</a></li>
          <li><a href=" ">联系方式</a></li>
        </ul>
       </nav>
     <div id="content">
       <aside id="content-left">
        <ul>
                <li class="tp">产品中心</li>
                <li><a href="">LED 景观路灯</a>      <img src=
                  "img/triangle-icon-blue.png"/></li>
                <li><a href="">LED 射灯</a></li>
                <li><a href="">LED 霓虹灯</a></li>
                <li><a href="">LED 瓦楞灯</a></li>
                <li><a href="">LED 数码灯</a></li>
                <li><a href="">LED 点光源</a></li>
                <li><a href="">LED 墙角灯</a></li>
                <li class="yj"></li>
```

```
            </ul>
    </aside>
    <div id="content-right">
      <div class="tt">
        <h3>景观路灯</h3>
      </div>
      <div id="article">
          <div class="products">
           <ul>
            <li><a href=" "><img src="img/led_jgd1.jpg"><br/>
              仿古锥形广场景观灯柱</a>
            </li>
            <li><a href=""><img src="img/led_jgd2.jpg"><br/>
              镂空方柱形景观灯柱</a>
            </li>
            <li><a href=""><img src="img/led_jgd3.jpg"><br/>
              多头造型 LED 景观灯</a>
            </li>
            <li><a href=""><img src="img/led_jgd4.jpg"><br/>
              莲花造型广场景观灯柱</a>
            </li>
            <li><a href=""><img src="img/led_jgd5.jpg"><br/>
              内透光方柱景观灯</a>
            </li>
            <li><a href=""><img src="img/led_jgd6.jpg"><br/>
              现代园林庭院景观灯</a>
            </li>
            <li><a href=""><img src="img/led_jgd7.jpg"><br/>
              古典浮雕祥云景观灯柱</a>
            </li>
            <li><a href=""><img src="img/led_jgd8.jpg"><br/>
              立柱仿云石 LED 景观灯</a>
            </li>
          </ul>
          </div>
           <div class="page">
              <hr>
              <ul>
                  <li><a href="">&laquo;</a></li>
                  <li><a href="">&#8249;</a></li>
                  <li><a href="">1</a></li>
                  <li><a href="">2</a></li>
                  <li><a href="">3</a></li>
                  <li><a href="">4</a></li>
                  <li><a href="">5</a></li>
                  <li><a href="">6</a></li>
```

```
                <li><a href="">&#8250;</a></li>
                <li><a href="">&raquo;</a></li>
            </ul>
        </div>
            </div>
    </div>
</div>
<footer>
    <p class="link">
        <a href=" ">网站首页</a>|<a href=" ">产品中心</a>|<a href=" ">
          联系方式</a>|<a href=" "> 新闻动态</a>
    </p>
    <p>地址：山东省日照市学苑路 爱德照明科技有限公司</p>
</footer>
</body>
</html>
```

(4) 创建外部样式表。在文件夹 css 下新建一个名为 8-4.css 的样式表文件。页面的主体、链接和标题的 CSS 定义代码如下。

```
@charset "utf-8";
*{                                  /*针对所有的 HTML 元素定义样式*/
    margin:0;                       /*外边距为 0px*/
        padding:0;                  /*内边距为 0px*/
        box-sizing:border-box;      /*盒子的宽度值和高度值包含元素的内边距和边框*/
}
a{                                  /*设置超链接的样式*/
    text-decoration:none;           /*无修饰*/
}
body{                               /*设置页面的整体样式*/
    width:1050px;                   /*宽度为 1050px*/
    margin:0 auto;                  /*页面自动居中对齐*/
    font-family: "微软雅黑";         /*字体为"微软雅黑"*/
    font-size:13px;                 /*文字大小为 12px*/
    color:#333;                     /*文字颜色为灰色*/
    position:relative               /*相对定位*/
}
h3{                                 /*h4 标题的样式*/
    font-size:16px;
    color: #545861;                 /*文字颜色为浅灰色*/
    font-weight:500;                /*文字粗细为 500*/
}
/*网页头部的 CSS 样式开始*/
header {
    height:250px;                   /*高度为 250px*/
    background-color:#FFFFEE;              /*背景颜色*/
    background-image:url(../img/banner.jpg);        /*背景图片*/
    background-repeat:no-repeat;           /*背景图片不平铺*/
```

```
    background-position:center 50px;            /*背景图片位置，左右居中，离顶部 50px*/
}
.header-left{
    height: 50px;                               /*高度为 50px*/
}
.header-right{
    width:250px;
    height:50px;
    line-height:50px;                           /*行高为 50px*/
    float:right;                                /*向右浮动*/
}
.header-right img{
    width:25px;
    height: 21px;
}
.header-right a:link,.header-right a:visited{   /*普通链接和访问过的链接的样式*/
    text-decoration: none;                      /*文本无修饰*/
    color:#111111;
    }
.header-right a:active,.header-right a:hover{   /*激活链接和悬停链接的样式*/
    color:blue;
}
.header-text{                                   /*文字样式*/
   font-size: 40px;
   color: #4FAC00;
   margin-top: 10px;
   margin-left: 150px;
}
/*网页头部的 CSS 样式结束*/
/*导航栏样式开始*/
nav {
    margin-bottom:5px;
    height:36px;
    background-image: linear-gradient(0deg,#9cf,#fff 60%,#9cf 100%);
        border-bottom:1px solid #DBEAEE;
        border-top:1px solid #DBEAEE;
}
nav ul {                    /*设置菜单列表的样式*/
    list-style-type:none;   /*不显示项目符号*/
}
nav ul li {                 /*设置菜单列表项的样式*/
    display:inline;         /*内联元素*/
    line-height:36px;       /*行高为 36px*/
}
nav ul li   a{
    display:block;           /*块级元素*/
    width:90px;
    height:36px;
```

```
    float:left;                    /*向左浮动*/
    padding:0px 8px 0px 8px;   /*上、右、下、左内边距依次为 0px、8px、0px、8px*/
    margin:0 10px 0 20px;      /*上、右、下、左外边距依次为 0px、10px、0px、20px*/
    text-decoration:none;          /*链接无修饰*/
    text-align:center;             /*文字居中对齐*/
    font-family:tahoma;
    font-size:14px;
    font-weight:bold;              /*字体加粗*/
}
nav ul li:nth-child(1)a{           /*设置第一个导航菜单项“首页”的宽度为 50px*/
    width:50px;
    }

nav ul li a:link, nav ul li a:visited {       /*定义普通链接、访问过的链接的样式*/
    color:#333;                               /*浅黑色文字*/
}
nav ul li a:active,nav ul li a:hover {        /*激活链接和悬停链接的样式*/
    color:#FFF;        /*白色文字*/
    background-image:linear-gradient(0deg,#36c,#9CF 60%,#fff 100%);
}
/*导航栏样式结束*/
/*网页中部内容样式开始*/
#content{
    width:1050px;
    height:auto;                  /*自动默认高度*/
}
/*二级页面中间-左侧样式*/
#content-left{
    width:250px;
    height:auto;                  /*自动默认高度*/
    float:left;                   /*向左浮动*/
}
/*设置左侧纵向导航菜单的样式*/
#content-left ul{
    list-style:none;              /*不显示项目列表符号*/
    width:250px;
    background:#fff;               /*白色背景*/
    border-radius:10px;            /*圆角半径为 10px */
    margin:0 auto;                /*上下外边界为 0，左右根据宽度自适应(即居中)*/
    }
#content-left ul li{              /*设置列表项的样式*/
    width:250px;
    height:50px;
    margin-bottom:1px;            /*下外边距为 1px*/
    padding-left:80px ;           /*左内边距为 80px*/
    background:#DDDDDD ;
    font-size:14px;
    line-height:55px;             /*行高为 55px*/
```

```
    text-align:left;              /*文字左对齐*/
    }
  #content-left ul li a:link, #content-left ul li a:visited{
    color:#333;
  }
  #content-left ul li a:hover{
    color: #0091D8;
  }
  /*需要单独控制的列表项，第一个和最后一个列表项的样式*/
  #content-left ul .tp{
    font-size:18px;
    font-weight:500;
    padding:0px ;                 /*内边距为 0px*/
    text-align:center;
    width:250px;
    height:65px;
    line-height:80px ;
    background: #BBB;
    border-radius:10px 0 0 0;    /*左上圆角半径为 10px，其他角为直角*/
    }
  #content-left ul .yj{
    height:20px;
    border-radius:0 0 0 10px;    /*左下圆角半径为 10px，其他角为直角*/
    margin-bottom:5px ;          /*下外边距为 5px*/
    }
  /*二级页面中间-左侧样式结束*/
  /*二级页面中间-右侧样式*/
  #content-right{
    float:right;
    width:800px;
    height:auto;
  }
  #content-right .tt{
       height:40px;
       width:785px;
       margin-left:15px ;   /*左外边距为 15px*/
       border-bottom:2px solid #D6D6D6;   /*下边框样式，用下边框实现水平线效果*/
  }
  #content-right h3{
      font-weight:500;
      font-size:16px ;
      border-bottom:2px solid #0091D8; /*下边框样式，用下边框实现标题下面的横线效果*/
      width:90px;                      /*标题空间宽度为 90px*/
      padding:10px 0 7px 5px;          /*上、右、下、左内边距分别为 10px、0、7px、5px*/
  }
  #content-right #article{
    width:800px;
    height:auto;
```

```
}
/*产品中心页面，产品样式定义开始*/
#content-right  #article .products{
  width:800px;
}
#article .products ul{
  list-style:none;
}
#article .products ul li{
  width:180px;
  height:210px;
  float:left;
  margin:10px;
  font-size:14px ;
  text-align:center;
}
#article .products ul li img{
  width:180px;
  height:180px;
  margin:10px;
}
#article .products ul li a:hover {
  color:#0091D8;
}
#article .products ul li a:hover img{
  border:2px solid #0091D8;
}
/*分页导航样式*/
#article .page{
clear:both;
text-align:center;
padding:15px 0 ;
}
#article .page ul{
margin-top:10px;     /*上外边距为 10px*/
}
#article .page  li{
display:inline;        /*在一行上显示*/
}
#article .page  a{
display:inline-block;
width:20px;
height:20px;
border:1px solid #0091D8;
font-size:14px;
text-align:center;
line-height:20px;
font-family: "宋体";
```

```
}
#article .page  li:nth-child(3) a{     /*为第三个 li 元素加背景*/
    background-color:#0091D8;
}
#article .page   a:hover{            /*设置鼠标悬停时的背景色*/
background-color: #DDD;
}
/*产品中心页面，产品样式定义结束*/
/* footer 样式开始  */
 footer{
  clear:both;                          /*清除两侧浮动*/
   width:100%;                           /*宽度为 100%，即 1050px*/
   height:100px;
   background:#545861;
   border-bottom:1px solid #fff;       /*下边框为 1px 的白色实线*/
   color:#ffffff;                      /*白色文字*/
   text-align:center;                  /*文字水平居中*/
}
footer .link{
   padding-top:25px ;                  /*上内边距为 25px*/
}
footer .link a{
   display:inline-block;               /*内联元素*/
   width:70px;
   height:36px;
   color: #ffffff;
   padding:0px 8px 0px 8px;            /*上、右、下、左内边距依次为 0px、8px、0px、8px*/
   margin:0 14px 0 14px;               /*上、右、下、左外边距依次为 0px、14px、0px、14px*/
   text-decoration:none;               /*链接无修饰*/
   text-align:center;                  /*文字居中对齐*/
}
footer .link a:hover {                 /*鼠标悬停链接的样式*/
   color:#CCC;                         /*浅灰色文字*/
   text-decoration:underline;          /*下画线修饰*/
}
/* footer 样式结束  */
```

(5) 在浏览器中浏览制作完成的页面，页面显示效果如图 8-14 所示。

【实训说明】(1) 本例介绍了网站中产品中心页面的制作，重点练习综合使用 CSS 设置链接、列表与导航菜单的技术。

(2) 在定义全局样式的代码中，语句"box-sizing:border-box;"设置盒子的宽度值和高度值(包含元素的内边距和边框)。

默认情况下，在 CSS 中设置一个元素的width与height属性时，属性值只包括这个元素的内容空间，不包括 border 和 padding，盒子的实际宽度和高度会加上它的边框和内边距。当调整一个元素的宽度和高度时，需要时刻注意这个元素的边框和内边距，否则布局设计容易混乱。

使用“box-sizing:border-box;”属性 告诉浏览器，设置的边框和内边距的值是包含在宽度内的，这样布局设计更容易实现。

8.5 本章小结

本章首先介绍了如何使用 CSS 设置文字链接样式与图像链接样式，然后讲解了如何使用 CSS 设置纵向导航菜单与横向导航菜单，最后通过使用 CSS 设置链接与导航的方法，制作出常见的 LED 网站产品中心页面。

通过本章的学习，读者应该能够将网页中的链接与菜单以各种形式体现在网页中，可以熟练地使用 CSS 来设置链接与导航菜单。

8.6 练习题

1. 综合使用链接和导航菜单技术制作如图 8-15 所示的页面。

图 8-15　练习题 1 效果图

2. 综合使用链接和导航菜单技术制作如图 8-16 所示的页面。

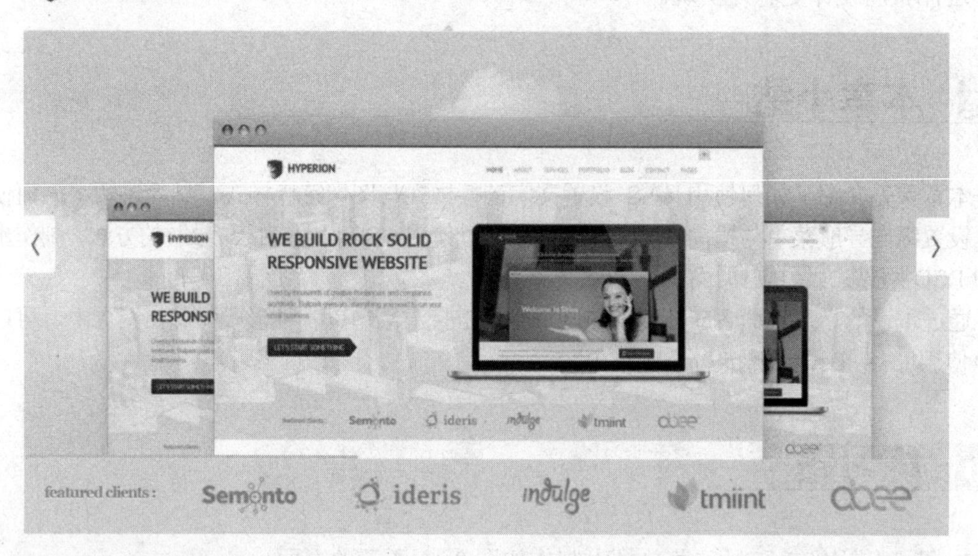

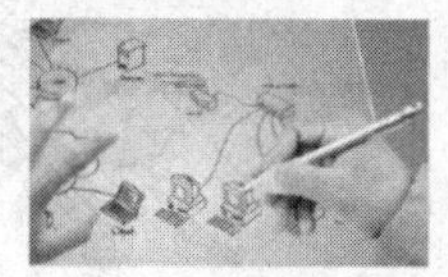

图 8-16　练习题 2 效果图

第 9 章

表　单

表单是 HTML 网页中的重要元素，是允许用户输入信息的区域。用户输入信息后，将信息发送给服务端程序处理，从而实现网上注册、登录和交易等多种功能。本章将对表单控件和属性及其用法进行详解。

本章的学习目标：

- 了解表单功能，能够快速创建表单。
- 掌握表单相关元素，能够准确定义不同的表单控件。
- 掌握表单样式的控制，能够美化表单界面。

9.1 表单标签

在 HTML 中，<form>标签用来定义表单，即创建表单。表单中可以包含多个表单元素，用来实现用户信息的收集和传递。

创建表单的基本语法格式如下。

```
<form name="表单名" action="URL" method="get/post" autocomplete="on/off" >
各种表单元素控件
</form>
```

<form>标签中常用属性的含义如下。

- name：给定表单名称，对表单命名之后就可以用脚本语言(如 JavaScript 或 VBScript)对它进行控制。
- action：指定处理表单信息的服务器端应用程序。
- method：指定表单数据的提交方式，method 的值可以为 get 或 post，默认值是 get。采用 get 方式提交的数据将显示在浏览器的地址栏中，保密性差，且有数据量的限制；而 post 方式的保密性好，并且无数据量的限制。
- autocomplete：指定表单是否有自动完成功能。取值为 on 时，表单有自动完成功能。取值为 off 时，表单无自动完成功能。

【例 9-1-1】创建登录表单。本例在浏览器中的显示效果如图 9-1 所示，页面文件 9-1-1.html 的关键代码如下。

```
<head>
    <meta charset="utf-8">
    <title>登录表单</title>
</head>
<body>
    <form name="form1" action="http://www.mysite.com/index.jsp" method="post">
      账号: <input type="text" name="userName"><br/><br/>
      密码: <input type="password" name="userPwd"><br/><br/>
         <input type="submit" value="提交">
        <input type="reset" value="重置">
    </form>
</body>
```

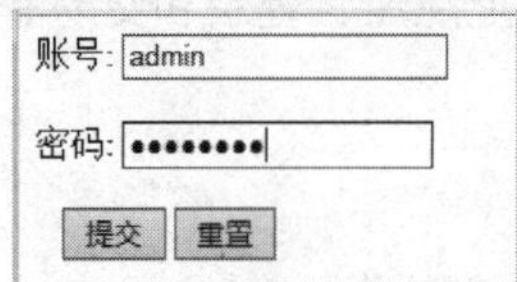

图 9-1　登录表单

9.2　表单元素

表单中通常包含一个或多个表单元素，常见的表单元素有 input、output、select、textarea 和 label 等。

9.2.1　案例分析

【案例展示】设计用户注册页面。使用表单标签和表单元素设计用户注册页面。本例文件 9-2.html 在浏览器中的显示效果如图 9-2 所示。

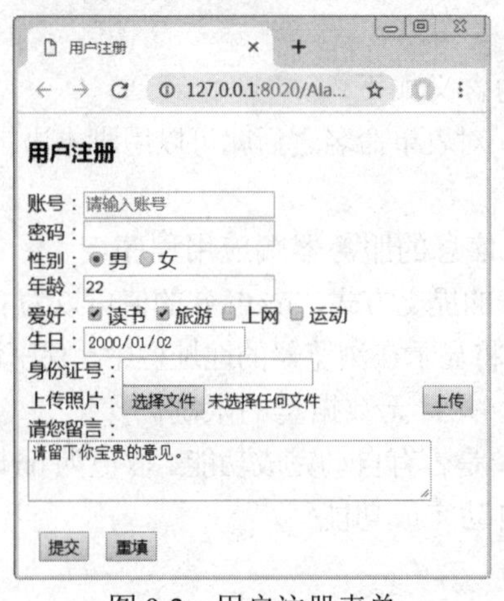

图 9-2　用户注册表单

【知识要点】表单、表单元素、表单元素常用属性的功能。
【学习目标】掌握用表单和表单元素以及各种属性设计表单的技术。

9.2.2 input 元素及其属性

input 元素是表单中最常见的元素，用于定义用户的输入项。网页中常见的单行文本框、单选按钮、复选框等都是通过它定义的 input 元素必须嵌套在表单标签中使用。

input 元素的基本语法格式如下。

```
<input type="输入类型" name="控件名" value="默认值" …>
```

- type 属性：指定 input 元素的输入类型。
- name 属性：该属性的值是相应程序中的变量名。
- value 属性：该属性的值是默认的输入值。

在 HTML5 中，< input>标签拥有多种输入类型及相关属性，常用属性如表 9-1 所示。

表 9-1 input 元素的常用属性

属 性	属 性 值	描 述
type	text	单行文本输入框
	password	密码输入框
	radio	单选按钮
	checkbox	复选框
	submit	提交按钮
	reset	重置按钮
	button	普通按钮
	image	图片按钮
	file	文件域
	email	e-mail 地址输入框
	url	URL 地址输入框
	tel	电话号码输入框
	number	数值输入框
	range	范围内数字输入域
	date pickers(date、month、week、time 和 datetime 等)	日期和时间输入框
	color	颜色输入域
	search	搜索框
	hidden	隐藏域
name	用户定义	控件名称
value	用户定义	input 控件的默认值
size	正整数	input 控件的显示宽度
maxlength	正整数	input 控件允许输入的最大字符数
min、max、step	数值	允许输入的最大值、最小值和间隔
autocomplete	on/off	是否自动完成输入

(续表)

属　性	属 性 值	描　述
placeholder	字符串	input 控件的输入提示
required	required	输入框的内容不能为空
patern	字符串	输入内容的验证正则表达式
checked	checked	默认选中
readonly	readonly	该控件内容只读
disabled	disabled	禁用该控件
autofocus	autofocus	自动获取焦点
multiple	multiple	允许多选
list	datalist 标签的 id 属性值	指定输入候选值列表

1. input 元素的 type 属性

在 HTML5 中，input 元素拥有多个 type 属性值，用于定义不同的控件类型。

(1) 单行文本框

当 type="text"时，定义单行文本输入框，用来输入简短的信息，如用户名、账号、证件号码等。单行文本框的格式为：

```
<input type="text" name="文本框名">
```

例如，定义账号文本输入框。

```
账号：< input type="text" name="userName" size="20" maxlength="32" value="admin"/>
```

其中，type="text"表示<input>元素的类型为单行文本框，name="userName"表示文本框的名称为 userName，size="20"表示文本框的宽度为 20 个字符，maxlength="32"表示最多输入 32 个字符，value="admin"表示文本框的初始值为 admin，页面中的显示效果如图 9-1 所示。

(2) 密码输入框

当 type="password"时，定义密码输入框，用来输入密码，内容将以圆点的形式显示，以保证密码的安全。密码框的格式为：

```
<input type="password" name="密码框名">
```

例如，定义密码框：

```
密码：<input type="password" name="userPwd" size="20" maxlength="16" />
```

其中，type="password"表示<input>元素的类型为密码框， maxlength="16"表示密码最多 16 个字符，页面中的显示效果如图 9-1 所示。

(3) 单选按钮

当 type="radio"时，定义单选按钮，如选择性别、是否操作等，格式如下。

```
<input type="radio" name="单选按钮名" value="提交值" checked="checked">
```

其中，value 属性可设置单选按钮的提交值，checked 属性表示是否为默认选中项，name 属性是单选按钮的名称，同一组单选按钮的名称必须相同，这样才能实现单选效果。

例如，选择“性别”单选按钮的代码如下。

```
性别：<input type="radio" name="sex" value="1" checked="checked">男
<input type="radio" name="sex" value=2">女
```

(4) 复选框

当 type="checkbox"时，定义复选框。复选框常用于多项选择，如选择兴趣、爱好等，格式如下。

```
<input type="checkbox" name="复选框名" value="提交值" checked="checked">
```

例如：选择“爱好”，其中读书和旅游两个选项默认被选中，代码如下，页面中的显示效果如图 9-3 所示。

```
爱好：<input type="checkbox" name="like1" value="1" checked="checked">读书
<input type="checkbox" name="like2" value="2" checked="checked">旅游
<input type="checkbox" name="like3" value="3" >上网
<input type="checkbox" name="like4" value="4" >运动
```

爱好：☑读书 ☑旅游 ☐上网 ☐运动

图 9-3 “爱好”选项

(6) 提交按钮

当 type="submit"时，定义提交按钮，将填写到文本框中的内容发送到服务器，格式如下。

```
<input type="submit" value="按钮名">
```

(7) 重置按钮

当 type="reset"时，定义重置按钮，单击重置按钮可取消已输入的所有表单信息，格式如下。

```
<input type="reset" value="按钮名">
```

(8) 普通按钮

当 type="button"时，定义普通按钮，用于触发单击事件。普通按钮的格式如下。

```
<input type="button" value="按钮名">
```

(9) 图像形式的提交按钮

当 type=“image”时，定义图像按钮。图像形式的提交按钮与普通的提交按钮在功能上基本相同，只是用图像替代了默认的按钮，外观上更加美观。图像按钮的格式如下。

```
< input type="image" src="图片路径"/>
```

(10) 文件域

当 type="file"时，定义文件域，进行文件上传的操作，如上传简历、上传照片和资料信息等，用户上传的文件将被保存在 Web 服务器上。文件域会在页面中创建“浏览”按钮和显示选中文件信息的地址文本框。文件域的格式如下。

```
<input type="file" name="文件域名">
```

例如：制作上传照片的表单页面，选择文件前的显示效果如图 9-4 所示，选择文件后的显示效果如图 9-5 所示，代码如下。

```
上传照片：<input type="file" name="picture"><input type="button" value="上传">
```

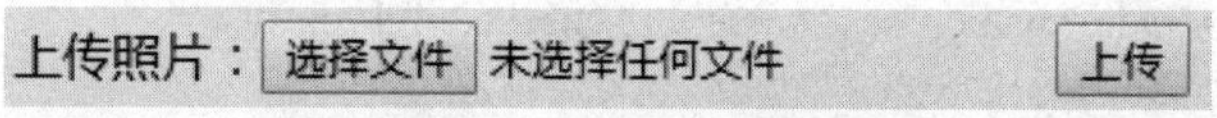

上传照片：选择文件 未选择任何文件 上传

图 9-4　选择上传文件前

上传照片：选择文件 picture.jpg 上传

图 9-5　选择上传文件后

(11) email 类型

当 type="email"时，定义用于输入 e-mail 地址的文本输入框。提交表单中的信息时，会验证 email 输入框的内容是否符合 e-mail 电子邮件地址的格式，如果不符合，将提示相应的错误信息。格式如下。

```
<input type="email">
```

(12) url 类型

当 type="url"时，定义用于输入 URL 地址的文本框。提交表单中的信息时，会验证所输入的内容是否是 URL 地址格式的文本，如果不是，将提示相应的错误信息。格式如下。

```
<input type="url">
```

(13) tel 类型

当 type="tel"时，定义用于输入电话号码的文本框。tel 类型通常会和 pattern 属性配合使用，验证电话号码的格式是否正确。格式如下。

```
<input type="tel" pattern="正则表达式" >
```

(14) number 类型

当 type="number"时，定义用于输入数值的文本框。提交表单中的信息时，会验证所输入的内容是否是数字，如果不是，将提示相应的错误信息。

输入框可以对输入的数字进行限制，规定允许的最大值、最小值、合法的数字间隔和默认值等，格式如下。

```
<input type="number" max="最大数" min="最小数" value="默认值" step="数字间隔">
```

- value：指定输入框的默认值。
- max：指定输入框可以接收的最大输入值。
- min：指定输入框可以接收的最小输入值。
- step：合法的间隔，如果不设置，默认值是 1。

(15) range 类型

当 type="range"时，定义提供指定范围内数值的输入控件，在网页中显示为滑动条。它的常用属性与 number 类型一样，通过 min 属性和 max 属性可以设置最小值与最大值，通过 step 属性可以指定每次滑动的步幅。

(16) date pickers 类型

当 type="date" "month" "week" "time" "datetime"或"datetime-local"时，定义用于日期或时间的输入框。日期和时间类型如表 9-2 所示。

表 9-2　日期和时间类型

日期和时间类型	说　明
date	选取日、月、年
month	选取月、年
week	选取周、年
time	选取时间(小时和分钟)
datetime	选取时间、日、月、年(UTC 时间)
datetime-local	选取时间、日、月、年(本地时间)

例如：制作生日输入框，输入数据前的显示效果如图 9-6 所示，单击文本框后的显示效果如图 9-7 所示，代码如下。

```
生日：<input type="date"value="2000-01-02"/><or/>
```

图 9-6　日期输入框

图 9-7　输入日期

(17) search 类型

当 type="search"时，定义专门用于输入搜索关键词的文本框，它能自动记录一些搜索过的字符。在用户输入内容后，其右侧会附带一个删除图标，单击这个图标可以快速清除内容。格式如下。

```
<input type="search">
```

(18) color 类型

当 type="color"时，定义提供设置颜色的文本框，用于实现 RGB 颜色输入。基本形式是#RRGGBB，默认值为#000000。通过 value 属性值可以更改默认颜色。单击 color 类型文本框可以快速打开拾色器面板，选取颜色。格式如下。

```
<input type="color" value="#FFCC33">
```

(19) hidden 类型

隐藏域的格式：

```
< input type=" hidden"/>
```

隐藏域不在页面上显示，通常用于后台程序，读者了解即可。

2. input 元素的其他属性

除了 type 属性外，input 元素还有一些其他的属性，具体如表 9-1 所示。下面介绍<input>元素的其他几种常用属性，具体如下。

(1) autocomplete 属性

autocomplete 属性用于指定表单是否有自动完成功能。

该属性有两个值，取值为 on 时，表单有自动完成功能，为表单控件输入的内容会记录下来，当再次输入时，会将输入的历史记录显示在一个下拉列表里，以实现自动完成输入功能；当取值 off 时表单无自动完成功能。

(2) placeholder 属性

placeholder 属性用于为 input 类型的输入框提供关于输入内容的提示信息。当输入框为空时显示提示信息，而当输入框获得焦点时提示信息会消失。

例如：在输入账号的输入框中显示提示信息，输入内容前的显示效果如图 9-8 所示，当输入框获得焦点时的显示效果如图 9-9 所示，代码如下。

```
账号：<input type="text" name="userName" size="20" placeholder="请输入账号"/>
```

图 9-8　placeholder 属性应用 1

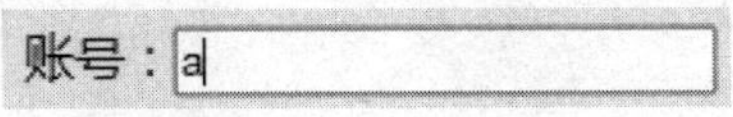

图 9-9　placeholder 属性应用 2

(3) required 属性

required 属性用于规定输入框的内容不能为空，必须填写，否则会给出必填的提示信息，且不允许用户提交表单。

(4) pattern 属性

pattern 属性用于验证 input 类型的输入框中，用户所输入内容的格式是否正确，验证是通过与 pattern 属性的正则表达式相比较实现的。当输入内容的格式与正则表达式定义的格式不一致时，会给出提示信息，且不允许用户提交表单。pattern 属性可用于身份证、电话号码、电子邮箱和网址等的输入格式验证。

例如：输入用以验证 18 位身份证号的正则表达式。

```
身份证号：<input type="text" size="20" pattern="(^\d{18}$)|(^\d{17}(\d|X|x)$)">
```

(5) autofocus 属性

autofocus 属性用于指定页面加载后是否自动获取焦点，以便输入关键词。

9.2.3　其他表单元素

除了 input 元素外，HTML5 表单元素还包括 textarea、select、datalist、keygen 和 output 等，本节将对它们中的一些进行详解。

1. textarea 元素

textarea 元素用于定义高度超过一行的多行文本域，多行文本域主要用于输入用户的意见、评论和一些反馈信息，用户可以在里面书写文字，字数没有限制。多行文本域的格式为：

```
<textarea name="文本域名" rows="行数" cols="列数">
初始文本内容
</textarea>
```

其中，rows 用于设置多行文本域的行数，cols 用于设置多行文本域每行中的字符数，两者的取值都是正整数。

例如：定义留言的多行文本域，页面显示效果如图 9-10 所示，代码如下。

```
留言：<br/>
<textarea name="liuyan" rows="3" cols="50">请留下你宝贵的意见。</textarea>
```

留言：
请留下你宝贵的意见。

图 9-10　多行文本域

2. select 元素

select 元素用于创建单选或多选列表，当提交表单时，浏览器会提交选定的项。网页上经常看到的城市、出生年月等下拉列表框就是用 select 元素定义的。下拉列表框需要使用<select>标签和<option>标签来定义，格式如下。

```
<select name="下拉框名" size="行数" multiple="multiple" >
    <option value="提交值 1" selected="selected">显示文本 1</option>
    <option value="提交值 2" >显示文本 2</option>
    …
</select>
```

(1) <select>标签用于定义下拉列表，<select>标签的各个属性的含义如下。

- size：下拉列表框的大小，即显示的高度。
- multiple：当定义 multiple="multiple"时，表示列表是多选列表，即可以选择多项。

(2) <option>标签嵌套在< select></select>标签中，用于定义下拉列表中的具体选项。<option>标签的各个属性的含义如下。

- selected：用于定义该项的初始状态是默认选中状态。
- value：用于定义当该项被选中并提交时，提交到服务器的值。

【例 9-2-1】 创建“证件类型”下拉列表，本例在浏览器中的显示效果如图 9-11 所示，页面文件 9-2-1.html 的关键代码如下。

```
证件类型：<select name="IDs">
          <option value="1" selected="selected">身份证</option>
          <option value="2">驾驶证</option>
          <option value="3">护照</option>
```

```
        <option value="4">军官证</option>
        </select><br/>
```

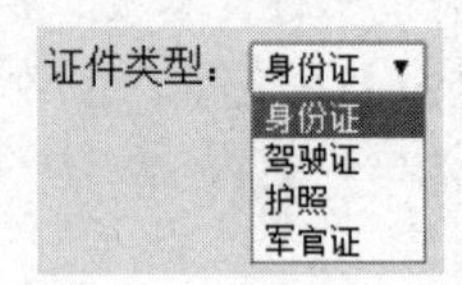

图 9-11　下拉列表框

3. datalist 元素

datalist 是 HTML5 中新的标签，用于定义 input 输入框的输入选项列表，能自动匹配表单的可能的输入值。input 输入框中的值可以从列表中选择，也可以自行输入，输入选项列表可以使用 datalist 的 option 元素创建。在使用<datalist>时，为 id 属性指定唯一的标识 ，然后在 input 元素内指定 list 属性的属性值为< datalist>标签中 id 属性的值，绑定 datalist 即可。

【例 9-2-2】创建“常用浏览器”输入框，输入内容可以从列表中选择。本例页面 9-2-2.html 的初始显示效果如图 9-12 所示；输入“c”后，显示出与关键词匹配的选项，效果如图 9-13 所示。关键代码如下。

```
常用浏览器：<input name="MyBrower" list="browers"/>
        <datalist id="browers">
          <option value="Internet Explorer">
          <option value="Firefox">
          <option value="Chrome">
          <option value="Opera">
          <option value="Safari">
        </datalist>
```

图 9-12　页面初始显示效果

图 9-13　显示与关键词匹配的选项

9.2.4　案例制作

【案例：用户注册】9.2.html 的页面文档代码如下。

```
<body>
  <form>
    <h3>用户注册</h3>
    账号：<input type="text" name="userName" size="20" placeholder="请输入账号"/><br/>
    密码：<input type="password" name="userPwd" size="20"/><br/>
    性别：<input type="radio" group="sex" checked="checked">男
        <input type="radio" group="sex">女<br/>
    年龄：<input type="number" max="60" min="10" value="22"><br/>
    爱好：<input type="checkbox" name="like1" value="1" checked="checked">读书
    <input type="checkbox" name="like2" value="2" checked="checked">旅游
      <input type="checkbox" name="like3" value="3" >上网
```

```
        <input type="checkbox" name="like4" value="4" >运动<br/>
        生日：<input type="date" value="2000-01-02"/><br/>
        身份证号：<input type="text" size="20" pattern="(^\d{18}$)|(^\d{17}(\d|X|x)$)"><br/>
        上传照片：<input type="file" name="picture"><input type="button" value="上传"><br/>
        请您留言：<br/>
        <textarea   name="liuyan" rows="3" cols="50">请留下你宝贵的意见。</textarea>
        <br/><br/>
          <input value="提交" type="submit"/>  
        <input value="重填" type="reset"/>
    </form>
<body>
```

【案例说明】对于包含在表单中的文件域，需要设计上传按钮，把所选择的文件上传到服务器。表单的提交按钮用于将表单中各个控件中的数据和上传文件的信息(文件路径、文件名、类型、大小等)提交到服务器。

9.3 用 CSS 控制表单样式

在设计表单时，为了页面美观，可以用 CSS 样式对表单进行美化。

【例 9-3-1】设计管理员登录页面，用 CSS 进行样式控制。本例文件 9-3-1.html 的显示效果如图 9-14 所示。

图 9-14　利用 CSS 美化后的管理员登录页面

在 HBuilder 中制作该页面的过程如下。

(1) 创建项目，把需要的图片文件复制到 img 文件夹中。如果已建项目，则把图片素材复制到已建项目的 img 文件夹中即可。

(2) 创建网页结构文件，在当前项目中创建一个 HTML5 网页文件，文件名为 9-3-1.html，代码如下。

```
<head>
<meta charset="utf-8">
```

```
<title>管理员登录</title>
<link href="css/9-3-1.css" rel="stylesheet" type="text/css"/>
</head>
<body>
<div>
<form action="#" method="post">
  <p class="p1"></p>
    <p class="p2">
        <span>账号：</span>
        <input type="text" name="num" class="account" placeholder="admin"/>
    </p>
    <p class="p3">
         <span>密码：</span>
         <input type="password" name="pwd" class="password" >
    </p>
    <p class="p4">
        <input type="button" class="btn01" value="登　录"/>
        <input type="button" class="btn02" value="注　册"/>
   </p>
</form>
</div>
</body>
```

(3) 创建外部样式文件。在当前项目的css文件夹中新建一个CSS文件，文件名为9-3-1.css，对登录表单及表单控件进行样式控制。CSS样式文件的代码如下。

```
body{ font-size:14px;   font-family:"宋体"; }              /*全局控制文本样式*/
body,form,input,p{ padding:0; margin:0; border:0;}        /*重置浏览器的默认样式*/
div{        /*用div布局，定义页面的背景*
  width:100%;
  height:auto;
  background-image:linear-gradient(180deg,#9cf,#FFF);   /*线性渐变背景*/
  margin:0;
  padding-top:80px;
  padding-bottom:80px;
}
form{      /*定义表单的样式，使表单显示为一个矩形框。*/
  width:400px;
  height:200px;
  padding-top:0px;
  margin:50px auto;                          /*使表单在浏览器中居中*/
  background:#f5f8fd;                        /*为表单添加背景颜色*/
  border-radius:1px;                        /*设置圆角边框 */
  border:1px solid #4faccb;
```

```
    box-shadow: 2px 2px 1px #6B5D50;           /*设置边框投影*/

}
/*将表单中的一行元素作为段落样式进行控制，先进行段落样式定义*/
p{   text-align:center;   }
.p1{              /*定义管理员登录表单中的蓝色矩形块*/
    height:40px;
    background: #4FACFB;
    margin:0;
}
.p2{ margin-top:25px; }       /*定义账号一行的上外边距*/
.p3,.p4{margin-top:15px;}     /*定义密码和按钮一行的上外边距*/
p span {
    width:50px;
    display:inline-block;
    text-align:right;
    }
.account,.password{            /*对文本框设置共同的宽度、高度、边框、内边距*/
    width:152px;
    height:20px;
    border:1px solid #777;
       padding:2px 2px 2px 20px;
       font-size:13px;
}
.account{                      /*定义账号文本框的背景和文本颜色*/
     background:url(../img/1.jpg) no-repeat 3px center #FFF;
     color:#999;
}
.password{                   /*定义密码文本框的背景*/
     background:url(../img/2.jpg) no-repeat 3px center #FFF;
}
.btn01,.btn02{               /*定义按钮的样式*/
    width:60px;
    height:25px;
    font-size:12px;
    border-radius:3px;        /*设置圆角边框*/
    border:1px solid #6b5d50;
    margin:5px 0 0 30px;
    background:#DDD;          /*设置按钮的背景颜色*/
    }
```

(4) 预览网页。浏览效果如图 9-14 所示。

说明：本例也可以用表格+CSS 布局设计进行实现。

9.4 实训

【实训任务】练习创建会员注册页面，用 CSS 控制注册表的样式。本例文件 9-4.html 在 IE 浏览器中的显示效果如图 9-15 所示。

图 9-15 会员注册页面

【知识要点】HIML5 表单及其属性、表单元素及其属性、用 CSS 控制表单样式。

【实训目标】掌握创建表单、表单控件及其属性的用法，并且能用 CSS 样式美化表单。

9.4.1 任务分析

1. 页面结构分析

根据页面效果图和经验分析得知，页面的整体内容可以放在一个 div 中，在这个 div 中再放置表单。表单上面有标题，以及排列整齐且有规律的表单控件，左侧为提示信息，右侧为表单控件和说明信息。可以设计每行为一个段落，每行由<span>提示信息</span>和<input>控件组成，如图 9-16 所示。

2. CSS 样式分析

(1) 整个页面的布局通过 div 实现，包括页面大小和背景设置。

(2) 表单的位置、宽度、高度、内边距、外边距等，通过对 form 进行样式设计实现。

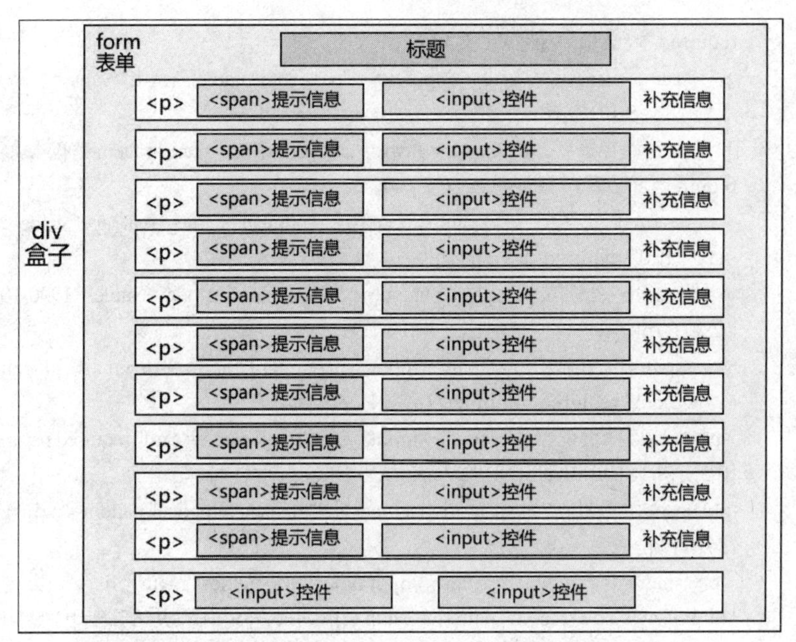

图 9-16 页面结构图

(3) 标题用<h2>实现，对其设置对齐、外边距等，控制显示位置。

(4) 表单的每行信息用段落<p>实现，所有行的公共样式通过对<p>标签定义样式实现。

(5) 左侧提示信息的样式通过对<span>标签定义样式实现。

(6) 所有<input>样式相同，可以对<input>标签定义样式，包括宽度、高度、边距等。

(7) 表单底部的按钮样式用 CSS 进行定义。

9.4.2 任务实现

根据上面的分析，建立网页文件和外部样式文件，完成会员注册页面的设计。

1. 创建页面文件

(1) 启动 HBuilder，在当前项目中新建一个 HTML5 文档，文件名为 9-4.html。

(2) 在 HBuilder 编辑区编辑文件，页面文件结构代码如下。

```
<head>
  <meta charset="utf-8">
  <title>会员注册</title>
  <link rel="stylesheet" href="css/9-4.css" />
</head>
  <body>
     <div id="bg">
      <form action="#" method="get" autocomplete="off">
              <h2>会员注册</h2>
              <p><span>登录名：</span><input type="text" name="user_name"  placeholder="手机号"
              required/>(必填)</p>
              <p><span>密  码：</span><input type="password" name="user_pwd" value=""
```

```
            required />(必填,不能少于 8 位)</p>
            <p><span>确认密码：</span><input type="password" name="pwd1" value="" required />(必填,
            不能少于 8 位)</p>
            <p><span>真实姓名：</span><input type="text"name="real_name"pattern="^[\u4e00-\u9fa5] {0,}$"
            required/>(必填，只能输入汉字)</p>
            <p><span>真实年龄：</span><input type="number" name="real_age" value="24" min="15"
            max="120" required/>(必填)</p>
            <p><span>出生日期:</span><input type="date" name="birthday" value="1990-10-1" required/>
            (必填)</p>
            <p><span>电子邮箱：</span><input type="email" name="myemail" placeholder="name
            @163.com" required multiple/>(必填)</p>
            <p><span>身份证号：</span><input type="text" name="card" required pattern="^\d{8,18}|
            [0-9x]{8,18}|[0-9X]{8,18}?$"/>(必填，18 位身份证号)</p>
            <p><span>手机号码：</span><input type="tel" name="telphone" pattern="^\d{11}$" required/>
            (必填)</p>
            <p><span>个人主页：</span><input type="url" name="myurl" list="urllist" placeholder=
            "http://www.sdwrp.com" pattern="^http://([\w-]+\.)+[\w-]+(/[\w-./?%&=]*)?$"/>(请选择网址)
                <datalist id="urllist">
                    <option>http://www.sdwrp.com</option>
                    <option>https://www.baidu.com</option>
                    <option>http://www.w3school.com.cn</option>
                </datalist>
            </p>
            <p class="btn">
                <input type="submit" value="提交"/>
                <input type="reset" value="重置"/>
            </p>
        </form>
    </div>
</body>
```

2. 创建 CSS 样式文件

创建外部样式文件，在当前项目的 css 文件夹中新建一个 CSS 文件，文件名为 9-4.css，样式代码如下。

(1) 定义页面的统一样式。

```
body{ font-size:13px; font-family:"微软雅黑";}            /*页面的所有文本样式*/
body,form,input,h1,p{ padding:0; margin:0; border:0; }    /*重置浏览器的默认样式*/
```

(2) 页面整体布局

整个页面用 div 布局，div 铺满整个窗口，并且用 CSS 为 div 设置背景。为了对表单进行定位显示，先对 div 进行相关定位。背景图像使用渐变效果，使文字看起来清晰，没有文字的空间图像也不模糊。

```
#bg{
  width:100%;
  height:750px;
  background:linear-gradient(to right, rgba(255,255,255,0), rgba(255,255,255,0) 30%,rgba(255,255,255,1)) ,
  url(../img/register_bg.jpg);  /*渐变背景*/
  background-size: cover;     /*背景铺满*/
  position:relative;            /*相对定位*/
  }
```

(3) 表单样式

用CSS对表单进行样式设计，包括宽度、高度、内边距、显示位置等。

```
form{
  width:450px;
  height:600px;
  position:absolute;                /*设置绝对定位*/
  right:8%;
  top:4%;
    }
```

(4) 标题样式

设置标题居中显示，为了美观，定义标题的上下外边距与表单控件保持适当距离。

```
h2{
  width:400px;                    /*控制标题位置*/
  text-align:center;
  margin:25px 0;
  font-weight:600;
    }
```

(5) 所有行的共同样式

每行信息为一个段落，包括提示信息和表单控制，行间距离通过设置外边距实现。

```
p{margin-top:20px;}
```

(6) 左侧提示信息样式

左侧提示信息统一靠右对齐，通过设置显示宽度、转换显示类型为行内元素和设置右侧文本对齐方式来实现。设置右内边距可以实现提示信息与表单控件的间距。

```
p span{
  width:75px;
  display:inline-block;              /*将行内元素转换为内联元素*/
  text-align:right;                  /*右侧显示*/
  padding-right:10px;                /*右内边距*/
    }
```

(7) 表单控件样式

为了美观，统一定义所有输入框的宽度、高度、边框样式和内边距。

```
p input{
    width:200px;
    height:18px;
    border:1px solid #d4cdba;
    padding:2px;                    /*设置输入框与输入内容之间相隔 2px 的距离*/
    }
```

(8) 按钮样式

设置按钮的大小(宽度和高度)、背景颜色、边框样式和位置(通过外边距实现)。

```
.btn input{
  width:70px;
  height:25px;
  border: 1px solid #AAA;
    background:#DDD;              /*设置按钮的背景颜色*/
    margin-top:15px;
    margin-left:80px;
    border-radius:3px;            /*设置圆角边框*/
    font-size:13px;
    font-family:"微软雅黑";
    color:#111;                   /*设置按钮上文本的颜色*/
    }
```

3. 浏览网页

在 Chrome 浏览器中浏览网页，效果如图 9-15 所示。

【实训说明】表单布局也可以用表格+CSS 布局实现。

9.5 本章小结

本章讲述了网页的表单元素及其属性、表单控件及其属性、用 CSS 样式对表单进行美化等内容。重点讲解了表单控件中的 input 控件及其常用属性 text、password、radio、checkbox、number、date pickers、submit、reset 和 color 等，还介绍了 textarea、select、datalist 等表单元素，并结合实例介绍了使用 CSS 对表单进行布局和样式修饰的方法。

9.6 练习题

1. 设计如图 9-17 所示的用户登录页面。

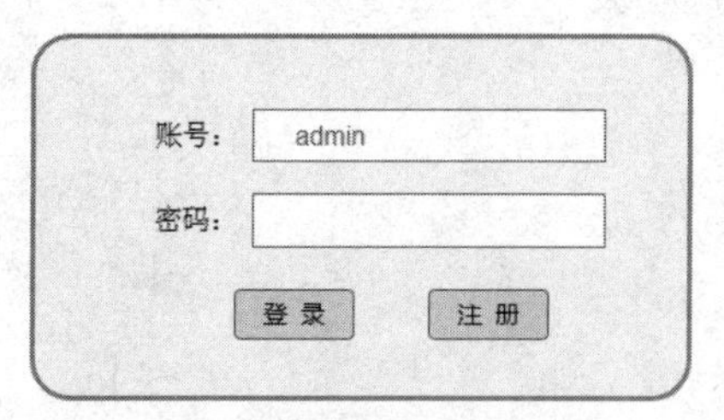

图 9-17　用户登录页面

2. 用表格+CSS 布局实现图 9-15 所示的页面。

第 10 章

CSS3简单动画

在传统的 Web 设计中，当网页中需要显示动画或特效时，需要使用 JavaScript 脚本或 Flash 来实现。在 CSS3 中，提供了对动画的强大支持，可以实现旋转、缩放、移动和过渡等效果。本章将对 CSS3 中的过渡、变形和动画进行详解。

本章的学习目标：

- 理解过渡属性，能够控制过渡时间、动画快慢等常见过渡效果。
- 掌握 CSS3 中的变形属性，能够实现 2D 转换、3D 转换效果。
- 掌握 CSS3 中的动画技术，能够制作网页中常见的动画效果。

10.1 CSS3 过渡

CSS3 过渡是元素从一种样式逐渐改变为另一种样式时的效果，如渐显、渐弱、动画快慢等。CSS3 提供了强大的过渡属性，可以在不使用 Flash 动画或 JavaScript 脚本的情况下，为元素从一种样式转变为另一种样式时添加效果。过渡效果通常在用户将指针移动到元素上时发生，当指定的 CSS 属性改变时，应用过渡效果。CSS3 中的过渡属性如表 10-1 所示。下面将分别对这些过渡属性进行详解。

表 10-1 CSS3 中的过渡属性

属　性	功　能
transition-property	指定应用过渡效果的 CSS 属性名称，默认值为 all
transition-duration	定义过渡效果花费的时间，默认值为 0
transition-timing-function	规定过渡效果的速度曲线，默认是 ease
transition-delay	规定过渡效果何时开始，默认是 0
transition	简写属性，用于在一个属性中设置 4 个过渡属性

10.1.1 transition-property 属性

transition-property 属性用于指定应用过渡效果的 CSS 属性名称，默认值为 all。基本语法格式如下。

```
transition-property : none | all | property;
```

- none：没有属性会获得过渡效果。
- all：所有属性都将获得过渡效果。
- property：定义应用过渡效果的CSS属性名称，多个名称之间以逗号分隔。

【例 10-1-1】用 transition-property 属性指定应用过渡效果的 CSS 属性名称。本例在浏览器中所显示效果的初始状态如图 10-1 所示，图片样式为小图、半透明，当鼠标悬停在图片上时，图片变成大图、完全透明，最终效果如图 10-2 所示。页面文件 10-1-1.html 的关键代码如下。

```
<head>
  <meta charset="utf-8">
  <title>transition-property 属性</title>
  <style type="text/css">
    div{
      width:267px;
      height:234px;
      text-align:center;
      border:1px solid #333;
      }
    img{width:72px;
       height:64px;
       border:1px solid #888888;
       opacity:0.5;                    /*透明度为 0.5*/
       margin-top:4px;
       }
    img:hover{
       width:257px;
       height:224px;
       opacity:1;
       transition-property:width,height;              /*指定应用过渡效果的 CSS 属性名称*/
       -webkit-transition-property:width,height;      /*Safari 和 Chrome 浏览器兼容代码*/
       -moz-transition-property:width,height;          /*Firefox 浏览器兼容代码*/
       -o-transition-property:width,height;           /*Opera 浏览器兼容代码*/
     }
  </style>
</head>
<body>
  <div><img src="img/pic1.jpg"> </div>
</body>
```

【说明】本例在浏览器中预览时，当鼠标指向图片的瞬间，图片的宽度、高度和透明度都立刻完成了变化，没有出现渐显、渐弱等“过渡”效果。这是因为在设置“过渡”效果时，必须使用 transition-duration 属性来设置过渡时间，否则不会产生过渡效果。

另外，为了解决各类浏览器的兼容性问题，分别添加了-webkit-(Safari 和 Chrome)、-moz-(Firefox)和-o-(Opera)等不同的浏览器前缀兼容代码。

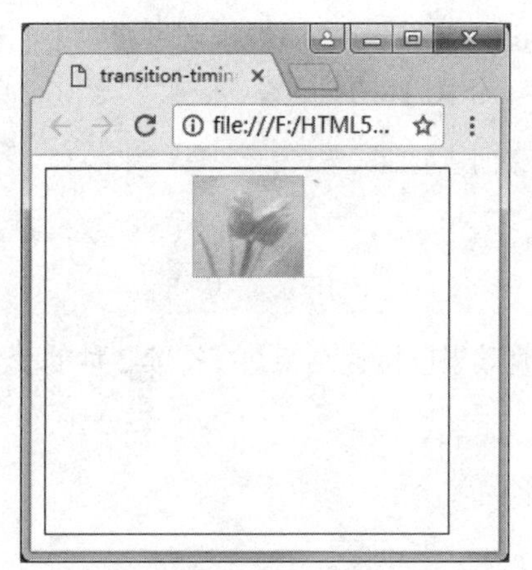

图 10-1　页面的初始状态

图 10-2　页面的最终状态

10.1.2　transition-duration 属性

transition-duration 属性用于定义过渡效果花费的时间，默认值为 0，常用单位是秒(s)或毫秒(ms)，基本语法格式如下。

```
transition-duration : time;
```

【例 10-1-2】在例 10-1-1 的基础上，用 transition-duration 属性指定过渡时间。当鼠标悬停在图 10-1 所示的小图上时，图片样式发生改变，样式改变过渡时间为 2 秒，最终效果如图 10-2 所示。添加的代码如下所示。

```
transition-duration: 2s;              /*定义过渡效果花费的时间*/
-webkit-transition-duration:2s;       /*Safari 和 Chrome 浏览器兼容代码*/
-moz-transition-duration:2s;          /*Firefox 浏览器兼容代码*/
-o-transition-duration:2s;            /*Opera 浏览器兼容代码*/
```

【说明】本例中，在浏览器中预览页面，当鼠标指向图片时，图片样式变化内容有 width、height 和 opacity 三项，使用 transition-property 属性指定应用过渡效果的属性为 width 和 height 后，只有图片的宽度和高度两个样式应用了过渡效果(样式变化持续了 2 秒)，而透明度不应用过渡效果。当鼠标指向图片的瞬间，透明度都立刻完成了变化。

10.1.3　transition-timing-function 属性

transition-timing-function 属性规定过渡效果的速度曲线，默认值为 ease，基本语法格式如下。

```
transition-timing-function : linear | ease | ease-in | ease-in-out;
```

各参数的含义如下。

- linear：指定以相同速度开始至结束的过渡效果。
- ease：指定以慢速开始，然后加快，最后慢慢结束的过渡效果。
- ease-in：指定以慢速开始，然后逐渐加快(淡入效果)的过渡效果。
- ease-out：指定以慢速结束(淡出效果)的过渡效果。
- ease-in-out：指定以慢速开始至结束的过渡效果。

【例 10-1-3】在例 10-1-2 的基础上，用 transition-timing-function 属性规定过渡效果的速度曲线。添加的代码如下所示。页面浏览效果如图 10-1 和图 10-2 所示。

```
transition-timing-function:ease-out;                    /*过渡效果的速度曲线*/
-webkit-transition-timing-function:ease-out;
-moz-transition-timing-function:ease-out;
-o-transition-timing-function:ease-out;
```

【说明】使用 transition-timing-function 属性规定过渡效果以慢速结束，在持续 2 秒的变化过程中，图片的宽度和高度变化以慢速结束。

10.1.4 transition-delay 属性

transition-delay 属性规定过渡效果何时开始，默认值为 0，常用单位是秒(s)或毫秒(ms)。transition-delay 的属性值可以为正整数、负整数和 0。当设置为负数时，过渡动作会从该时间点开始，之前的动作被截断；当设置为正数时，过渡动作会延迟触发。基本语法格式如下。

```
transition-delay : time;
```

【例 10-1-4】在例 10-1-3 的基础上，用 transition-delay 属性指定过渡效果从 1 秒后开始。添加的代码如下所示。页面浏览效果如图 10-1 和图 10-2 所示。

```
 transition-delay:1s;                  /*指定动画延迟 1 秒触发*/
-webkit-transition-delay:1s;      /*Safari 和 Chrome  浏览器兼容代码*/
-moz-transition-delay:1s;         /*Firefox 浏览器兼容代码*/
-o-transition-delay:1s;           /*Opera 浏览器兼容代码*/
```

【说明】在浏览器中预览页面，当鼠标指针悬停到小图上时，图片透明度立刻变化，等待 1s 后过渡效果出现，样式开始改变，图片的宽度和高度也发生改变，变化过程持续 2 秒，慢速完成。

10.1.5 transition 属性

transition 属性是复合属性，用于在一个属性中设置 transition-property、transition- duration、transition-timing-function 和 transition-delay 4 个过渡属性。基本语法格式如下。

```
transition:property duration timing-function delay;
```

在使用 transition 属性设置多个过渡效果时，它的各个参数必须按照顺序进行定义，不能颠倒。例 10-1-4 中设置的 4 个过渡属性，可以直接通过如下代码实现。

```
transition:width,height 2s ease-out 1s;
```

注意：

无论是单个属性还是简写属性，使用时都可以实现多个过渡效果。如果使用 transition 简写属性设置多种过渡效果，需要在每个过渡属性集合中指定所有的值，并且使用逗号进行分隔。

10.2 变形

在 CSS3 之前，如果需要为页面设置变形效果，需要依赖于图片、Flash 或 JavaScript 才能完成。CSS3 出现后，通过 transform 属性就可以实现变形效果，如移动、倾斜、缩放以及翻转元素，不需加载额外的文件，这极大地提高了网页开发者的工作效率，提高了页面的执行速度。本节将对 CSS3 中的 transform 属性、2D 及 3D 转换进行详解。

10.2.1 案例展示

【案例展示】设计客户案例局部页面，实现当鼠标悬浮于图片上时，文字说明信息从图片上方滑下后覆盖图片，文字半透明，能看到后面的图片。本例文件 10-2.html 在浏览器中的显示效果如图 10-3 和图 10-4 所示。

图 10-3　客户案例局部页面

图 10-4　鼠标悬浮于图片上时的效果

【知识要点】CSS3 中的 transform 属性、2D 及 3D 转换。

【学习目标】掌握 transform 属性、2D 及 3D 转换技术，实现移动、倾斜、缩放以及翻转元素等效果。

10.2.2 认识变形

2012 年 9 月，W3C 组织发布了 CSS3 变形工作草案，这个草案包括了 CSS3 2D 变形和 CSS3 3D 变形。

CSS3 变形是一系列效果的集合，如平移、旋转、缩放和倾斜等，这些效果的实现都是以 transform 属性为基础的。CSS3 中的变形允许动态地控制元素，可以在网页中对元素进行移动、缩放、倾斜、旋转，或者结合这些变形(transform)属性产生复杂的动画。通过 CSS3 中的变形操作，可以让元素生成动态的视觉效果，也可以结合过渡和动画属性产生一些新的动画效果。

CSS3 的变形属性可以让元素在一个坐标系统中变形。这个属性包含一系列变形函数，可以进行元素的移动、旋转和缩放等。transform 属性的基本语法如下。

```
transform : none | transform-functions;
```

参数如下。

- none：表示不进行变形。

- transform-functions：用于设置变形函数，可以是一个或多个变形函数列表。

transform-functions 函数包括 translate()、scale()、rotate()和 skew()等，具体说明如下。

- translate()：移动元素对象，即基于 X 和 Y 坐标重新定位元素。
- scale()：缩放元素对象，可以使任意元素对象的尺寸发生变化，取值包括正数、负数和小数。
- rotate()：旋转元素对象，取值为一个度数值。
- skew()：倾斜元素对象，取值为一个度数值。

transform 属性有一个奇怪的特性，即它们对于周围的元素不会产生影响。例如，如果将一个元素旋转 45°，它实际上重叠在元素的上方、下方或旁边，而不会移动周围的内容。

10.2.3 2D 转换

在 CSS3 中，使用 transform 属性可以实现的变形主要有平移、缩放、倾斜和旋转这 4 种。

1. 平移

使用 translate()方法可实现平移效果，使元素从当前位置平移，移动距离根据给定的 left(X 坐标)和 top(Y 坐标)位置参数进行设置。该函数包含两个参数值，分别用于定义 X 轴和 Y 轴坐标，基本语法格式如下。

```
transform : translate(x-value,y-value);
```

参数：

- x-value 指元素在水平方向上移动的距离。
- y-value 指元素在垂直方向上移动的距离。

如果省略第二个参数，则取默认值 0。当值为负值时，表示反方向移动元素。

【例 10-2-1】用 translate()方法实现元素移动。如图 10-5 所示，当鼠标指向金鱼图片时，金鱼图片向右平移 130px，向下平移 10px，效果如图 10-6 所示。页面文件 10-2-1.html 的代码如下所示。

```
<head>
  <meta charset="utf-8">
  <title>transform:translate()</title>
  <style type="text/css">
    div{
      width:100px;
      height:80px;
      border:1px solid #333;
    }
    img{
      width:90px;
      height:70px;
      margin:1px;
      }
    img:hover{
```

```
        transform:translate(130px,10px);
        -webkit-transform:translate(130px,10px);    /*Safari 和 Chrome 浏览器兼容代码*/
        -moz-transform:translate(130px,10px);       /*Firefox 浏览器兼容代码*/
        -o-transform:translate(130px,10px);         /*Opera 浏览器兼容代码*/
        transition-duration:3s;                     /*过渡效果持续 3 秒*/
        -webkit-transition-duration:3s;
        -moz-transition-duration:3s;
        -o-transition-duration:3s;
        }
        </style>
</head>
<body>
  <div><img src="img/pic2.jpg"> </div>
</body>
```

在使用 translate()方法移动元素时，基点默认为元素的中心点，然后根据指定的 X 坐标和 Y 坐标进行平移。

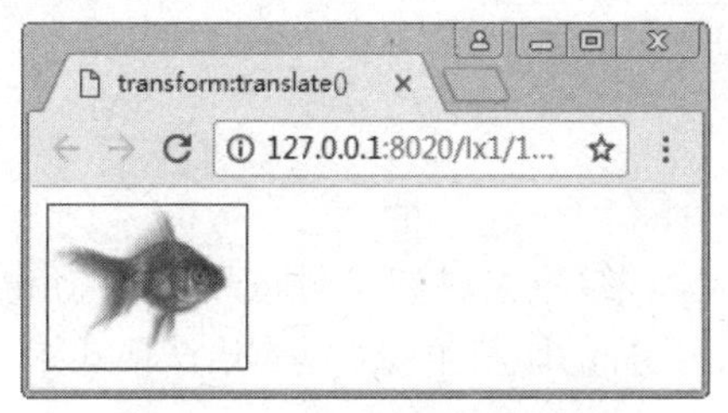

图 10-5　元素移动前的效果

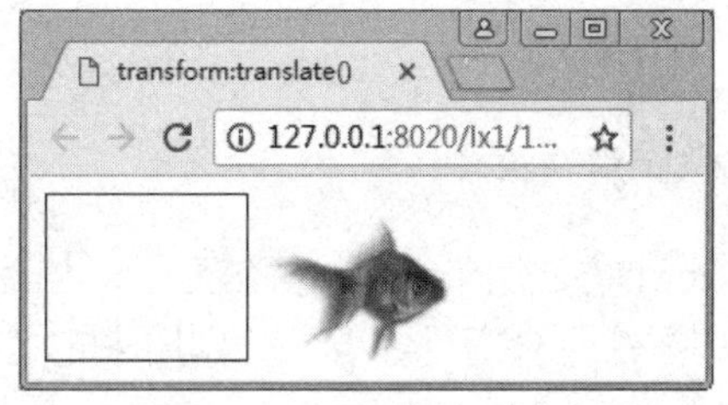

图 10-6　元素移动后的效果

2. 缩放

scale()方法用于缩放元素大小，包含两个参数值，分别用来定义宽度和高度的缩放比例。元素尺寸的增加或减少，由定义的宽度(X 轴)和高度(Y 轴)参数控制，基本语法格式如下。

```
transform: scale(x-axis,y-axis);
```

参数如下。

- x-axis：元素沿 X 轴方向上的缩放比例。
- y-axis：元素沿 Y 轴方向上的缩放比例。

参数值可以是正数、负数和小数。正数值表示基于指定的宽度和高度缩放元素。负数值不会缩小元素，而是反转元素(如文字被反转)，然后再缩放元素。如果省略第二个参数，则第二个参数等于第一个参数。另外，使用小于 1 的小数可以缩小元素。

【例 10-2-2】修改例 10-2-1 的代码，用 scale()方法实现元素的缩放。当鼠标指向图 10-5 中的金鱼图片时，金鱼图片向右平移，同时沿 X 轴放大 1.5 倍，效果如图 10-7 所示。修改的代码如下所示。

```
img:hover{
  transform:translate(130px,10px) scale(1.5,1);          /*元素平移并沿 X 轴放大 1.5 倍*/
  -webkit-transform:translate(130px,10px) scale(1.5,1);  /*Safari 和 Chrome 浏览器兼容代码*/
```

```
-moz-transform:translate(130px,10px) scale(1.5,1);    /*Firefox 浏览器兼容代码*/
-o-transform:translate(130px,10px) scale(1.5,1);      /*Opera 浏览器兼容代码*/
transition-duration:3s;                               /*过渡效果持续 3 秒*
-webkit-transition-duration:3s;
-moz-transition-duration:3s;
-o-transition-duration:3s;
```

【说明】当鼠标指向金鱼图片时，金鱼图片向右平移 130px，向下平移 10px，同时水平方向放大 1.5 倍，垂直方向不变，过渡时间为 3 秒。

如果一个元素需要设置多种变形效果，可以使用空格将多个变形属性值隔开。

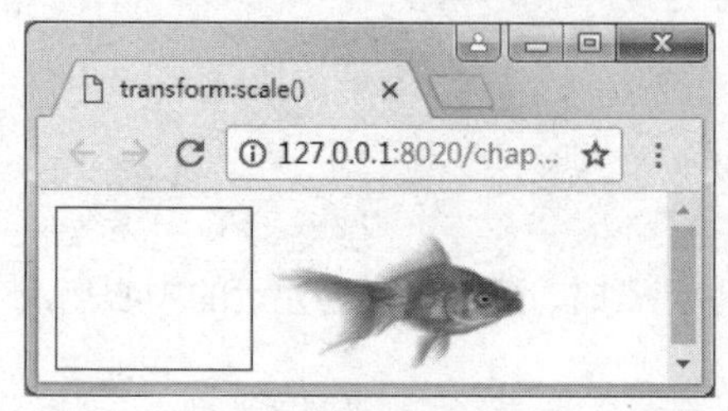

图 10-7　使用 scale()方法实现元素缩放

3. 倾斜

skew()方法用于元素的倾斜显示，也就是将一个对象围绕着 X 轴和 Y 轴按照一定的角度倾斜。该方法包含两个参数，分别用来定义 X 轴和 Y 轴坐标的倾斜角度，基本语法格式如下。

transform: skew(x-angle,y-angle);

参数如下。

- x-angle：相对于 X 轴进行倾斜的角度值，单位为 deg。
- y-angle：相对于 Y 轴进行倾斜的角度值，单位为 deg。

说明：如果省略第二个参数，则取默认值 0。

【例 10-2-3】用 skew()方法实现元素的倾斜显示。当鼠标指向导航链接时，超链接<a>出现倾斜效果。本例中，当鼠标指向“客户案例”时，页面的显示效果如图 10-8 所示，代码如下所示。

```
<head>
    <meta charset="utf-8">
    <title>transform:skew()</title>
    <style>
      nav{
            background-color:#EEEEEE;
      }
      a{
        display:inline-block;
        width:90px;
        height:30px;
        line-height:30px;
        text-align:center;
```

```
            background-color:#FF8800;
            text-decoration:none;
            margin:0 2px;
        }
        a:hover{
            transform:skew(-25deg);                 /*相对于垂直方向顺时针转 25° */
            -webkit-transform:skew(-25deg);         /*Safari 和 Chrome 浏览器兼容代码*/
            -moz-transform:skew(-25deg);            /*Firefox 浏览器兼容代码*/
            -o-transform:skew(-25deg);              /*Opera 浏览器兼容代码*/
        }
    </style>
</head>
<body>
    <nav>
        <a href="#">网站首页</a>
        <a href="#">产品展示</a>
        <a href="#">客户案例</a>
        <a href="#">关于我们</a>
        <a href="#">联系方式</a>
    </nav>
</body>
```

【说明】CSS3 的斜切坐标系和数学中的坐标系完全不一样，CSS3 中水平是 Y 轴，垂直是 X 轴，发生倾斜时沿 Y 轴顺时针旋转为正，沿 X 轴逆时针旋转为正。

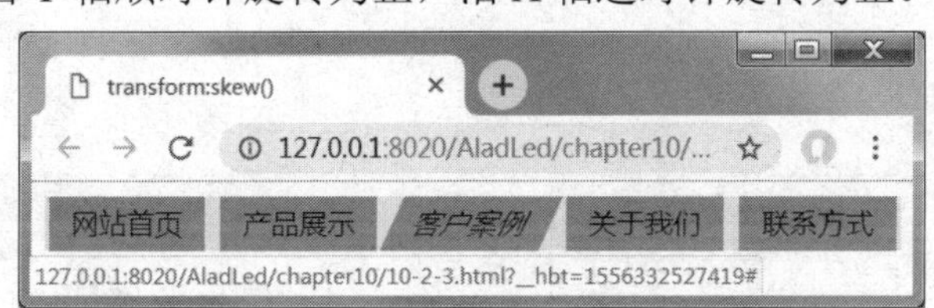

图 10-8　使用 skew()方法实现元素倾斜

4. 旋转

rotate()方法用于旋转指定的元素，通过指定的角度参数使元素相对原点中心进行旋转，基本语法格式如下。

```
transform: rotate(angle);
```

参数：angle 表示要旋转的角度值。如果角度为正数值，则顺时针旋转；否则，逆时针旋转。

【例10-2-4】用 rotate()方法实现元素旋转。当鼠标指向图10-9中的风车时，风车旋转180°并放大两倍，过渡时间为3秒，最终效果如图10-10所示，代码如下所示。

```
<head>
    <meta charset="utf-8">
    <title>transform:rotate()</title>
    <style>
        div{
```

```
            width:350px;
            height:350px;
            border:1px solid #888888;
            }
        img{
            width:150px;
            height:150px;
            margin:100px;
        }
        img:hover{
            transform: rotate(180deg) scale(2,2);              /*顺时针旋转 180°，放大两倍*/
            -webkit-transform:rotate(180deg) scale(2,2);       /*Safari 和 Chrome 浏览器兼容代码*/
            -moz-transform:rotate(180deg) scale(2,2);          /*Firefox 浏览器兼容代码*/
            -o-transform:rotate(180deg)scale(2,2);             /*Opera 浏览器兼容代码*/
            transition-duration:3s;                            /*过渡效果持续 3 秒*/
            -webkit-transition-duration:3s;
            -moz-transition-duration:3s;
            -o-transition-duration:3s;
        }
    </style>
</head>
<body>
    <div>
        <img src="img/风车.jpg">
    </div>
</body>
```

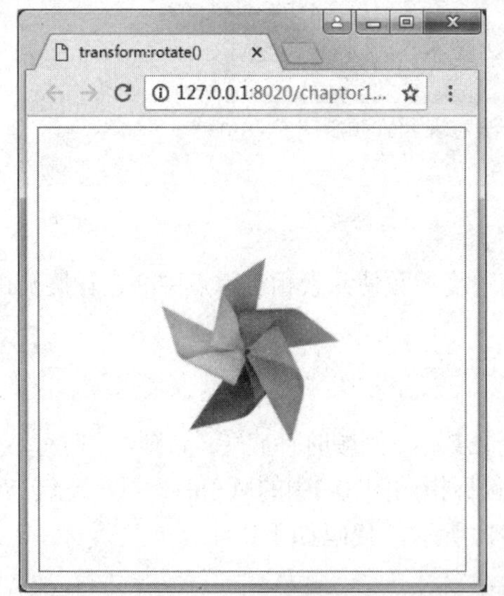

图 10-9　使用 rotate()方法实现风车旋转前

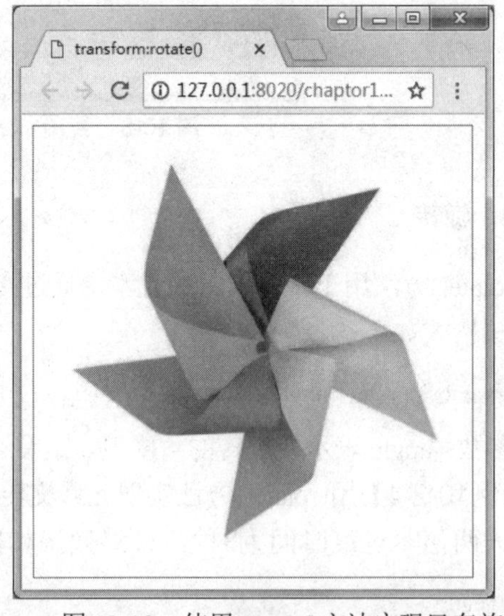

图 10-10　使用 rotate()方法实现风车旋转后

5. 更改变换的中心点

transform-origin()方法用来设置元素运动的基点(参照点)，也就是元素围绕着哪个点变形或旋转，默认基点是元素的中心点。

在不使用 transform-origin()改变元素基点位置的情况下，进行的 translate、scale、skew 和 rotate 等操作都是以元素自己的中心位置进行变化的。如果需要在不同的位置对元素进行这些操作，就可以使用 transform-origin 来改变元素的基点位置，使元素基点不再位于中心位置。

基本语法格式如下。

```
transform-origin: x-axis y-axis z-axis;
```

参数如下。

- x-axis：定义视图被置于 X 轴的何处。取值为 left、center、right、length 和%等，默认值为 50%。
- y-axis：定义视图被置于 Y 轴的何处。取值为 top、center、bottom、length 和%等，默认值为 50%。
- z-axis：定义视图被置于 Z 轴的何处。取值为 length，默认值为 0。

注意：

该属性只有在设置了 transform 属性的时候起作用，2D 转换元素可以改变元素的 X 轴和 Y 轴。3D 转换元素还可以更改元素的 Z 轴。

【例 10-2-5】修改例 10-2-4，实现用 transform-origin()方法改变元素的基点位置。当鼠标指向图 10-11 中的风车时，风车旋转 180°并缩小到原来的 0.3 倍，基点位置改变到右下角，过渡时间为 3 秒，最终效果如图 10-12 所示。修改例 10-2-4 中的样式代码，如下所示。

```
<style>
  div{
    width:300px;
    height:300px;
    border:1px solid #888888;
  }
  img{
    width:300px;
    height:300px;
    }
  img:hover{
    transform: rotate(180deg) scale(0.3,0.3);            /*顺时针旋转 180°，缩小 0.3 倍*/
    -webkit-transform:rotate(180deg) scale(0.3,0.3);     /*Safari 和 Chrome 浏览器兼容代码*/
    -moz-transform:rotate(180deg) scale(0.3,0.3);        /*Firefox 浏览器兼容代码*/
    -o-transform:rotate(180deg) scale(0.3,0.3);          /*Opera 浏览器兼容代码*/
    transform-origin:right bottom;                       /*改变元素基点位置到右下角 */
    -webkit-transform-origin:right bottom;
    -moz-transform-origin:right bottom;
    -o-transform-origin:right bottom;
    transition-duration:3s;                              /*过渡效果持续 3 秒*/
    -webkit-transition-duration:3s;
    -moz-transition-duration:3s;
    -o-transition-duration:3s;
```

```
    }
</style>
```

【说明】元素原来的基点是自己的中心位置。

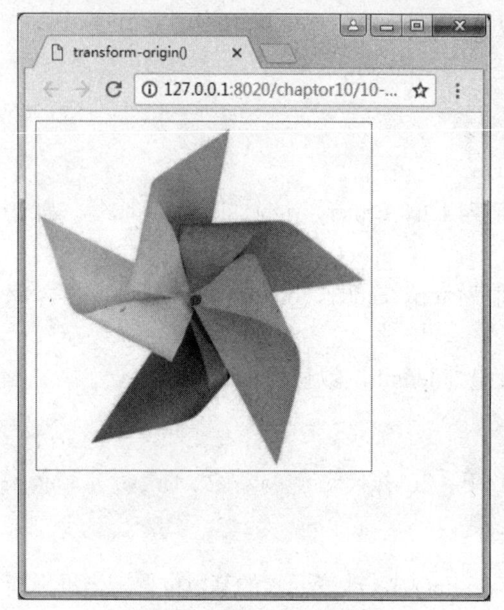

图 10-11　元素基点变换前

图 10-12　元素基点变换后

10.2.4　3D 转换

在 3D 转换中可以让元素在三维空间内变形，下面将针对 CSS3 中的 rotateX()和 rotateY()方法进行具体讲解。

1. rotateX()方法

rotateX()方法用于指定元素围绕 X 轴旋转，基本语法格式如下。

```
transform: rotateX(a);
```

参数：参数 a 用于定义旋转的角度值，单位为 deg。值可以是正数，也可以是负数。如果值为正，元素将围绕 X 轴顺时针旋转；反之，元素将围绕 X 轴逆时针旋转。

【例 10-2-6】用 rotateX()方法实现元素绕 X 轴旋转。当鼠标指向图 10-13 中的图片时，图片绕自己的 X 轴旋转 70°，过渡时间为两秒，最终效果如图 10-14 所示。页面文件 10-2-6.html 的关键代码如下。

```
<head>
    <meta charset="utf-8">
    <title>transform:rotateX()</title>
    <style>
      div{
        width:380px;
        height:330px;
```

```
            border:1px solid #333333;
        }
        img{
            width:300px;
            height:250px;
            margin:40px;
        }
        img:hover{
        -webkit-transform:rotateX(70deg);   /*绕 X 轴旋转-70° */
        transition:all 2s ease 0s;              /*指定过渡属性*/
        }
    </style>
</head>
<body>
    <div>
        <img src="img/pic1.jpg" >
    </div>
</body>
```

图 10-13　图片绕 X 轴旋转前

图 10-14　图片绕 X 轴旋转后

2. rotateY()方法

rotateY()方法指定元素围绕 Y 轴旋转，基本语法格式如下。

```
transform: rotateY(a);
```

参数：参数 a 与 rotateX(a)中的 a 含义相同，用于定义旋转的角度。如果值为正，元素围绕 Y 轴顺时针旋转；反之，元素围绕 Y 轴逆时针旋转。

【例 10-2-7】修改例 10-2-6，用 rotateY()方法实现元素绕 Y 轴旋转。当鼠标指向图 10-13 中的图片时，图片绕自己的 Y 轴旋转 50°，过渡时间为两秒，最终效果如图 10-15 所示。修改代码如下所示。

```
img:hover{
    -webkit-transform:rotateY(50deg);
    transition:all 2s ease 0s;
    }
```

3. perspective 属性

perspective 属性定义 3D 元素与镜头(即 z=0 平面)的距离，以像素为单位。该属性使具有三维位置变换的元素产生透视效果。当为元素定义 perspective 属性时，其子元素会获得透视效果，但元素本身没有。

语法格式：perspective:number | none;

参数如下。

- number：子元素与镜头之间的距离，单位是像素。
- none：没有透视效果，默认值，与 number=0 相同。

说明：perspective 属性只影响 3D 转换元素。目前浏览器都不支持 perspective 属性，Chrome 和 Safari 支持替代的-webkit-perspective 属性。

【例 10-2-8】修改例 10-2-7，设置 div 盒子的子元素 3D 旋转时的透视效果，用 rotateY()方法实现元素绕 Y 轴旋转 50°，过渡时间为两秒，最终效果如图 10-16 所示。修改代码如下所示。

```
div{
  width:380px;
  height:330px;
  border:1px solid #333333;
  -webkit-perspective:500;        /* Safari 和 Chrome 浏览器兼容代码，透视效果*/
  }
```

提示：
请与 perspective-origin 属性一同使用该属性，这样就能够改变 3D 元素的底部位置。

图 10-15　图片绕 Y 轴旋转后

图 10-16　图片绕 Y 轴旋转的透视图

4. perspective-origin 属性

perspective-origin 属性定义 3D 元素基于的 X 轴和 Y 轴，用来改变 3D 元素的底部位置。

语法格式：perspective-origin: x-axis y-axis;

参数如下。

- x-axis：定义视图在 X 轴上的位置。取值为 left、center、right、length、%，默认值为 50%。
- y-axis：定义视图在 Y 轴上的位置。取值为 top、center、bottom、length、%，默认值为 50%。

说明：使用 perspective-origin 属性定义的是元素的子元素的透视图，而不是元素本身。

目前浏览器都不支持 perspective-origin 属性。Chrome 和 Safari 支持替代的 -webkit-perspecitve-origin 属性。

【例 10-2-9】修改例 10-2-8，改变 3D 元素的底部位置为 left，用 rotateY()方法实现元素绕 X 轴旋转 50°，过渡时间为两秒，最终效果如图 10-16 所示。修改代码如下所示。

```
div{
  width:380px;
  height:330px;
  border:1px solid #333333;
  -webkit-perspective:500;              /* Safari 和 Chrome 浏览器兼容代码，透视效果*/
  -webkit-perspective-origin:left;      /*改变 3D 元素的底部位置为 left*/
  }
```

5. backface-visibility属性

backface-visibility 属性定义当元素不面向屏幕时是否可见。

语法格式：backface-visibility: visible | hidden;

参数如下。

- visible：背面是可见的，默认值。
- hidden：背面是不可见的。

【例 10-2-10】设计实现翻转扑克的效果，当鼠标指向扑克时出现翻转。效果如图 10-17 和 10-18 所示，代码如下。

```
<head>
<meta charset="utf-8">
<title>3D 旋转变形</title>
<style type="text/css">
div.pk{
      width:162px;
      height:232px;
      border:1px solid #000;
      position:relative;
      -webkit-perspective:300px;   /*定义 3D 元素距视图的距离*/
}
div.pk img{
```

```
        position:absolute;
        top:0;
        left:0;
        -webkit-backface-visibility:hidden;    /*定义元素在不面对屏幕时不可见*/
        transition:all 1s ease 0s;             /*定义过渡效果*/
    }
    div.pk img.pk1{
        -webkit-transform:rotateY(-180deg);    /*围绕 Y 轴旋转-180°*/
    }
    div.pk:hover img.pk1{
        -webkit-transform:rotateY(0deg);
    }
    div.pk:hover img.pk2{
        -webkit-transform:rotateY(180deg);
    }
    </style>
    </head>
    <body>
      <div class="pk">
        <img class="pk1" src="img/puke1.jpg"/>
        <img class="pk2" src="img/puke2.jpg"/>
      </div>
    </body>
```

图 10-17　翻转扑克前

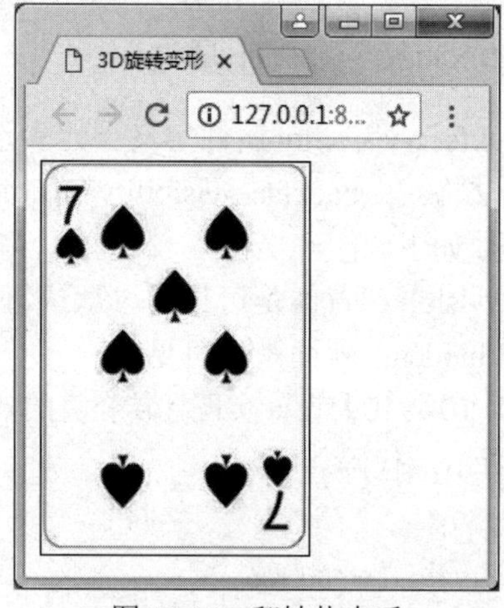

图 10-18　翻转扑克后

10.2.5　案例实现

在 HBuilder 中创建一个 HTML5 文档，文件名为 10-2.html，代码如下所示。

```
<head>
  <meta charset="utf-8">
  <title>客户案例</title>
  <style>
```

```
        *{padding:0;margin:0;}
        .imgbox{          /*客户案例的盒子样式*/
          width:325px;
          height:200px;
          position:relative;
          overflow:hidden;
        }
        .imgbox img{          /*客户案例的图片样式*/
          width:325px;
          height:200px;
        }
        .imgbox hgroup{     /*客户案例的盒子中，文本块的样式*/
          padding-top:20px;
          text-align:center;
          position:absolute;
          left:0;
          top:-220px;
          width:325px;
          height:200px;
          background:rgba(0,0,0,0.5);
          transition:all 0.5s ease-in 0s;       /*过渡效果*/
        }
        h3{                                      /*h3 标题的样式*/
          font-size:16px;
          color: #BBB;                           /*文字颜色为浅灰色*/
          font-weight:500;                       /*文字粗细为 500*/
          margin-top:15px;
        }
        div.imgbox:hover   hgroup{               /*鼠标指向时，文本块下滑*/
          position:absolute;
          left:0;
          top:0;
        }
      </style>
  </head>
  <body>
    <div class="imgbox">
        <img src="img/led_jgd9.jpg" />
        <hgroup>
           <h3>日照水运基地</h3>
           <h3>日照奥林匹克水上公园</h3>
           <h3>日照水上运动中心夜景亮化</h3>
        </hgroup>
    </div>
  </body>
```

运行该文件，在 Chrome 浏览器中的显示效果如图 10-3 和图 10-4 所示。

10.3 动画设计

CSS3 除了支持渐变、过渡和转换特效外，还可以实现强大的动画效果。在 CSS3 中，使用 animation 属性可以定义复杂的动画。本节将对动画中的@keyframes 规则以及 animation 相关属性进行详解。

10.3.1 @keyframes 规则

在 CSS3 中，@keyframes 定义关键帧，关键帧表示动画过程中的状态。在@keyframes 中规定某套 CSS 样式，从一套 CSS 样式逐渐变化为另一套 CSS 样式的过程，就实现了动画效果。@keyframes 规则的语法格式如下。

```
@keyframes animationname{
        keyframes-selector{css-styles;}
}
```

参数如下。

- animationname：动画的名称，将作为引用时的唯一标识，不能为空。
- keyframes-selector：关键帧选择器，规定当前关键帧要应用到整个动画过程中的时间点，取值为百分比(百分比是指动画完成一遍的时间长度的百分比)、from 或 to。其中，from 和 0%效果相同，是动画的开始时间；to 和 100%效果相同，是动画的结束时间。
- css-styles：当前关键帧的 CSS 样式，定义执行到当前关键帧时对应的动画状态，由 CSS 样式属性定义，多个属性之间用分号分隔，不能为空。

说明：目前浏览器都不支持 @keyframes 规则。Firefox 支持替代的@-moz-keyframes 规则。Opera 支持替代的@-o-keyframes 规则。Safari 和 Chrome 支持替代的@-webkit-keyframes 规则。

例如：创建名为 fontstyle 的动画，该动画在开始时的状态为文本大小 14px、红色，在动画的 30%处变为文本大小 20px、绿色，然后动画效果持续到 70%处，动画结束时的状态为文本大小 14px、蓝色。代码如下。

```
@keyframes "fontstyle"
{
   from {font-size:14px;color:red;}            /*动画开始时的状态，文本大小为 14px，红色*/
   30%，70%{ font-size:20px;color:green;} /*动画的中间状态，文本大小为 20px，绿色*/
   to { font-size:14px;color:blue;}            /*动画结束时的状态，文本大小为 14px，蓝色*/
}
```

注意：

必须定义 0%和 100%选择器。

10.3.2　animation 属性

animation 属性是简写属性，用于设置下面的 6 个动画属性。

1. animation-name 属性

该属性定义动画的名称，为@keyframes 规则规定的名称，语法格式如下。

```
animation-name: keyframename | none
```

参数：keyframename参数用于定义为元素应用的动画的名称，必须与@keyframes配合使用，因为动画名称由@keyframes定义。none则表示不应用任何动画，通常用于覆盖或取消动画。

2. animation- duration 属性

该属性规定完成动画所花费的时间，以秒或毫秒计，语法格式如下。

```
animation-duration: time
```

参数：time 参数是以秒(s)或毫秒(ms)为单位的时间，默认值为 0，表示没有任何动画效果。当值为负数时，则被视为 0。

动画中必须有 animation-duration 属性，否则时长为 0，不会播放动画。

3. animation- timing-function 属性

该属性规定动画的速度曲线，定义使用哪种方式来执行动画效果，语法格式如下。

```
animation-timing-function: value
```

参数：value 取值为 linear、ease-in、ease-out、ease-in-out、cubic-bezier(n,n,n,n)等常用属性值，默认属性值为 ease，适用于所有的块级元素和行级元素。

4. animation-delay 属性

该属性定义执行动画效果之前延迟的时间，即规定动画什么时候开始，语法格式如下。

```
animation-delay: time
```

参数：time 参数是以秒(s)或毫秒(ms)为单位的时间，默认值为 0。

5. animation-iteration-count 属性

该属性定义播放动画的次数，语法格式如下。

```
animation-iteration-count: infinite | number
```

参数：属性值为 infinite 时，指定动画循环播放；属性值为 number 时，定义播放动画的次数，初始值为 1。

6. animation-direction 属性

该属性定义动画播放的方向，即动画播放完成后是否逆向交替循环，语法格式如下。

```
animation-direction:normal | alternate
```

参数：默认值 normal 表示动画每次都会正常显示。属性值是 alternate 时，动画会在奇数次(1、3、5 等)正常播放，而在偶数次(2、4、6 等)逆向播放。

7. animation 属性

animation 属性是简写属性，用于在一个属性中设置 animation-name、animation-duration、animation-timing-function、animation-delay、animation-iteration-count 和 animation-direction 这 6 个动画属性，基本语法格式如下。

```
animation: animation-name    animation-duration    animation-timing-function animation-delay
animation-iteration-count    animation-direction
```

在上述语法中，使用 animation 属性时必须指定 animation-name 和 animation-duration 属性，否则持续时间为 0，永远不会播放动画。

【例10-3-1】设计动画，动画过程为：射灯图片旋转、缩小、透明度变小，动画所花费的时间为5秒，匀速执行，逆向交替循环播放。初始效果和结束效果如图10-19所示，中间状态效果如图10-20所示，页面文件10-3-1.html 的关键代码如下。

```
<head>
  <meta charset="utf-8">
    <title>HTML5 动画</title>
    <style>
      div{
        width:350px;
        height:350px;
        border:1px solid #333333;
        font-size:40px;
        text-align:center;
        line-height:350px;
        position:relative;
        z-index:10;                          /*堆叠顺序*/
      }
      img{
        width:300px;
        height:300px;
        position:absolute;
        top:25px;
        left:25px;
        z-index:100;
        animation-name:sdmove;            /*定义动画名称*/
        animation-duration:5s;            /*定义动画时间*/
        animation-timing-function:linear; /*过渡效果*/
        animation-iteration-count:infinite; /*动画无限循环*/
        animation-direction:alternate;        /*动画逆向交替循环播放*/
        /*Safari 和 Chrome 浏览器兼容代码*/
        -webkit-animation-name:sdmove;
```

```
            -webkit-animation-duration:5s;
            -webkit-animation-timing-function:linear;
            -webkit-animation-iteration-count:infinite;
            -webkit-animation-direction:alternate;

        }
        @keyframes sdmove{
            from{transform: scale(1,1) rotate(0deg);opacity:1;}
            5%{transform: scale(1,1) rotate(0deg);opacity:1;}
            50%{transform: scale(0.3,0.3) rotate(180deg);opacity:0.3;}
            95%{transform: scale(1,1) rotate(360deg);opacity:1;}
            to{transform: scale(1,1) rotate(360deg);opacity:1;}
        }
        @-webkit-keyframes sdmove{
            from{transform: scale(1,1) rotate(0deg);opacity:1;}
            5%{transform: scale(1,1) rotate(0deg);opacity:1;}
            50%{transform: scale(0.3,0.3) rotate(180deg);opacity:0.3;}
            95%{transform: scale(1,1) rotate(360deg);opacity:1;}
            to{transform: scale(1,1) rotate(360deg);opacity:1;}
        }
    </style>
</head>
<body>
    <div>
        LED 射灯
        <img src="img/led_sd1.jpg">
    </div>
</body>
```

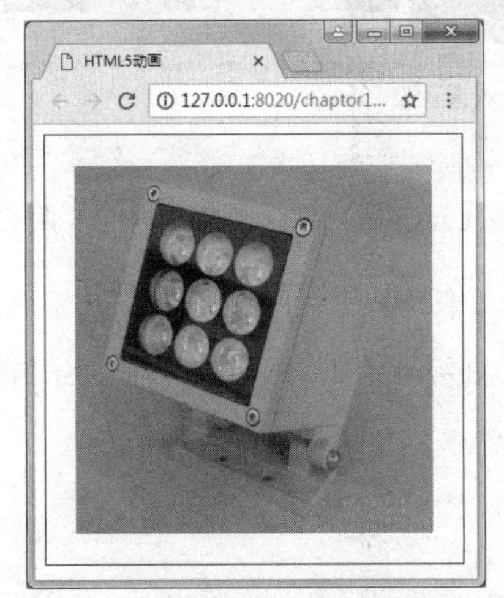

图 10-19　动画的起始和结束状态

图 10-20　动画的中间状态

【说明】(1) z-index 属性设置元素的堆叠顺序，拥有更高堆叠顺序的元素总是会处于堆叠顺序较低的元素的前面。(2) 为了使图片的初始状态和结束状态稳定，动画的起始帧和 5%帧相同，结束帧和95%帧相同。(3) 动画处于中间状态时，图片透明度降为0.3，逐渐看到下面的文字。

使用 animation 属性可以将例 10-3-1 中 img 样式内的关于定义动画的语句合并简写，合并后的代码如下。

```
animation:sdmove 5s linear infinite alternate;
-webkit-animation:sdmove 5s linear infinite alternate;
```

10.4 实训

【实训任务】创建热销产品局部页面，当鼠标指向图片时，图片1翻转隐藏，图片2翻转显示，鼠标离开时恢复初始状态。在浏览器中的显示效果如图10-21和图10-22所示。

图 10-21 热销产品页面效果图 1

图 10-22 热销产品页面效果图 2

【知识要点】transition、transform、CSS3变形和转换等动画技术。

【实训目标】掌握transition过渡属性的功能和用法；transform变换函数及其用法；用CSS3变形和转换技术实现动画。

(1) 启动HBuilder，把需要的图片复制到img文件夹中。

(2) 新建一个HTML5文档，文件名为10-4.html。在编辑区编辑网页文档，页面结构代码如下。

```
<!DOCTYPE html>
<html>
  <head>
    <meta charset="utf-8">
    <title>热销产品</title>
    <link href="css/10-4.css"   type="text/css" rel="stylesheet">
  </head>
```

```
<body>
  <div id="hotproduct">
  <ul>
    <li>
      <img class="zheng" src="img/led_sd1.jpg">
      <img class="fan"src="img/led_sd2.jpg">
    </li>
    <li class="evenlist">
      <strong>LED 射灯</strong>
      专业技术<br/>
      高效耐用<br/>
      <a href="#">详细信息</a>
    </li>
    <li>
      <img class="zheng" src="img/led_jgd7.jpg">
      <img class="fan"src="img/led_jgd6.jpg">
    </li>
    <li class="evenlist">
      <strong>LED 景观路灯</strong>
      优越品质<br/>
      绿色环保<br/>
      <a href="#">详细信息</a>
    </li>
    <li>
      <img class="zheng" src="img/led_ngd1.jpg">
      <img class="fan"src="img/led_ngd2.jpg">
    </li>
    <li class="evenlist">
        <strong>LED 霓虹灯</strong>
      领先科技<br/>
      节能高效<br/>
      <a href="#">详细信息</a>
    </li>
    <li>
      <img class="zheng" src="img/led_wld1.jpg">
      <img class="fan"src="img/led_wld3.jpg">
    </li>
    <li class="lastlist">
        <strong>LED 瓦楞灯</strong>
      优越品质<br/>
      优质体验<br/>
      <a href="#">详细信息</a>
    </li>
  </ul>
  </div>
</body>
```

```
</html>
```

(3) 在 css 文件夹下新建一个样式文件，文件名为 10-4.css，代码如下。

```
*{                                  /*针对所有的 HTML 元素定义样式*/
    margin:0;                       /*外边距为 0px*/
    padding:0;                      /*内边距为 0px*/
    box-sizing:border-box;          /*盒子的宽度值和高度值包含元素的内边距和边框*/
  }
a{                                  /*设置超链接的样式*/
    text-decoration:none;           /*无修饰*/
  }
```

热销产品盒子样式的定义。

```
#hotproduct{
  width:1050px;
  height:auto;
  }
```

热销产品展示用无序列表实现，定义无序列表的样式。

```
#hotproduct ul{                     /*设置热销产品列表的样式*/
  list-style:none;                  /*不显示项目符号*/
  width:1050px;
  height:158px;
  padding:6px 0 0px 4px;            /*上、右、下、左内边距依次为 6px、0px、0px、4px*/
  border:2px solid #DDDDDD;         /*热销产品区的边框为 2px 的灰色实线*/
  }
```

要实现图片翻转的立体效果，在图片的父元素 li 中定义 perspective 属性，实现透视效果。

```
#hotproduct ul li{                  /*设置热销产品列表项的样式*/
  width:160px;
  display:inline-block;             /*内联元素*/
  float:left;                       /*向左浮动*/
  margin-right:10px;                /*右外边距为 10px*/
  margin-bottom:1px;                /*下外边距为 1px*/
  position:relative;                /*相对定位*/
  -webkit-perspective:250px;        /*透视效果：子元素与镜头之间的距离为 250px*/
  }
```

偶数列(文本列)，定义样式。

```
#hotproduct ul li.evenlist {        /*设置热销产品列表项中偶数项的样式*/
  width:80px;
  height:148px;
  border-right:1px solid #ddd;      /*右边框为 1px 的灰色实线*/
  }
```

最后一列不设置右边框，单独定义样式。

```
#hotproduct ul li.lastlist{         /*设置热销产品列表项中最后一项的样式*/
```

```
    width:80px;
    height:148px;
    border-right: 0px;                  /*不设置右边框*/
    }
```

定义图片样式，实现图片翻转后，背面不可见。初始状态为图片 1 不翻转，正面可见；图片 2 翻转-180°，背面不可见。当鼠标指向列表项 li 时，图片 1 翻转 180°，背面不可见；图片 2 翻转 0°，正面可见。

```
#hotproduct ul li img{                  /*设置热销产品列表项中图像的样式*/
  width:160px;
  height:141px;
  position:absolute;                    /*绝对定位*/
  left:0;                               /*离左侧 0px*/
  top:0;                                /*离顶部 0px*/
  -webkit-backface-visibility:hidden;   /*元素背面不可见*/
  transition:all 0.5s ease-in 0s;       /*0.5 秒完成动画*/
    }
#hotproduct ul li img.fan{              /*设置图片的样式*/
  -webkit-transform:rotateX(-180deg);/*图像沿 X 轴 3D 旋转-180° */
   }
#hotproduct ul li:hover img.fan{        /*设置鼠标悬停在图片上时的样式*/
  -webkit-transform:rotateX(0deg);      /*图像沿 X 轴 3D 旋转 0° */
  }
#hotproduct ul li:hover img.zheng{
  -webkit-transform:rotateX(180deg);
  }
```

文本加粗显示，通过设置外边距调整布局。

```
#hotproduct strong{          /*定义 strong 样式*/
  display:block;             /*块级元素*/
  margin:10px 0 0 0;         /*上、右、下、左内边距依次为 10px、0px、0px、0px*/
  }
```

通过 CSS 样式将超链接的样式设计成按钮样式。

```
#hotproduct a{                    /*设置热销产品区中超链接的样式*/
  display:inline-block;
  width:75px;
  height:26px;
  background-color:#494949;
  font-size:13px;
  color:#FFF ;
  text-decoration:none;
  text-align:center;
  margin-top:15px;
  line-height:26px ;
  }
```

```
#hotproduct a:after{                              /*在超链接后插入内容*/
    content:url(../img/triangle-icon-white.png);  /*插入图片*/
    padding-left:5px;                             /*左内边距为 5px*/
    }
```

(4) 在浏览器中浏览制作完成的页面，页面显示效果如图 10-21 和图 10-22 所示。

10.5 本章小结

本章首先介绍了 CSS3 中的过渡和变形，重点讲解了过渡属性及 2D 转换和 3D 转换。然后，讲解了 CSS3 中的动画特效及其主要相关属性。最后，通过热销产品局部页面的设计，练习 animation 过渡、变形等技术在网页设计中的实际应用。

10.6 练习题

1. 通过 transition 相关属性实现按钮的边框阴影过渡效果。要求当鼠标指向按钮时，按钮背景色加深，边框出现阴影，过渡时间为 1 秒，如图 10-23 和图 10-24 所示。

图 10-23　按钮

图 10-24　为按钮加边框阴影

2. 设计实现如下效果，当鼠标指向图 10-25 所示的图片时，图片旋转 45°、放大 1.5 倍、边框变成圆形，如图 10-26 所示。

图 10-25　图片的初始状态

图 10-26　图片的最终状态

3. 通过 2D 及 3D 转换制作翻转导航条的效果，当鼠标指向导航超链接时，发生翻转，如图 10-27 和图 10-28 所示。

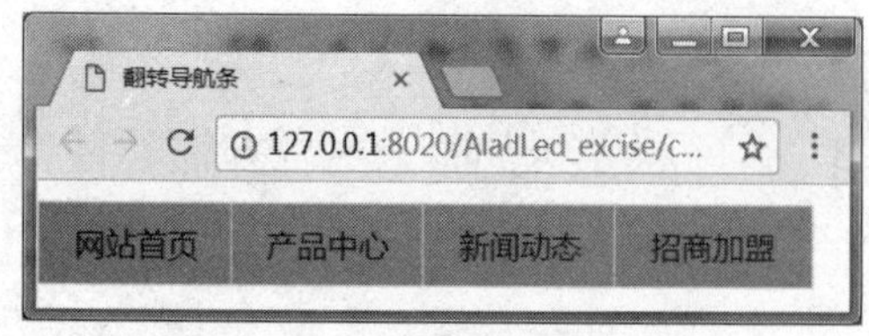

图 10-27　翻转导航条状态 1

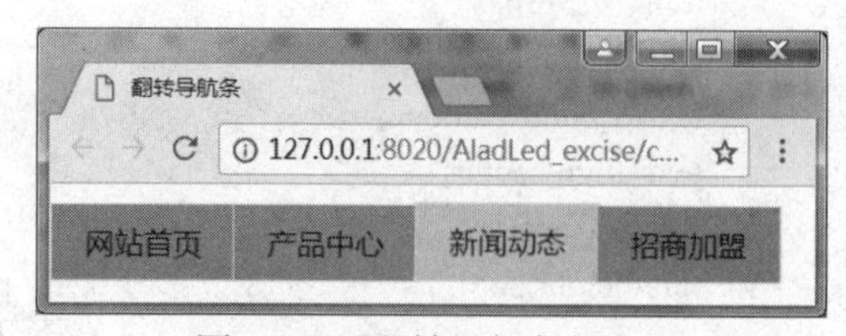

图 10-28　翻转导航条状态 2

4. 使用animation属性制作一个动画，实现几张图片自左向右循环滚动显示，效果如图10-29所示。

图 10-29　图片滚动显示效果图

第 11 章 多媒体技术

在网页设计中，多媒体技术主要是指在网页上运用音频、视频等传递信息的一种方式。在网络传输速度越来越快的今天，音频和视频技术已经被越来越广泛地应用到网页设计中。与静态的图片和文字相比，音频和视频可以为用户提供更直观、更丰富的信息。本章将对 HTML5 多媒体的特性以及创建音频和视频的方法进行详解。

本章的学习目标：

- 熟悉 HTML5 多媒体特性。
- 了解 HTML5 支持的音频和视频格式。
- 掌握 HTML5 中视频的相关属性，能够在 HTML5 页面中添加视频文件。
- 掌握 HTML5 中音频的相关属性，能够在 HTML5 页面中添加音频文件。
- 了解 HTML5 中视频、音频的一些常见操作，并能够应用到网页制作中。

11.1 HTML5 多媒体特性

在 HTML5 出现之前，多媒体内容在大多数情况下都是通过第三方插件或集成到 Web 浏览器中的应用程序而置于页面内的。例如，通过 Adobe 的 Flash Player 插件将视频和音频嵌入到网页中。通过这样的方式实现的多媒体功能，不仅需要借助第三方插件，而且实现代码复杂且冗长。

HTML5中新增了video标签和audio标签，可以实现多媒体内容的定义和倍速播放。在HTML5语法中，video标签用于为页面添加视频，audio标签用于为页面添加音频，不需要第三方插件的支持就能播放媒体文件。这样用户不必下载第三方插件，就可以直接观看网页中的多媒体内容。

11.1.1 多媒体格式

运用 HTML5 的 video 和 audio 标签可以在页面中嵌入视频或音频文件，如果想要这些文件在页面中加载播放，还需要设置正确的多媒体格式。下面具体介绍 HTML5 中视频和音频的一些常见格式。

1. 视频格式

视频格式包含视频编码、音频编码和容器格式。在HTML5中嵌入的视频格式主要包括Ogg、MPEG4、WebM等，具体介绍如下。

- Ogg：带有Theora视频编码和Vorbis音频编码的Ogg文件，Ogg是完全免费、开放和没有专利限制的。
- MPEG4：MPEG4 是一种网络视频图像压缩编码标准，支持MPEG4标准的文件格式有很多种，比如常见的MP4和AVI，其中MP4是支持MPEG4的标准音频视频文件。
- WebM：WebM是一种开放、免费的媒体文件格式，其中包括VP8影片轨和Ogg Vorbis音轨，并且是基于HTML5标准的。

2. 音频格式

音频格式是指在计算机内播放或处理的音频文件的格式。在HTML5中嵌入的音频格式主要包括Ogg Vorbis、MP3、Wav等，具体介绍如下。

- Ogg Vorbis：是类似于AAC的另一种免费、开源的音频编码，是用于替代MP3的下一代音频压缩技术。Ogg是一种音频压缩格式，类似于MP3等音乐格式。
- MP3：是一种音频压缩技术，全称是动态影像专家压缩标准音频层面3(Moving Picture Experts Group Audio Layer，简称MP3)。它被设计用来大幅度地降低音频数据量。
- Wav：是录音时采用的标准 Windows 文件格式，文件的扩展名为.wav，数据本身的格式为PCM或压缩型，属于无损音乐格式的一种。

11.1.2 支持多媒体的浏览器

到目前为止，很多浏览器已经实现了对HTML5中video和audio元素的支持。各浏览器的支持情况如表11-1所示。

表11-1 浏览器对video和audio元素的支持情况

浏 览 器	支 持 版 本
IE	9.0及以上版本
Firefox	3.5及以上版本
Opera	10.5及以上版本
Chrome	3.0及以上版本
Safari	3.2及以上版本

表11-1列举了各种浏览器对video和audio元素的支持情况。在不同的浏览器上显示视频的效果略有不同，11.2.1节的图11-1和图11-2分别是视频在Chrome和IE浏览器中的显示效果。

对比图11-1和图11-2可以看出，在不同的浏览器中，相同的视频，播放控件的显示样式却不同。这是因为每一个浏览器对内置视频控件样式的定义不同，这也就导致在不同浏览器中会显示不同的控件样式。

11.2 嵌入视频和音频

11.2.1　在 HTML5 中嵌入视频

在 HTML5 中，video 标签用于在 HTML5 文档中嵌入视频内容，比如电影片段或其他视频流。它支持三种视频格式，分别为 Ogg、WebM 和 MPEG4，基本语法格式如下。

```
<video src="url"  controls="controls">文字</video>;
```

参数：

- src 属性用于设置视频文件的路径，属性值 url 表示要播放的视频的 URL。
- controls 属性用于为视频提供播放控件。

说明：这两个属性是 video 元素的基本属性，并且<video>和</video>之间还可以插入文字，用于在不支持 video 元素的浏览器中显示。下面通过一个案例来演示嵌入视频的方法。

【例 11-2-1】在页面上播放视频。本例在 Chrome 浏览器中的显示效果如图 11-1 所示，在 IE 浏览器中的显示效果如图 11-2 所示。页面文件 11-2-1.html 的代码如下。

```
<html>
<head>
    <meta charset="utf-8">
<title>在 HTML5 中嵌入视频</title>
</head>
<body>
<video src="media/Sea.mp4" controls="controls" >你的浏览器不支持 video 标签</video>
</body>
</html>
```

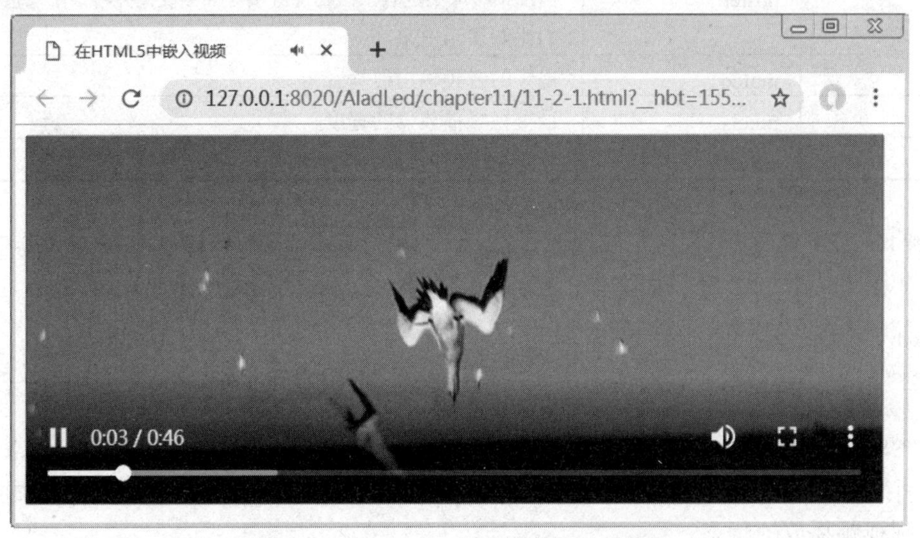

图 11-1　在 Chrome 浏览器中的显示效果

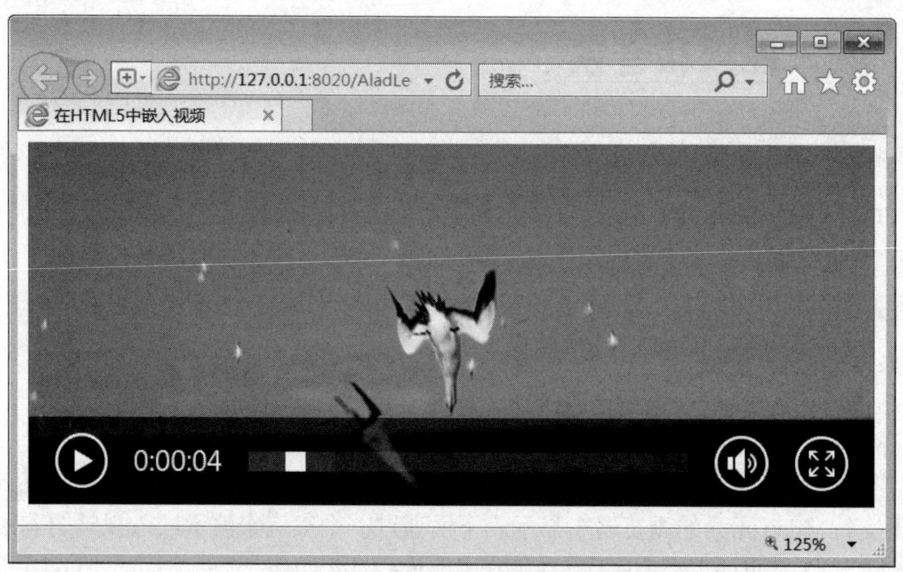

图 11-2　在 IE 浏览器中的显示效果

在 video 元素中还可以添加其他属性，以进一步优化视频的播放效果，具体如表 11-2 所示。

表 11-2　video 元素的常见属性

属　性	值	描　述
autoplay	autoplay	当页面载入完成后自动播放视频
loop	loop	视频结束重新开始播放
preload	preload	如果出现该属性，则视频在页面加载时进行加载，并预备播放。如果使用 autoplay，则忽略该属性
poster	poster	当视频缓冲不足时，该属性链接一幅图像，并将该图像按照一定的比例显示出来
muted	muted	视频的音频输出被静音
width	pixels	设置视频播放器的宽度
height	pixels	设置视频播放器的高度

【例 11-2-2】修改例 11-2-1，实现在页面上自动和循环播放视频。本例在 IE 浏览器中的显示效果如图 11-3 所示。在页面文件 11-2-2.html 中要修改的代码如下所示。

```
<body>
  <video src="media/Sea.mp4" controls="controls" autoplay="autoplay" loop="loop">你的浏览器不支持 video
    标签</video>
</body>
```

说明：当鼠标指向图 11-3 中的视频画面时，界面底部会出现如图 11-2 所示的视频控件，用于控制视频播放的状态。

图 11-3　在 IE 浏览器中自动循环播放的显示效果

11.2.2　在 HTML5 中嵌入音频

在 HTML5 中，audio 标签用于在 HTML5 文档中嵌入音频文件，支持三种音频格式，分别为 Ogg、MP3 和 Wav，基本格式如下。

```
<audio src= "url" controls= "controls"></audio>
```

各参数的功能可参考 video 标签的参数及说明。

下面通过一个案例来演示嵌入音频的方法。

【例 11-2-3】 在页面上播放音频。本例在 Chrome 浏览器中的显示效果如图 11-4 所示。页面文件 11-2-3.html 的关键代码如下。

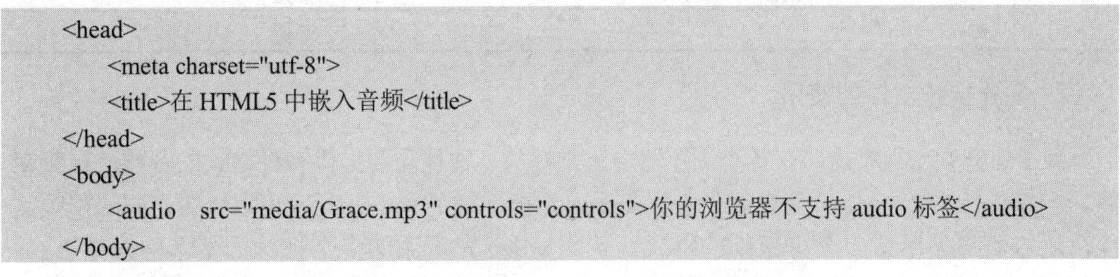

```
<head>
    <meta charset="utf-8">
    <title>在 HTML5 中嵌入音频</title>
</head>
<body>
    <audio   src="media/Grace.mp3" controls="controls">你的浏览器不支持 audio 标签</audio>
</body>
```

图 11-4 显示的是音频控件，用于控制音频文件的播放状态，单击“播放”按钮时，即可播放音频文件。

图 11-4　音频播放效果

另外，在 audio 元素中还可以添加其他属性，以进一步优化音频的播放效果，具体如表 11-3 所示。

表 11-3 audio 元素的常见属性

属 性	值	描 述
autoplay	autoplay	当页面载入完成后自动播放音频
loop	loop	音频结束时重新开始播放
preload	preload	如果出现该属性，则音频在页面加载时进行加载，并预备播放。如果使用 autoplay，则忽略该属性

表 11-3 中列举的 audio 元素的属性和 video 元素的属性是相同的，这些相同的属性在嵌入音视频时是通用的。

11.2.3 音视频中的 source 元素

1. 不同浏览器对音视频文件的支持

虽然 HTML5 支持 Ogg、MPEG4 和 WebM 视频格式以及 Ogg Vorbis、MP3 和 Wav 音频格式，但各浏览器对这些格式却不完全支持，具体如表 11-4 所示。

表 11-4 不同浏览器对音视频文件的支持

类 型	格 式	IE9	Firefox 4.0	Opera 10.6	Chrome 6.0	Safari 3.0
视频	Ogg		支持	支持	支持	
	MPEG4	支持			支持	支持
	WebM		支持	支持	支持	
音频	Ogg Vorbis		支持	支持	支持	
	MP3	支持			支持	支持
	Wav		支持	支持	支持	

2. 多源视频文件的使用

为了使音频、视频能够在各个浏览器中正常播放，往往需要提供多种格式的音频、视频文件。在 HTML5 中，video 元素允许多个 source 元素，每个 source 元素可以链接不同的视频文件，浏览器将使用第一个可识别的格式。运用 video 元素添加多个视频的基本格式如下。

```
<video controls="controls">
<source src="url"   type="video/type name">
<source src="url"   type="video/type name">
……
</video>
```

在上面的语法格式中，可以指定多个 source 元素为浏览器提供备用的视频文件。source 元素一般设置两个属性。

- src：用于指定媒体文件的 URL 地址。
- type：指定媒体文件的类型，type name 取值为 Ogg、MPEG4 和 WebM 等。

【例 11-2-4】为页面添加多个浏览器都支持的视频文件。本例文件 11-2-4.html 的代码如下。

```
<html>
  <head>
    <meta charset="utf-8">
    <title>多源视频文件</title>
  </head>
  <body>
    <video controls="controls">
      <source src="media/Sea.mp4"   type="video/mp4">
      <source src="media/Sea.ogg"   type="video/ogg">
      <source src="media/Sea.webm"   type="video/webm">
    </video>
  </body>
</html>
```

【说明】用户在浏览例 11-2-4 所示的网页时，浏览器会播放自己支持的文件，IE 和 Safari 会播放 MP4 格式的文件，Firefox、Opera 和 Chrome 会播放 Ogg 或 WebM 格式的文件。采用这种方式，可以保证用户无论使用哪种浏览器，都能播放视频。

2. 多源音频文件的使用

在 HTML5 中，运用 source 元素可以为 audio 元素提供多个备用文件。运用 source 元素添加多个音频的基本格式如下。

```
<audio controls="controls">
  <source src="url"   type="audio/type name">
  <source src="url"   type="audio/type name">
  ……
</audio>
```

参数如下。

- src：用于指定媒体文件的 URL 地址。
- type：指定媒体文件的类型，type name 取值为 Ogg、MP3 和 Wav 等。

例如，在 Firefox 4.0 和 Chrome 6.0 中都可以正常播放音频文件，代码如下。

```
<audio controls="controls">
  <source src="music/1.mp3"type="audio/mp3">
  <source src="music/1.wav"type="audio/wav">
</audio>
```

在上面的示例代码中，由于 Firefox 4.0 不支持 MP3 格式的音频文件，因此在网页中嵌入音频文件时，还需要通过 source 元素指定一个 wav 格式的音频文件，使其能够在 Firefox 4.0 中正常播放。

11.3 用 CSS 控制视频的宽高

在 HTML5 中，经常会通过为 video 元素添加宽高的方式给视频预留一定的空间，这样浏览器在加载页面时就会预先确定视频的尺寸，为其保留合适的空间，使页面的布局不产生变化。接下来本节将对视频的宽高属性进行讲解。

在 HTML5 页面上，用 width 和 height 属性设置视频的宽度和高度。

【例 11-3-1】网站首页主体左侧局部页面设计。设置 video 元素的 width 和 height 属性，实现视频和联系方式的合理布局。显示效果如图 11-5 所示，页面文件 11-3-1.html 的代码如下。

```
<head>
<meta charset="utf-8">
<style>
  .main_left{ /*定义主体部分的左侧块的样式*/
    width:310px;
    height:410px;
    background-color:#44AAFF;
    padding-left:20px;
  }
  h3{
    font-size:16px;
    color: #545861;
    font-weight:500;          /*文字粗细为 500*/
    margin-bottom:12px ;   /*下外边距为 12px*/
  }
   .main_left video{
       width:285px;
       height:200px;
    background-color:#CCCCCC;
    border:1px solid #BBBBBB;
  }
  .main_left .lianxi{
    width:253px;                    /*内容宽度为 253px*/
    height:125px;
    border:1px solid #DDDDDD;
    border-radius:5px;
    margin-top:15px;
    padding:0 15px;               /*设置内边距，上下 0，左右各 15px*/
  }
</style>
</head>
<body>
        <div class="main_left">
            <h3> 产品展示</h3>
           <video src="dedia/led.mp4" autoplay="autoplay" loop="loop"></video>
            <div class="lianxi"> 联系方式</div>
      </div>
</body>
```

【说明】在图 11-5 中，联系方式的盒子宽度为 253+15*2+1*2=285px，和 video 元素的宽度相同。在图 11-6 中，未定义视频的宽度和高度，视频按原始大小显示。

图 11-5　设置 video 元素的宽高

图 11-6　不设置 video 元素的宽高

注意：

通过 width 和 height 属性来缩放视频，这样的视频在页面上看起来虽然很小，但原始大小依然没变，因此要运用相关软件对视频进行压缩。

11.4　视频和音频的方法和事件

video 元素和 audio 元素相关，它们的接口方法和接口事件基本相同，本节将对 video 元素和 audio 元素的方法及事件进行详解。

11.4.1　video 和 audio 元素的方法

HTML5 为 video 和 audio 元素提供了接口方法，具体介绍如表 11-5 所示。

表 11-5　video 和 audio 元素的方法

方　法	描　述
load()	加载媒体文件，为播放做准备。通常用于播放前的预加载，也会用于重新加载媒体文件
play()	播放媒体文件。如果视频没有加载，则加载并播放；如果视频暂停，则变为播放
pause()	暂停播放媒体文件
canPlayType()	测试浏览器是否支持指定的媒体类型

11.4.2　video 和 audio 元素的事件

HTML5 还为 video 和 audio 元素提供了一系列的接口事件，具体如表 11-6 所示。

表 11-6 video 和 audio 元素的事件

事件	描述
play	当执行方法 play()时触发
playing	正在播放时触发
pause	当执行方法 pause()时触发
timeupdata	当播放位置被改变时触发
ended	当播放结束后停止播放时触发
waiting	在等待加载下一帧时触发
ratechange	在当前播放速率改变时触发
volumechange	在音量改变时触发
canplay	以当前播放速率需要缓冲时触发
canplaythrough	以当前播放速率不需要缓冲时触发
durationchange	当播放时长改变时触发
loadstart	在浏览器开始在网上寻找数据时触发
progress	当浏览器正在获取媒体文件时触发
suspend	当浏览器暂停获取媒体文件，且文件获取并没有正常结束时触发
abort	当终止获取媒体数据时触发，但这种终止不是由错误引起的
error	当获取媒体过程中出错时触发
emptied	当所在网络变为初始化状态时触发
stalled	浏览器尝试获取媒体数据失败时触发
loadedmetadata	在加载完媒体元数据时触发
loadeddata	在加载完当前位置的媒体时触发
seeking	浏览器正在请求数据时触发
seeked	浏览器停止请求数据时触发

表 11-5 和表 11-6 列举了 video 和 audio 元素常用的方法和事件，在使用 video 和 audio 元素读取或播放媒体文件时，会触发一系列的事件，但这些事件需要用 JavaScript 脚本来捕获，才可以进行相应的处理。

11.5 实训

【实训任务】设计音乐视频播放页面。本例文件 11-5.html 在浏览器中的显示效果如图 11-7 所示。

【知识要点】video 标签及其属性的用法、audio 标签及其属性的用法，用 width 和 height 属性定义 video 元素的宽高。

【实训目标】掌握在 HTML5 中嵌入视频文件和音频文件的方法，以及用 CSS 控制视频宽高的技术。

图 11-7　音乐播放页面

11.5.1　任务分析

1. 页面结构分析

将音乐视频播放界面设计为打开即开始播放，页面的设计采用 DIV+CSS 进行布局。歌词在页面右侧出现，自下而上滚动显示，效果如图 11-8 所示。

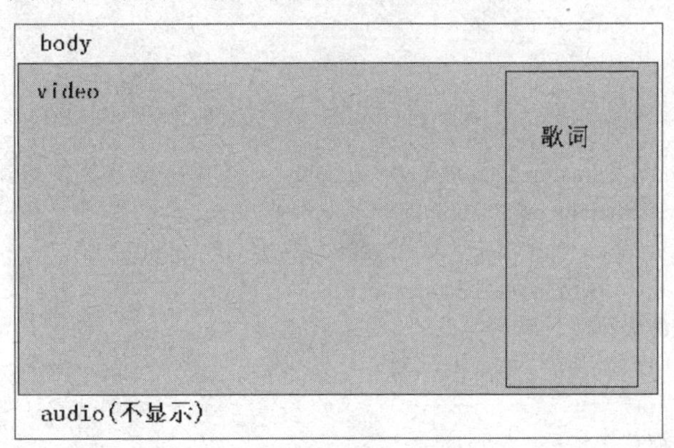

图 11-8　音乐视频播放页面结构图

2. 样式分析

(1) 将“video”设计为宽度和高度均为 100%，不显示播放控制按钮。
(2) 将“audio”设计为不显示播放控制按钮，自动开始播放。
(3) “歌词”相对浏览器定位，距顶部 10px，距右侧 50px。另外，为歌词添加透明背景。

11.5.2 任务实现

根据上面的分析，创建网页文件和样式文件，完成音乐视频播放页面的制作，制作步骤如下。

(1) 启动HBuilder，在当前项目中新建一个HTML5文档，文件名为11-5.html。

(2) 在HBuilder编辑区编辑文件，关键代码如下，部分歌词省略。

```
<html>
  <head>
    <meta charset="utf-8">
    <title>音乐视频播放</title>
    <style>
      video{
        width:100%;
        height:100%;
      }
      p{
        height:100%;
        font-size:12px;
        color: #B8860B;
        color:#fff;
        position:absolute;
        top:0px;
        right:50px;
        padding-left:15px;
        background-color:rgba(255,255,255,0.1);
      }
    </style>
  </head>
  <body>
    <video src="media/hehua.mp4" autoplay="autoplay">你的浏览器不支持 video 标签</video>
    <audio src="media/hetang.mp3" autoplay="autoplay"></audio>
    <p><marquee direction="up" loop="1" scrolldelay="1000" height="90%">
      <h3>荷塘月色 - 凤凰传奇</h3>
      剪一段时光缓缓流淌 <br/>
      流进了月色中微微荡漾   <br/>
      ……
      游过了四季荷花依然香     <br/>
      等你宛在水中央     <br/>
      等你宛在水中央     <br/>
      </marquee>
    </p>
  </body>
</html>
```

(3) 浏览网页。在 Chrome 浏览器中浏览网页，效果如图 11-7 所示。

【实训说明】<marquee direction="up" loop="1" scrolldelay="1000">…</marquee>代码段实现标签内的内容滚动显示效果。其中 direction="up"指定滚动方向向上，loop="1"指定滚动显示一次，scrolldelay="1000"指定滚动显示的延时，将参数的值设为 1000，单位为毫秒(数值越大，时间间隔也越大)。

11.6　本章小结

本章首先介绍了 HTML5 多媒体特性、多媒体的格式以及浏览器的支持情况。然后讲解了在 HTML5 页面中嵌入多媒体文件的方法，并简单介绍了 HTML5 音频和视频元素的方法、事件。最后运用所学知识制作了一个音乐视频播放页面。

通过本章的学习，读者应该了解 HTML5 多媒体文件的特性，熟悉常用的多媒体格式，掌握在页面中嵌入音视频文件的方法，并将其综合运用到页面的制作中。

11.7　练习题

1. 设计如图 11-9 所示的页面。在光盘背景上显示音频控件，单击播放按钮开始播放音乐。

图 11-9　练习题 1 效果图

2. 设计如图 11-10 所示的页面。

图 11-10　练习题 2 效果图

第 12 章 网页设计基础

网站前台页面是用户浏览信息的平台，是展示企业形象和文化的重要窗口。网站设计中要考虑网页内容的显示、整体颜色搭配、页面的排版布局等。本章主要应用前面章节讲解的网页设计技术，引导读者设计制作爱德照明网站的前台页面，从而进一步巩固网页设计与制作的知识和技术。

本章的学习目标：

- 了解网站的开发流程。
- 掌握网站开发中需求分析的方法。
- 了解站点规划的内容和要求。
- 掌握用 HBuilder 建立站点、设计网页的技术，能够建立规范的站点。

12.1 网站的开发流程

为了提高网站建设的效率，需要通过科学合理的开发流程来进行网站的策划、设计、制作和发布。典型的网站开发流程包括以下几个阶段。

(1) 需求分析

根据用户的需求、企业资本以及行业网站的动态，确定建站的目的及目标定位。

(2) 站点规划

确定好项目后，开始着手进行网站的规划，包括结构规划、内容规划、界面规划以及网站功能设置等。

(3) 网站制作

站点规划完毕后就可以开始网站制作，包括设置网站的开发环境、准备网站内容、进行页面布局设计和制作等。

(4) 测试发布

根据前期规划对项目进行测试和检验，包括测试页面的链接和网站的兼容性，然后将站点发布到网站上。

12.1.1 需求分析

1. 建站目的

在互联网时代，网站作为企业的第二种战略方向，能帮助企业提供更广的服务渠道，接触更多的用户。建立网站的目的要么是增加利润，要么是传播信息或观点。爱德照明网站的创建的目的是让更多的用户了解自己的产品，提高公司的知名度，帮助企业提供更广的服务渠道，形成一定规模的产品市场。

2. 目标定位

对设计者来说，网站一定要有特定的用户和任务。不同的用户对站点的要求不同，所以确定目标用户是一个至关重要的步骤。爱德照明网站主要面向城乡建设、单位环境美化和家庭装修等方面的用户，把产品优势呈现给浏览者，引起他们的注意是最终目的。针对这一特点，爱德照明网站应多展示产品和案例，方便客户查找信息。

12.1.2 站点规划

对开发的网站从结构、内容、界面和功能设置等方面进行规划设计。

1. 网站结构规划

(1) 画出网站结构图

在设计网站之前，需要先画出网站结构图，其中包括网站栏目、结构层次和导航设置等。首页中的各功能按钮、内容要点、友情链接等都要体现出来，内容要周全并突出重点。布局设计时，在首页上把大段的文字换成标题性的、吸引人的文字，单项内容在分支页面上呈现。

(2) 文件夹设计

为了有效地规划和组织站点，需要规划站点的基本结构和文件的位置，可以通过创建文件夹来合理地构建文档结构。首先为站点(项目)创建一个根文件夹，在其中创建多个子文件夹，然后将文档分门别类存储到相应的文件夹下。如果有必要，还可创建多级子文件夹，这样可以方便文档的管理和使用。设计合理的站点结构，能够提高工作效率，方便对站点的管理。

文档中不仅有文字，还有其他各种类型的资源，如图像、声音和视频等，这些资源不能直接存储在HTML文档中，所以也要创建文件夹来分类存放。

(3) 文件命名要求

当网站的规模变得很大时，使用合理的文件名就显得十分必要，文件名要求见名知意，容易理解且便于记忆，让人看见文件名就能知道网页表述的内容。但注意在网页设计中要避免使用中文，因为很多Web服务器使用的是英文操作系统，不能对中文文件名提供很好的支持。另外，很多Web服务器采用不同的操作系统，有可能区分文件名的大小写，所以在构建站点时，要使用英文字母和数字来命名文件夹和文件名。

2. 网站内容规划

网站内容分为重点内容、主要内容和辅助性内容，这些内容在网站中具有各自的体现形式。

内容划分好以后，还需要把内容包装成栏目。爱德照明网站的主栏目有产品中心、工程案例、新闻动态、招商加盟、关于我们和联系方式等，在每个主栏目下还设有多个下级子栏目。

3. 网站界面规划

结合网站的主题进行界面规划，如网站色彩包括主色、辅色和突出色，版式设计包括全局、导航、核心区、内容区、广告区、版权区及版块设计等。

4. 网站功能设置

爱德照明网站前台页面的主要功能包括：产品展示、工程案例展示、企业新闻、产品资讯、招商加盟信息和联系方式等。另外，还有管理员登录页面、用户注册页面等。

爱德照明网站后台页面的主要功能是实现网站内容的管理，包括栏目管理、产品管理、工程案例管理、各种新闻资讯管理、用户管理和系统设置等。

由于篇幅所限，本书只介绍爱德照明网站前台的首页、新闻动态-公司新闻、联系方式等页面的设计。

12.1.3　网站制作

完整的网站制作包括以下两个过程。

1. 前台页面制作

前台页面制作包括内容收集整理、图片的处理、背景设置、页面布局排版及样式设计等。

2. 后台程序开发

后台程序开发包括数据库设计、网站和数据库的连接、动态网页编程等。

本书主要讲解前台页面的制作，关于后台程序开发的相关知识读者可以在动态网站设计的课程中学习。

12.1.4　测试发布

在把站点发布到服务器之前，需要对网页内容和网站整体性能进行有效测试。

1. 测试站点

网站测试与传统的软件测试不同，不但需要检查是否按照设计的要求运行，而且还要测试系统在不同用户端的显示是否合适，需要从最终用户的角度进行安全性和可用性测试。测试内容包括页面是否美观、链接是否正确和浏览器兼容性是否良好等。

2. 发布站点

当完成网站的设计、调试、测试和网页制作等工作后，需要把设计好的站点上传到服务器，从而完成整个网站的发布。

12.2 用 HBulider 创建 Web 项目

熟悉了网站的开发流程后，就可以开始制作网页了。

启动 HBuilder，创建 Web 项目。依次单击“文件”→“新建”→“选择 Web 项目”命令，弹出“创建 Web 项目”对话框，在“项目名称”后的文本框中输入 Web 项目的名称 AladLed，单击“浏览”按钮，选择文件的存放路径，如图 12-1 所示。最后单击“完成”按钮，在 HBuilder 项目管理器中显示创建的项目，如图 12-2 所示。

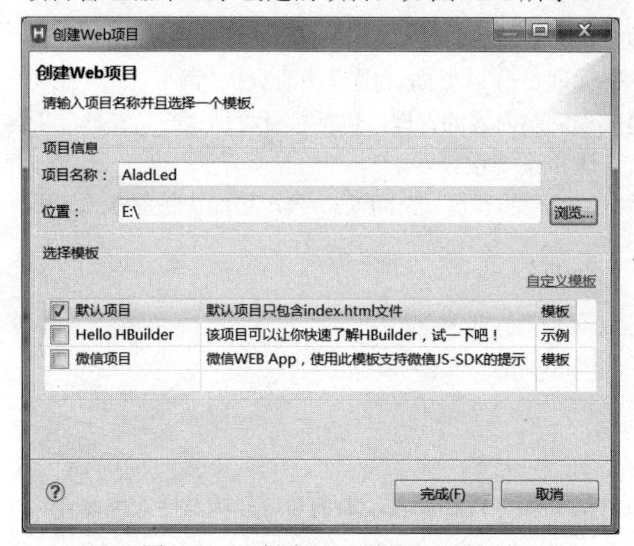

图 12-1 “创建 Web 项目”对话框

图 12-2 项目管理器

从图 12-2 可以看出，在创建的 Web 项目中有默认创建的文件夹，这方便了站点资源的管理。网站的 CSS 样式表文件要创建在 css 文件夹中。JS 脚本文件要创建在 js 文件夹中，各种图片资料要放置到 img 文件夹中。另外，在 AladLed 项目的根文件夹下，要创建 media 文件夹，用来放置网站需要的音频和视频等媒体文件。index.html 是自动生成的文件，一般是网站默认的首页文件。

12.3 案例：制作爱德照明网站首页

【案例展示】制作爱德照明网站首页。本例文件 index.html 在浏览器中的显示效果如图 12-3 所示，页面结构如图 12-4 所示。

【知识要点】页面布局、文本、图像、列表、超链接、导航、CSS3 动画和多媒体。

【学习目标】掌握综合应用页面元素、布局技术和 CSS 样式等设计网页的技术。

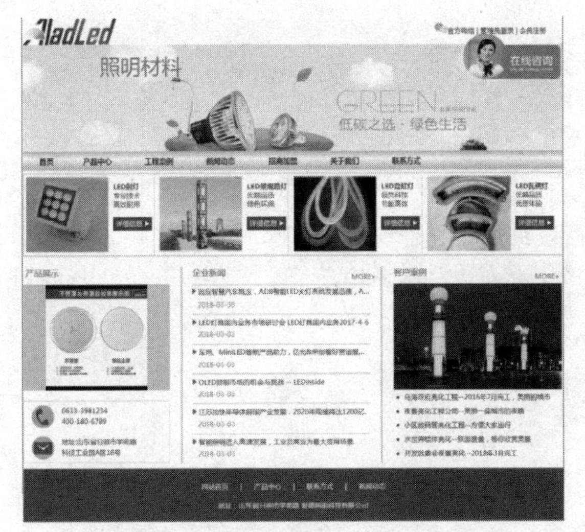

图 12-3　爱德照明网站首页的显示效果

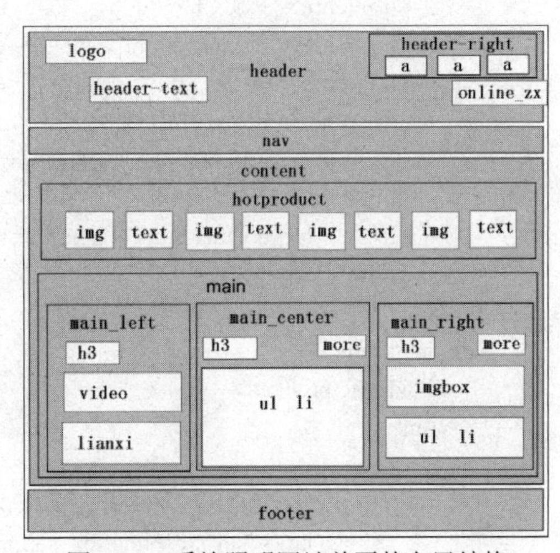

图 12-4　爱德照明网站首页的布局结构

爱德照明网站首页的制作过程如下。

1. 页面整体布局设计

网站首页上包括 logo、各种导航链接、热销产品列表、产品展示视频、企业新闻列表、客户案例列表、联系方式、页脚的链接和地址信息等，主体部分是三列布局，页面布局规划如图 12-4 所示。

2. 网页结构文件

首页 index.html 的页面代码如下。

```
<!DOCTYPE html>
<html>
  <head>
    <meta charset="utf-8" />
    <link href="CSS/style1.css" rel="stylesheet" type="text/css">
    <title>爱德照明网站首页</title>
  </head>
  <body>
    <header>
      <img class="header-left" src="img/logo.png" >
        <div class="header-right">
            <a href="#"><img src="img/wechat1.png"/>官方微信</a> <span style="color:#930">|</span>
        <a href="login.html" target="_blank">管理员登录</a> <span style="color:#930">|</span>
        <a href="register.html" target="_blank">会员注册</a>
      </div>
        <div class="header-text">照明材料</div>
    </header>
    <nav>
        <ul>
```

```
            <li><a href="index.html">首页</a></li>
            <li><a href="products.html">产品中心</a></li>
            <li><a href="works.html">工程案例</a></li>
            <li><a href="news.html">新闻动态</a></li>
            <li><a href="join.html">招商加盟</a></li>
            <li><a href="about.html">关于我们</a></li>
            <li><a href="contact.html">联系方式</a></li>
            </ul>
        </nav>
    <div id="content">
        <div id="hotproduct">
            <ul>
                <li>
                    <img class="zheng" src="img/led_sd1.jpg">
                    <img class="fan"src="img/led_sd2.jpg">
                </li>
                <li class="evenlist">
                    <strong>LED 射灯</strong>
                    专业技术<br/>
                    高效耐用<br/>
                    <a href="led_sd_details.html">详细信息</a>
                </li>
                <li>
                    <img class="zheng" src="img/led_jgd7.jpg">
                    <img class="fan"src="img/led_jgd6.jpg">
                </li>
                <li class="evenlist">
                    <strong>LED 景观路灯</strong>
                    优越品质<br/>
                    绿色环保<br/>
                    <a href="led_sd_details.html">详细信息</a>
                </li>
                <li>
                    <img class="zheng" src="img/led_nhd1.jpg">
                    <img class="fan"src="img/led_ngd2.jpg">
                </li>
                <li class="evenlist">
                    <strong>LED 霓虹灯</strong>
                    领先科技<br/>
                    节能高效<br/>
                    <a href="led_sd_details.html">详细信息</a>
                </li>
                <li>
                    <img class="zheng" src="img/led_wld1.jpg">
                    <img class="fan"src="img/led_wld3.jpg">
                </li>
```

```
        <li class="lastlist">
          <strong>LED 瓦楞灯</strong>
          优越品质<br/>
          优质体验<br/>
          <a href="led_sd_details.html">详细信息</a>
        </li>
      </ul>
    </div>
    <div id="main">
      <div class="main_left">
        <h3> 产品展示</h3>
        <video src="media/led.mp4" autoplay="autoplay" loop="loop" controls="controls"></video>
        <div class="lianxi">
          <p><img src="img/telephone.jpg">0633-3981234<br/>400-180-6789</p>
          <p><img src="img/envelope.jpg">地址:山东省日照市学苑路<br/>科技工业园 A 区 16 号 </p>
        </div>
      </div>
      <div class="main_center">
        <h3>企业新闻</h3> <a href="news.html" target="_blank" class="more">MORE&raquo;</a>
        <ul>
          <li><a href= "news_details.html">因应智慧汽车概念，ADB 智能 LED 头灯系统发展迅速，ADB
            智能 LED 头灯兴起</a></li>
          <span class="date">2018-03-30</span>
          <li><a href=""> LED灯具国内业务市场研讨会 LED灯具国内业务2017-4-6</a></li> <span class
            ="date">2018-03-03</span>
          <li><a href="">车用、MiniLED 等新产品助力，亿光&荣创看好营运服务工作.</a></li>
            <span class="date">2018-03-03</span>
          <li><a href=""> OLED 照明市场的机会与挑战 -- LEDinside</a></li>  <span class="date">
            2018-03-03</span>
          <li><a href="">江苏加快半导体照明产业发展，2020 年规模将达 1200 亿.</a></li><span class=
            "date">2018-03-03</span>
          <li><a href="">智能照明进入高速发展，工业及商业为最大应用场景.</a></li>  <span class=
            "date">2018-03-03</span>
        </ul>
      </div>
      <div class="main_right">
        <h3>客户案例</h3> <a href="works.html" target="_blank" class="more">MORE&raquo;</a>
        <div class="imgbox">
            <img src="img/led_jgd9.jpg" />
            <hgroup>
              <h3>日照水运基地</h3>
              <h3>日照奥林匹克水上公园</h3>
              <h3>日照水上运动中心夜景亮化</h3>
            </hgroup>
        </div>
        <ul>
```

```
                <li><a href="">乌海政府亮化工程--2016年7月完工，美丽的城市</a></li>
                <li><a href="">夜景亮化工程公司--美丽一座城市的夜晚</a></li>
                <li><a href="">小区数码管亮化工程--方便大家出行</a></li>
                <li><a href="">水世界楼体亮化--旅游盛景，等你欣赏美景</a></li>
                <li><a href="">开发区委会夜景亮化--2018年3月完工</a></li>
            </ul>
        </div>
      </div>
  </div>
  <footer>
      <p class="link">
        <a href="index.html">网站首页</a>|<a href="products.html">产品中心</a>|<a href="contact.html">联
          系方式</a>|<a href="news.html">新闻动态</a>
      </p>
      <p>地址：山东省日照市学苑路 爱德照明科技有限公司</p>
  </footer>
  <div class="online_zx"><a href="#"><img src="img/contact.png"></a></div>
</body>
</html>
```

3. 外部样式表文件

在 css 文件夹中新建样式表文件 style1.css，代码如下。

(1) 页面整体布局样式

全局样式包括页面的 body、超链接 a、服务器字体和各级标题的 CSS 样式定义。

```
@charset "utf-8";
*{                                  /*针对所有的HTML元素定义样式*/
  margin:0;                         /*外边距为0px*/
    padding:0;                      /*内边距为0px*/
    box-sizing:border-box;          /*盒子的宽度值和高度值包含元素的内边距和边框*/
  }

a{                                  /*设置超链接的样式*/
  text-decoration: none;            /*无修饰*/
}
@font-face {                         /*定义服务器字体*/
  font-family:'iconfont';           /*定义服务器字体名称*/
    src:url('../fonts/iconfont.ttf');  /*定义服务器字体文件路径*/
}
body{                               /*设置页面整体样式*/
  width:1050px;                     /*宽度为1050px*/
  margin:0 auto;                    /*页面自动居中对齐*/
  font-family:"微软雅黑";            /*字体为"微软雅黑"*/
  font-size:13px;                   /*文字大小为13px*/
  color:#333;                       /*文字颜色为灰色*/
  position:relative                 /*相对定位*/
```

```
}
h3{                                  /*h3 标题的样式*/
    font-size:16px;
    color:#545861;                   /*文字颜色为浅灰色*/
    font-weight:500;                 /*文字粗细为 500*/
}
h4{                                  /*h4 标题的样式*/
    font-size:14px;                  /*文字大小为 14px*/
}
h5{                                  /*h5 标题的样式*/
    font-size:13px;                  /*文字大小为 13px*/
}
```

(2) 页面顶部的样式

页面顶部 header 中包括 logo、官方微信、管理员登录、用户注册、网站名称等样式以及背景定义。

```
/*网页头部的 CSS 样式开始*/
header {
    height:250px;                                 /*高度为 250px*/
    background-color:#FFFFEE ;                    /*背景颜色*/
    background-image:url(../img/banner.jpg);  /*背景图片*/
    background-repeat:no-repeat;                  /*背景图片不平铺*/
    background-position:center 50px;              /*背景图片的位置，左右居中，离顶部 50px*/
}
.header-left{
    height:50px;                     /*高为 50px*/
}
.header-right{
    width:250px;
    height:50px;
    line-height:50px;                /*行高为 50px*/
    float:right;                     /*向右浮动*/
}
.header-right img{
    width:25px;
    height:21px;
}
.header-right a:link,.header-right a:visited{       /*普通链接和访问过的链接的样式*/
    text-decoration:none;                            /*文本无修饰*/
    color:#111111;
    }
.header-right a:active,.header-right a:hover{       /*激活链接和悬停链接的样式*/
    color:blue;
}
.header-text{                                        /*文字样式*/
```

```
    font-size:40px;
    color: #4FAC00;
    margin-top:10px;
    margin-left:150px;
      }
/*网页头部的 CSS 样式结束*/
```

(3) 主导航样式的定义

页面导航 nav 中，用无序列表定义导航项目。需要定义 ul、li、超链接 a 及背景样式。

```
/*导航栏样式开始*/
nav {                              /*定义重复渐变的背景*/
    margin-bottom:5px;
    height:36px;
    background-image:linear-gradient(0deg,#9cf,#fff 60%,#9cf 100%);
    border-bottom:1px solid #DBEAEE;
    border-top:1px solid #DBEAEE;
}
nav ul {                           /*设置菜单列表的样式*/
    list-style-type:none;          /*不显示项目符号*/
}
nav ul li {                        /*设置菜单列表项的样式*/
    display:inline;                /*内联元素*/
    line-height:36px;              /*行高为 36px*/
}
nav ul li a{
    display:block;                 /*块级元素*/
    width:90px;
    height:36px;
    float: left;                   /*向左浮动*/
    padding:0px 8px 0px 8px;       /*上、右、下、左内边距依次为 0px、8px、0px、8px*/
    margin:0 10px 0 20px;          /*上、右、下、左外边距依次为 0px、10px、0px、20px*/
    text-decoration:none;          /*链接无修饰*/
    text-align:center;             /*文字居中对齐*/
    font-family:tahoma;
    font-size:14px;
    font-weight:bold;              /*字体加粗*/
}
nav ul li:nth-child(1)a{           /*设置第一个导航菜单项“首页”的宽度为 50px*/
    width: 50px;
    }

nav ul li a:link, nav ul li a:visited {     /*定义普通链接、访问过的链接的样式*/
    color:#333;                             /*浅黑色文字*/
}
nav ul li a:active,nav ul li a:hover {      /*激活链接和悬停链接的样式*/
    color:#FFF;                             /*白色文字*/
```

```
    background-image:linear-gradient(0deg,#36c,#9CF 60%,#fff 100%);
}
/*导航栏样式结束*/
```

(4) 页面中部样式的定义

页面中部内容在 id="content"的 div 盒子中，包括热销产品列表、三列布局内容的样式定义。

① 页面中部盒子的样式，定义盒子宽度，高度自适应。

```
/*网页中部内容样式开始*/
#content{                    /*页面中部盒子的样式*/
    width:1050px;
    height:auto;            /*自动默认高度*/
}
```

② 热销产品列表的样式，包括 ul、li、img、a 和 3D 动画的样式。

```
/*首页中部-热销产品样式开始*/
#hotproduct{
    height:auto;
}
#hotproduct ul{                          /*设置热销产品列表的样式*/
    list-style: none;                     /*不显示项目符号*/
    width:1050px;
    height:158px;
    padding:6px 0 0px 4px;               /*上、右、下、左内边距依次为 6px、0px、0px、4px*/
    border:2px solid #DDDDDD;            /*热销产品区的边框为 2px 的灰色实线*/
}
#hotproduct ul li{                       /*设置热销产品列表项的样式*/
    width:160px;
    display:inline-block;                /*内联元素*/
    float:left;                          /*向左浮动 */
    margin-right:10px;                   /*右外边距为 10px*/
    margin-bottom: 1px;                  /*下外边距为 1px*/
    position:relative;                   /*相对定位*/
    -webkit-perspective:250px;           /*透视效果：子元素与镜头之间的距离为 250px*/
}
#hotproduct ul li.evenlist {             /*设置热销产品列表项中偶数项的样式*/
    width:80px;
    height:148px;
    border-right:1px solid #ddd;         /*右边框为 1px 的灰色实线*/
    }
#hotproduct ul li.lastlist{              /*设置热销产品列表项中最后一项的样式*/
    width:80px;
    height:148px;
    border-right:0px;                    /*不设置右边框*/
    }
#hotproduct ul li img{                   /*设置热销产品列表项中图像的样式*/
    width:160px;
```

```
    height: 141px;
    position: absolute;                       /*绝对定位*/
    left:0;                                   /*离左侧 0px*/
    top:0;                                    /*离顶部 0px*/
    -webkit-backface-visibility:hidden;       /*元素背面不可见*/
    transition:all 0.5s ease-in 0s;           /*0.5 秒完成动画*/
}

#hotproduct ul li img.fan{                    /*设置图片的样式*/
    -webkit-transform:rotateX(-180deg);       /*图像沿 X 轴 3D 旋转-180° */
  }
#hotproduct ul li:hover img.fan{              /*设置鼠标悬停在图片上时的样式*/
    -webkit-transform:rotateX(0deg);          /*图像沿 X 轴 3D 旋转 0° */
  }
#hotproduct ul li:hover img.zheng{
    -webkit-transform:rotateX(180deg);
  }
#hotproduct strong{                  /*定义 strong 样式*/
    display: block;                  /*块级元素*/
    margin:10px 0 0 0;               /*上、右、下、左内边距依次为 10px、0px、0px、0px*/
}
#hotproduct a{                       /*设置热销产品区中超链接的样式*/
    display:inline-block;
    width:75px;
    height:26px;
    background-color:#494949;
    color:#FFF ;
    text-decoration: none;
    text-align:center;
    margin-top:15px;
    line-height:26px ;
}
#hotproduct a:after{                                  /*在超链接后插入内容*/
    content: url(../img/triangle-icon-white.png);     /*插入图片*/
    padding-left: 5px;                                /*左内边距为 5px*/
    }
/*首页中部-热销产品样式结束*/
```

④ 中部-主体部分样式，三列布局设计，包括产品展示视频、企业新闻列表、客户案例列表、联系方式、超链接 more 和 2D 动画的样式定义。

```
/*首页中部-主体部分样式开始*/
#main{
    clear:both;                        /*清除两侧浮动*/
}
/*定义主体部分的左、中、右三块*/
```

```
#main .main_left,#main .main_center,#main .main_right{
    padding:0px 20px;                    /*上下内边距为 0px，左右内边距为 20px*/
    margin-top:20px ;                    /*上外边距为 20px*/
    position:relative;                   /*相对定位*/
}
#main h3{
    margin-bottom:12px ;                 /*下外边距为 12px*/
}
/*主体左侧样式开始*/
#main .main_left{
    width:307px;
    padding-left: 0px;                   /*左内边距为 0px*/
    float: left;
}
#main .main_left video{                  /*视频的样式*/
    width:285px;
    height:200px;
    background-color:#CCCCCC;
    border:1px solid #BBBBBB;
}
/*首页联系方式盒子样式开始*/
#main .main_left .lianxi{
    width:285px;
    height: auto;
    border:1px solid #DDDDDD;
    border-radius:5px;
    margin-top:15px;
    padding:0 15px;
}
#main .main_left .lianxi p{
    font-size:13px;
    height:50px;
    line-height:20px;
    margin-top:8px;
}
#main .main_left .lianxi img{
    width:43px;
    height:43px;
    float:left;
    margin-right:15px ;
}
/*首页联系方式盒子样式结束*/
/*主体左侧样式结束*/
/*主体中部样式开始--企业新闻样式*/
#main .main_center{
    width:390px;
```

```
    border-left:3px solid #DDD ;              /*左边框为 3px 的浅灰色实线*/
    border-right:3px solid #DDD ;             /*右边框为 3px 的浅灰色实线*/
    margin-bottom:10px;                       /*下外边距为 10px*/
    float:left;
}
#main .main_center ul li{                     /*列表项的样式*/
    border-top:1px dotted #999999;            /*上边框为 1px 的灰色点线*/
    padding:5px 0px;                          /*上、右、下、左内边距依次为 5px、0px、5px、0px*/
    white-space:nowrap;                       /*强制文本不能换行*/
    overflow:hidden;                          /*隐藏溢出文本*/
    text-overflow:ellipsis;                   /*溢出文本被修剪，显示省略号*/
    line-height:19px;                         /*行高为 19px*/
}
/*在列表项内容前插入三角图标*/
#main .main_center ul li:before{
    content:url(../img/triangle-icon-blue.jpg);
    padding-right:4px;
}
#main .main_center .date{
    color:#999999;
    display:block;                /*块级元素*/
    margin:0 0 10px 10px;         /*上、右、下、左外边距依次为 0px、0px、10px、10px*/
}
/*主体中部样式结束*/
/*主体右侧样式开始*/
#main .main_right{
    width:350px;
    padding-right:0px ;                       /*右内边距为 0px*/
    float:right;
}
#main .main_right .imgbox{                    /*客户案例的盒子样式*/
    width:325px;
    height:200px;
    position:relative;
    overflow:hidden;
}
#main .main_right .imgbox img{                /*客户案例的图片样式*/
    width:325px;
    height:200px;
}
#main .main_right .imgbox hgroup{             /*客户案例的盒子中的文本样式*/
    padding-top:20px;
    text-align:center;
    position:absolute;
    left:0;
```

```
    top:-200px;
    width:325px;
    height:200px;
    background:rgba(0,0,0,0.5);
    transition:all 0.5s ease-in 0s;                /*过渡效果*/
}
#main .main_right .imgbox hgroup h3{
    color:#BBB;
}
#main .main_right .imgbox:hover hgroup{   /*鼠标指向时，文本位置(下滑)*/
    position:absolute;
    left:0;
    top:0;
}
#main .main_right ul li{
    line-height:27px;                              /*行高为 27px*/
    margin-left:20px;                              /*左内边距为 20px*/
}
/*主体部分无序列表中超链接样式定义开始*/
#main ul a:link,a:visited{                         /*超链接和访问过的超链接的样式*/
    text-decoration:none;                          /*文本无修饰*/
    color:#333333;
}
#main ul a:hover{
    color:red;
    text-decoration:underline;                     /*加下画线*/
}
/*主体部分无序列表中超链接样式定义结束*/
#main .more                                        /*定义超链接 more 的样式*/
{
    position:absolute;                             /*绝对定位*/
    top:10px;                                      /*距顶部 10px*/
    right:10px;                                    /*离右边 10px*/
    text-decoration: none;                         /*无修饰*/
    color:#0091D8;
}
/*首页中部-主体部分样式结束*/
```

(5) 页面底部区域的制作

页面底部 footer 中，包括超链接、地址信息和背景的样式定义。

```
/* footer 样式开始 */
 footer{
    clear:both;                                    /*清除两侧浮动*/
    height:100px;
    background:#545861;
```

```
    border-bottom: 1px solid #fff;    /*下边框为 1px 的白色实线*/
    color: #ffffff;                   /*白色文字*/
    text-align:center;                /*文字水平居中*/
}
footer .link{
    padding-top:25px ;                /*上内边距为 25px*/

}
footer .link a{
    display:inline-block;             /*内联元素*/
    width:70px;
    height:36px;
    color: #ffffff;
    padding:0px 8px 0px 8px;          /*上、右、下、左内边距依次为 0px、8px、0px、8px*/
    margin:0 14px 0 14px;             /*上、右、下、左外边距依次为 0px、14px、0px、14px*/
    text-decoration:none;             /*链接无修饰*/
    text-align:center;                /*文字居中对齐*/
}

footer .link a:hover {                /*鼠标悬停链接的样式*/
    color:#CCC;                       /*浅灰色文字*/
    text-decoration:underline;        /*下画线修饰*/
}
/* footer 样式结束*/
```

(6) 在线咨询样式

```
/*在线咨询样式开始*/
.online_zx{
    position:fixed;
    top:30px;
    right:10px;
}
/*在线咨询样式结束*/
```

12.4 案例：制作公司新闻页面

【案例展示】制作公司新闻页面。本例文件 news.html 在浏览器中的显示效果如图 12-5 所示，页面结构如图 12-6 所示。

【知识要点】图片、列表和图文混排技术。

【学习目标】掌握利用图像、列表和图文混排等 CSS 样式设计网页的技术。

图 12-5　公司新闻页面效果图

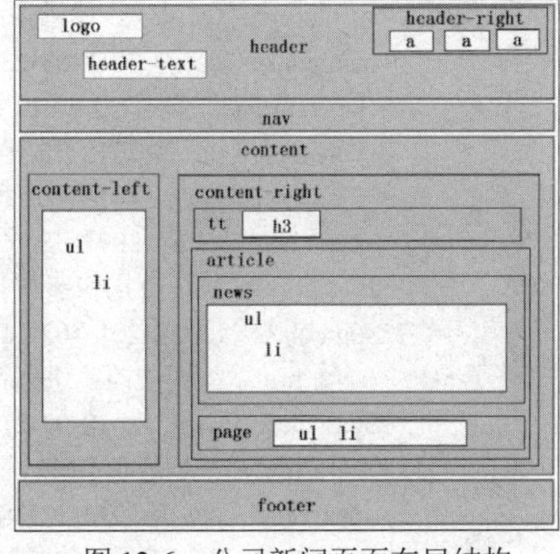

图 12-6　公司新闻页面布局结构

公司新闻页面的制作过程如下。

1. 页面整体布局设计

网站首页上除了包括 logo、各种导航链接、页脚的链接和地址信息外，页面中间部分是纵向导航菜单和新闻列表内容，页面布局规划如图 12-6 所示。

2. 网页结构文件

修改网站首页文件 index.html 的代码，修改 id="content"的 div 盒子中的内容，修改的代码如下。

```
<div id="content">
    <aside id="content-left">
      <ul>
              <li class="tp">新闻动态</li>
              <li><a href="news.html">公司新闻</a>      <img src=
              "img/triangle-icon-blue.png"/></li>
              <li><a href="news_proinfo.html">产品资讯</a></li>
              <li><a href="news_marketing.html">营销动态</a></li>
              <li class="yj"></li>
        </ul>
   </aside>
   <div id="content-right">
      <div class="tt">
         <h3>公司新闻</h3>
      </div>
      <div id="article">
         <div class="news">
          <ul>
          <li><a href="news_details.html">因应智慧汽车概念，ADB 智能 LED 头灯系统发展迅速，ADB 智
            能 LED 头灯兴起</a>
          <span class="date">2018-03-30</span></li>
```

```
        <li><a href="">LED 灯具国内业务市场研讨会  LED 灯具国内业务 2017-4-6</a>
        <span class="date">2018-03-23</span></li>
        <li><a href="">车用、MiniLED 等新产品助力，亿光&荣创看好营运服务工作.</a>
        <span class="date">2018-03-19</span></li>
        <li><a href="">OLED 照明市场的机会与挑战  -- LEDinside</a>
        <span class="date">2018-03-16</span></li>
        <li><a href="">江苏加快半导体照明产业发展，2020 年规模将达 1200 亿.</a>
        <span class="date">2018-02-28</span></li>
        <li><a href="">智能照明进入高速发展，工业及商业为最大应用场景.</a>
        <span class="date">2018-02-21</span></li>
        <li><a href="">景观坝 LED 洗墙灯怎么选购?您不能忽略这些细节！</a>
        <span class="date">2018-02-18</span></li>
        <li><a href="">LED 点光源的线路板使用什么材质的质量好？</a>
        <span class="date">2018-02-13</span></li>
        <li><a href="">智能照明进入高速发展，工业及商业为最大应用场景.</a>
        <span class="date">2018-03-08</span></li>
      </ul>
    </div>
    <div class="page">
          <hr>
          <ul>
            <li><a href="">&laquo;</a></li>
          <li><a href="">&#8249;</a></li>
            <li><a href="">1</a></li>
            <li><a href="">2</a></li>
            <li><a href="">3</a></li>
            <li><a href="">4</a></li>
            <li><a href="">5</a></li>
            <li><a href="">6</a></li>
            <li><a href="">&#8250;</a></li>
            <li><a href="">&raquo;</a></li>
        </ul>
    </div>
  </div>
 </div>
</div>
```

3. 外部样式表文件

修改 style1.css 样式文件。

(1) 页面整体布局样式、页面顶部样式、主导航样式和页面底部区域样式，所有页面共用。

(2) 公司新闻页面中部样式定义的 CSS 代码如下。

① 页面左侧纵向导航菜单的样式

```
/*二级页面中间-左侧样式*/
#content-left{
```

```
    width:250px;
    height:auto;                    /*自动默认高度*/
    float:left;                     /*向左浮动*/
}
/*设置左侧纵向导航菜单的样式*/
#content-left ul{
    list-style:none;                /*不显示项目列表符号*/
    width:250px;
    background:#fff;                /*白色背景*/
    border-radius:10px;             /*10px 圆角半径*/
    margin:0 auto;                  /*上下外边距为 0，左右宽度自适应(即居中)*/
    }
#content-left ul li{                /*设置列表项的样式*/
    width:250px;
    height:50px;
    margin-bottom:1px;              /*下外边距为 1px*/
    padding-left:80px ;             /*左内边距为 80px*/
    background:#DDDDDD ;
    font-size:14px;
    line-height:55px;               /*行高为 55px*/
    text-align:left;                /*文字左对齐*/
    }
#content-left ul li a:link, #content-left ul li a:visited{
    color:#333;
}
#content-left ul li a:hover{
    color: #0091D8;
}
/*需要单独控制的列表项，第一个和最后一个列表项的样式*/
#content-left ul .tp{
    font-size:18px;
    font-weight:500;
    padding:0px;                       /*内边距为 0px*/
    text-align:center;
    width:250px;
    height:65px;
    line-height:80px ;
    background: #BBB;
    border-radius:10px 0 0 0;       /*左上圆角半径为 10px，其他角为直角*/
    }
#content-left ul .yj{
    height:20px;
    border-radius:0 0 0 10px;       /*左下圆角半径为 10px，其他角为直角*/
    margin-bottom:5px ;             /*下外边距为 5px*/
    }
/*二级页面中间-左侧样式结束*/
```

② 二级页面右侧样式，所有二级和三级页面共用的部分样式

```
/*二级页面中间-右侧样式*/
#content-right{
   float:right;
   width:800px;
   height:auto;
}
#content-right .tt{
      height:40px;
      width:785px;
      margin-left:15px;                    /*左外边距为 15px*/
      border-bottom: 2px solid #D6D6D6; /*下边框样式，用下边框实现水平线效果*/
}
#content-right h3{
     font-weight:500;
     font-size:16px ;
     border-bottom:2px solid #0091D8; /*下边框样式，实现标题下面的横线效果*/
     width:90px;                          /*标题空间长度为 90px*/
     padding:10px 0 7px 5px;              /*上、右、下、左内边距分别是 10px、0、7px、5px*/
}
#content-right   #article{
   width:800px;
   height:auto;
}
```

③ 新闻列表列表页的样式

```
/*新闻动态--公司新闻列表样式开始*/
 #article .news{
   width:780px;
   height:auto;
   margin: 20px 0px 20px 20px;

}
#article .news ul{
   list-style:none;
}
#article .news ul li{
   width:780px;
   height:30px;
   float:left;
   margin:5px;
   border-bottom:1px dotted #999999;        /*下边框为 1px 的浅灰色点线*/
}
#article .news ul li:before{
   content: url(../img/triangle-icon-blue.jpg); /*在列表项内容前插入图片*/
   margin-right:5px ;
```

```
    }
#article .news ul li:nth-last-child(1){          /*定义最后一个列表项的样式*/
    border-bottom:0px ;                           /*无下边框*/
}
#article .news ul li a:link,a:visited{
    text-decoration:none;
    color: #494949;
}
#article .news ul li a:hover{
    color: #0091D8;
}
#article .news ul li .date{
    float:right;
    margin-right:10px;
}
/*新闻动态--公司新闻列表样式结束*/
```

④ 分页导航样式的定义

```
/*分页导航样式开始*/
#article .page{
clear: both;
text-align: center;
padding:15px 0 ;
}
#article .page ul{
margin-top:10px;     /*上外边距为 10px*/
}
#article .page   li{
display:inline;      /*在一行上显示*/
}

#article .page   a{
display:inline-block;
width:20px;
height:20px;
border:1px solid #0091D8;
font-size:14px;
text-align:center;
line-height:20px;
font-family:"宋体";
}
#article .page   li:nth-child(3) a{      /*为第三个 li 元素加背景*/
    background-color: #0091D8;
}
#article .page   a:hover{         /*设置鼠标悬停时的背景色*/
```

```
background-color:#DDD;
}
/*分页导航样式结束*/
```

12.5 案例：制作联系方式页面

【案例展示】制作联系方式页面。本例文件 contact.html 在浏览器中的显示效果如图 12-7 所示，页面结构如图 12-8 所示。

【知识要点】纵向导航菜单、新闻列表和翻页导航按钮的设计。

【学习目标】掌握利用图像、列表和图文混排等 CSS 样式设计网页的技术。

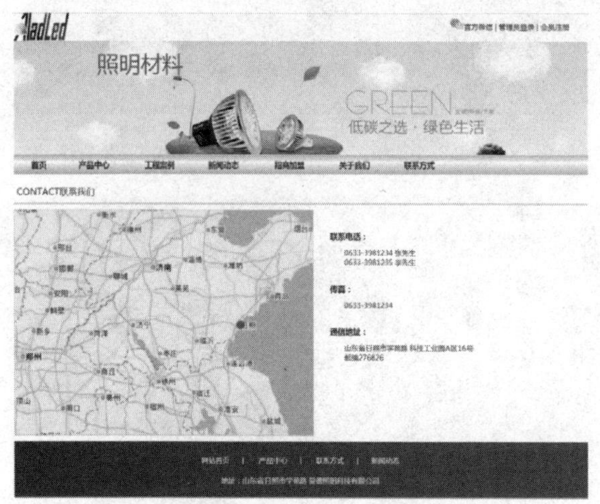

图 12-7　联系方式页面效果图

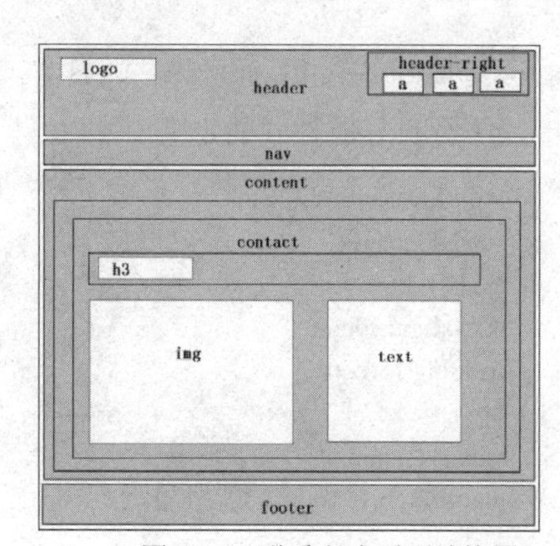

图 12-8　联系方式页面结构图

联系方式页面的制作过程如下。

1. 页面整体布局设计

网站首页上除了包括 logo、各种导航链接、页脚的链接和地址信息外，页面中间部分是地图和联系方式的图文混排内容，页面结构如图 12-8 所示。

2. 网页结构文件

修改公司新闻页面 news.html 的代码，修改 id="content"的 div 盒子中的内容，修改后的代码如下。

```
<div id="content">
    <div class="contact">
    <h3>CONTACT 联系我们</h3>
  <hr color="#D6D6D6" size="3" width="100%" align="center"/>
  <img src="img/map.jpg" />
  <br/>
```

```
  <h4>联系电话：</h4>
  <p>0633-3981234    张先生</p>
  <p>0633-3981235    李先生<p>
  <h4>传真：</h4>
  <p>0633-3981234</p>
  <h4>通信地址：</h4>
  <p>山东省日照市学苑路 科技工业园 A 区 16 号</p>
  <p>邮编 276826</p>
  </div>
</div>
```

3. 外部样式表文件

修改 style1.css 样式的表文件。

(1) 页面整体布局样式、页面顶部样式、主导航样式和页面底部区域样式，所有页面共用。

(2) 定义联系方式页面中部样式的 CSS 代码如下。

```
/*联系方式样式定义开始*/
#content  .contact{
  width:1050px;
  height: auto;
  margin: 20px 0 20px 0px;
}
#content .contact h3{
  font-size:16px;
  font-weight:500;
  margin:20px 0 10px 5px ;
}
#content .contact img{
  width:550px;
  height:400px;
  float:left;
  margin:10px 30px 10px 0;
  border:1px solid #D6D6D6;
}

#content .contact h4{
  font-size:14px;
  font-weight:800;
  margin:30px 0 10px 30px;
}
#content .contact  p{
  text-indent:2em;          /*首行缩进 2em*/
}
/*联系方式样式定义结束*/
```

【案例说明】本例中联系方式的显示效果虽然是列表的样式，但实际上是通过文本的样式设置实现的。

12.6 本章小结

本章首先介绍了科学合理的网站开发流程，然后介绍了用 HBulider 创建 Web 项目的流程，并介绍了网站首页、企业新闻和联系方式页面的设计方法。

通过本章的学习，读者应该能够掌握网站的开发流程以及利用 CSS 布局设计网页的方法。

12.7 练习题

1. 应用 CSS 布局技术，设计爱德照明网站的“工程案例-客户案例”页面，页面显示效果如图 12-9 所示。

图 12-9 工程案例-客户案例页面

2. 应用 CSS 布局技术，设计爱德照明网站的“客户案例-案例展示”页面，页面显示效果如图 12-10 所示。

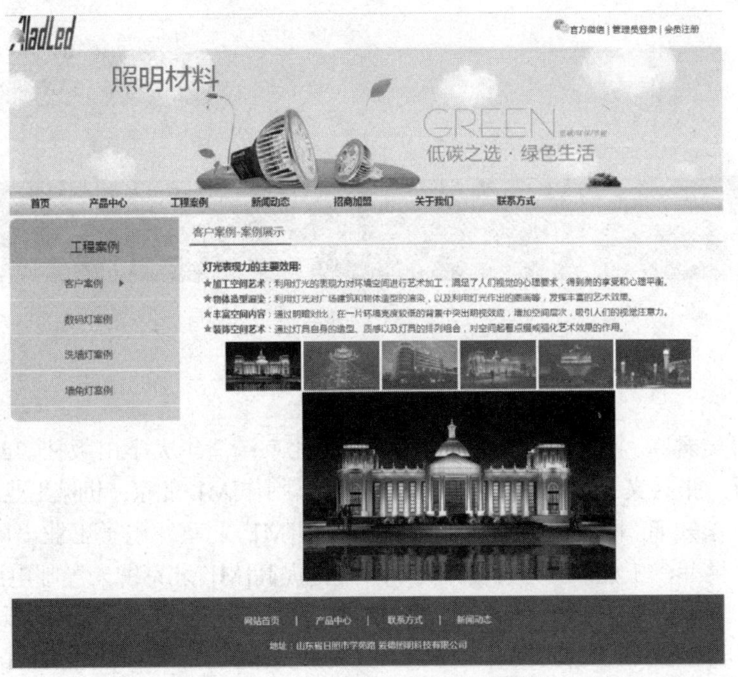

图 12-10　客户案例-案例展示页面

3. 应用 CSS 布局技术，设计爱德照明网站的“产品中心-LED 射灯”页面，页面显示效果如图 12-11 所示。

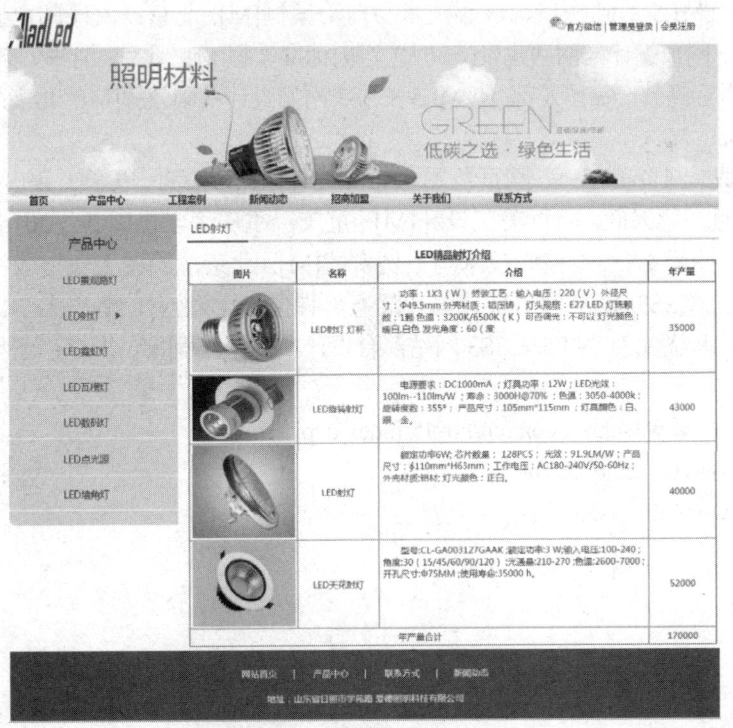

图 12-11　产品中心-LED 射灯页面

4. 运用 HTML5 文档的基本格式制作一个简单的页面并浏览该页面。

参 考 文 献

[1] 曾海，吴君胜. 网页设计与网站规划[M]. 北京：清华大学出版社，2011.

[2] 刘瑞新，张兵义. HTML+CSS+JavaScript 网页制作[M]. 北京：机械工业出版社，2014.

[3] 胡平，李知菲. 网页设计与制作项目化教程[M]. 北京：电子工业出版社，2013.

[4] 王维，吴菲，王丽娜. 网页设计——入门与提高[M]. 北京：人民邮电出版社，2012.

[5] 李雯，李洪发. HTML5 程序设计基础教程[M]. 北京：人民邮电出版社，2016.

[6] 上海市职业培训研究发展中心组织. 网页设计制作员(高级)[M]. 北京：中国劳动社会保障出版社，2010.

[7] 温谦，周建国，练源. 网页设计与布局项目化教程(HTML+CSS+DIV)[M]. 北京：人民邮电出版社，2013.

[8] 刘欢. HTML5 基础知识、核心技术与前沿案例[M]. 北京：人民邮电出版社，2017.

[9] 倪宝童. 网页设计与网站建设(CS6 中文版)标准教程[M]. 北京：清华大学出版社，2014.

[10] 传智播客高教产品研发部. HTML5+CSS3 网站设计基础教程[M]. 北京：人民邮电出版社，2016.

[11] 崔建成. 网页美工——网页色彩与布局设计[M]. 北京：电子工业出版社，2017.

[12] 朱言明，姚兴旺. 网页美工设计[M]. 重庆：重庆大学出版社，2015.

[13] 大漠. 图解 CSS3：核心技术与案例实战[M]. 北京：机械工业出版社，2014.

[14] 刘玉红. CSS3+DIV 网页样式与布局案例课堂[M]. 北京：清华大学出版社，2015.

[15] 李琳，冯益斌. HTML5+CSS3 网站前台设计项目化教程[M]. 北京：清华大学出版社，2016.

[16] http://www.w3school.com.cn/html5/index.asp

[17] https://www.runoob.com/

[18] http://www.divcss5.com/